智能制造与装备制造业转型升级丛书

THE THEORY AND TECHNOLOGY ON ELECTRICAL TRANSMISSION VOLTAGE LEVEL SINGLE BREAK VACUUM INTERRUPTER

输电等级单断口真空断路器理论及其技术

王建华　耿英三　刘志远　著

机械工业出版社

真空断路器技术由于其自身独特的优点，是取代 SF_6 断路器技术的重要选项。如何提高单断口灭弧室的电压等级，使得真空开关用于输电等级一直是世界范围内广泛关注的问题。本书内容共分 10 章，分别介绍了长触头间隙真空绝缘特性、大开距真空电弧的控制和熄灭方法、弧后介质恢复和击穿过程、机构关合过程和分断过程的控制、灭弧室设计、机构设计、纳秒脉冲老炼技术等发展输电等级真空开关所遇到的核心问题，也对进一步发展高电压等级真空断路器提出了自己的见解和预测。

本书可以为真空开断技术研究人员提供参考，也可以作为相关学科研究生的教学参考书籍。

图书在版编目（CIP）数据

输电等级单断口真空断路器理论及其技术/王建华，耿英三，刘志远著．—北京：机械工业出版社，2016.9

（智能制造与装备制造业转型升级丛书）

ISBN 978-7-111-55063-1

Ⅰ.①输…　Ⅱ.①王…　②耿…　③刘…　Ⅲ.①输电—单断口（断路器）—真空断路器　Ⅳ.①TM561.2

中国版本图书馆 CIP 数据核字（2016）第 239906 号

机械工业出版社（北京市百万庄大街 22 号　邮政编码 100037）

策划编辑：付承桂　责任编辑：付承桂　任　鑫

责任校对：刘　岚　责任印制：常天培

北京圣夫亚美印刷有限公司印刷

2017 年 1 月第 1 版第 1 次印刷

169mm×239mm・17.75 印张・2 插页・320 千字

0001—3000 册

标准书号：ISBN 978-7-111-55063-1

定价：99.00 元

前言 Preface

真空开关因其优异而独特的性能，在电力系统中获得了广泛的应用。随着触头材料、真空工艺技术的进步，经历数十年的发展，结合工业和经济社会的发展需求，其不断拓展着应用范围。在过去数十年的发展过程中，在中压领域，真空断路器逐步占据了主导地位。据统计，2015 年在中压领域真空断路器的市场占有率已经超过 90%。而在高电压等级则仍然是 SF_6 气体开关占据主导地位，这主要是因为仍然没有成熟的替代技术可以取代它。然而，SF_6 气体的温室效应问题是制约其使用的核心。SF_6 气体是一种强温室气体，其碳排放等效系数为 23900，而且半衰期长达 3200 年，是国际公约中限制使用的六种气体之一。当前许多发达国家出台了各种控制使用 SF_6 气体的法规，澳大利亚政府在 2012 年开始对 SF_6 气体征收的碳排放税高达 57 万美元/t。

真空断路器技术由于其自身独特的优点，是取代 SF_6 断路器技术的重要选项。如何提高单断口灭弧室的电压等级，使得真空开关用于输电等级一直是世界范围内广泛关注的问题。当前，在可持续发展理念深入人心，环境友好成为越来越重要的诉求条件下，发展环境友好的输电等级真空开关，替代 SF_6 气体应用成为一种重要的趋势。

西安交通大学长期以来致力于真空开关技术的研究，并且在近十余年来把发展高电压等级真空开关技术作为主攻方向，取得了一系列成果。本书整理总结了西安交通大学真空电器研究课题组近年来在输电等级真空开断技术方面的研究成果。本课题组是由我国著名电器专家王季梅教授一手创建的，数十年来一直持续进行真空开断技术方面的研究，他主导了课题组的主要研究方向。本课题组的耿英三教授、刘志远教授、闫静博士、王振兴博士、孙丽琼博士等的研究工作都为本书内容做出了贡献。本书整理归纳了近年来本课题组相关博士学位论文的内容，它们涉及如下博士研究生的博士论文：孔国威、张颖瑶、余砾、杨和、王振兴、姚晓飞等。博士生马慧等也参与了部分章节的撰写工作。因此本书是许多老师、同学长期工作的智慧结晶，没有他们的努力，本书是不可能完成的。

本书主要介绍了输电等级真空断路器国内外发展概况、长触头间隙真空绝缘特性、大开距真空电弧的控制和熄灭方法、弧后介质恢复和击穿过程、机构关合过程和分断过程的控制、灭弧室设计、机构设计、纳秒脉冲老炼技术等发展输电等级真空开关所遇到的核心问题，也对进一步发展高电压等级真空断路器提出了自己的见解和预测。本书可以为真空开断技术研究人员提供参考，也可以作为相关学科研究生的教学参考书籍。

本书的内容为本课题组的研究成果，为了使读者可以更充分地了解相关的研究内容，本书的参考文献除了提供了主要的参考资料，还整理列出了本课题组在相关研究中在中、外期刊上发表的主要论文，以及所申请的国家发明专利。

由于高电压等级真空开断技术仍然处于继续发展的阶段，许多新的研究成果也在不断出现，技术不断取得突破，所以本书内容一定会存在许多落后于实际发展或者疏漏和错误的地方，欢迎各位读者提出批评指导。如果本书的出版能够对促进真空开断技术的发展起到促进作用，我们将感到十分欣慰。

西安交通大学电气工程学院　教授
电力设备电器绝缘国家重点实验室　主任
王建华
2016 年 8 月

目录 Contents

第 1 章

绪　论

1.1 真空断路器发展简介

真空断路器是利用真空作为绝缘和熄弧介质，实现正常（或异常）回路条件下电流的关合、承载（或异常条件下在规定时间内承载）和开断功能的机械开关装置。利用真空作为绝缘与熄弧介质的设想最早是19世纪末由加州理工学院的Sorensen教授团队提出的，并且在20世纪20年代制造出了在2300 V电压下能够成功开断100A的真空灭弧室。但是由于受当时真空工艺、材料制备等技术的限制，真空灭弧室并未实现商业化应用。

20世纪50年代以后，随着真空技术的发展商业化，真空断路器的生产、制造开始逐步发展起来。50年代中期，美国通用电气（GE）公司相继成功研制出了第一批用于切断电容器组等特殊要求的额定短路开断电流为4kA和12kA的真空断路器。随后在50年代末由于横向磁场触头结构的提出使得真空断路器额定短路开断电流一举提高到30kA的水平。60年代，随着真空材料冶炼技术的进一步提高和真空断路器触头结构研究的发展，额定电压为15kV，额定短路开断电流为12.5kA、26kA和31.5kA的真空断路器相继面世，从而使真空断路器的应用逐步进入了高电压、大容量的电力系统。70年代后期，日本东芝电气公司成功研制了纵向磁场触头结构的真空灭弧室，真空断路器额定短路开断电流得到大幅度提高。至80年代中期，发电机用真空断路器的短路开断电流能力已经提高至100kA。目前，在世界范围内，尤其是在美国、德国、日本、中国等国家，真空断路器已经广泛应用于10~35kV的中压配电系统中。据统计，2015年中压断路器市场份额中真空断路器已经占到95%以上，占据了绝对主导的地位。

在我国，20世纪80年代以前真空断路器尚处于探索研究阶段。我国真空电弧理论和真空开关的研究工作起始于1958年西安交通大学的王季梅教授研究团队，他们于20世纪60年代与西安开关整流器厂合作相继研制出额定电压为6.7kV、额定短路开断电流为600A和额定电压为10kV额定短路开断电流为1.5kA的真空开关。70年代以后，我国开始独立研制和生产各种规格的真空开关，并于80年代中期形成了系列真空开关电器产品技术标准GB 1984和JB/T3855等。目前，中压真空断路器的快速发展已使其在我国中压配电领域占据了主导地位。2007年的统计结果显示，同等级断路器产品的市场份额中，12kV真空断路器占98%以上；40.5kV真空断路器占74%。2012年统计结果显示，12kV真空断路器占98.79%，而SF_6断路器占仅1.21%；40.5kV真空断路器占81.97%，SF_6断路器占18.03%；

但在输电等级的72.5kV真空断路器仅占0.56%。

1.2 输电等级真空断路器的发展

自20世纪20年代以来，真空断路器以其强大的开断能力、寿命期内免维护以及环境友好等优点，在中压配电领域逐步取代了油断路器和压缩空气断路器，并进一步取代了性能优越的SF_6断路器。然而，在72kV、126kV及以上电压等级的输电系统中，由于真空开断技术存在一些瓶颈技术问题，使得SF_6断路器仍然占据绝对主导地位。目前，全球每年使用的SF_6气体中的80%用于电力开关设备，而SF_6因十分强的温室气体效应被《京都议定书》列为限制使用的六种气体之一。寻求SF_6技术的替代技术成为电力开关装备未来发展必须解决的问题之一。过去30年来，寻找替代SF_6气体的研究工作一直没有停止过，但由于作为开关绝缘和开断的气体介质要求十分苛刻，至今这项工作尚无理想结果。而与SF_6断路器相比，真空断路器电寿命更长，操作功率更低，弧后介质恢复特性更优异，并且环境友好性无可比拟，从而寻求发展高电压等级的真空断路器以替代SF_6断路器就成了开关技术发展中的必然选择和趋势。

目前，鉴于真空断路器在中压配电领域的技术储备与运行经验，真空断路器向输电等级发展主要采取两种技术路线：一种为发展高电压等级的单断口灭弧室；另一种为采用中压等级的双断口或多断口灭弧室进行串联。发展高电压等级的单断口灭弧室在技术上面临一系列巨大的挑战。提高真空间隙的绝缘击穿水平会遇到所谓面积效应，即击穿电压在很大程度与触头结构以及触头表面状况有关，击穿电压U_b与触头开距d呈$U_b=Ad^a$（$a<1$）的非线性关系，即灭弧室内绝缘水平随触头开距增大呈饱和趋势，无法通过简单增加开距提高击穿电压。相比之下，SF_6断路器中触头间隙的绝缘击穿具有体积效应，即击穿电压受气体介质、触头开距以及气体压力的影响较大，击穿电压U_b与触头开距d呈线性关系，触头结构对击穿电压的影响相对较小。采用双断口或多断口串联技术，在理想的断口均压情况下，相对同等级单断口技术而言各断口具有更小的开距，但多断口真空断路器的开发亦将面临各断口同步分合闸控制技术、动态均压以及可靠性技术的挑战。总体分析，这两种技术路线都是发展输电等级真空断路器必须进一步研究的，即不断研究和发展更高电压等级的单断口真空灭弧室，同时在超高压、特高压电压等级仍需采用多个灭弧室串联的技术。

3）开断性能好。开断后介质强度恢复快，燃弧时间短（即短燃弧时间通常在一个电流半波内），开断后发生延时击穿时仍具备故障电流开断能力，重击穿或复燃不会对灭弧室内部部件产生破坏。

4）环境影响小。灭弧室电气性能不受低温环境影响。

5）电寿命长。具有较高故障电流开断次数的电寿命（即使开断电流为短路电流）。

其主要缺点如下：

1）价格较高。相同电压等级产品价格偏高，126kV 以上电压等级还需使用多灭弧室串联技术。

2）额定电流等级偏低。由于真空灭弧室导热困难，额定电流提升十分困难。

3）灭弧室断口绝缘水平对开断历史比较敏感，且具有相对较高的分散性。

4）运行期间难以获知灭弧室真空度。

5）开断容性负载或者小电感电流（电容器组、并联电抗器投切）需要特殊设计的断路器或者辅助设备。

真空电弧理论和技术不断深入的研究和发展为真空断路器向输电等级发展提供了有利的支撑和良好基础，但其仍然面临诸多挑战，其中一些难题仍需进一步研究和解决。例如，如何提高真空灭弧室长真空间隙的绝缘击穿水平、在环境友好前提下如何解决灭弧室外绝缘问题、如何在大开距条件下有效控制电弧并提高开断能力、如何控制真空灭弧室的温升以进一步提高额定电流水平等。另外，输电等级真空断路器由于开距较大，操动机构的开断和关合速度对特性影响很大，也需要专门进行研究。

1. 真空断路器绝缘击穿水平提升技术

真空断路器的电气绝缘大体可分以下四种情况，即真空灭弧室主触头间隙的绝缘；真空灭弧室主触头与屏蔽罩间的绝缘；真空灭弧室外绝缘；断路器相间绝缘和相对地绝缘。其中，主触头间隙绝缘以及主触头与屏蔽罩间的绝缘为灭弧室内部绝缘，其余为外部绝缘。真空断路器向输电等级的发展所面临的绝缘技术方面的挑战在于，特定触头材料下真空灭弧室内部主触头间隙以及其他真空间隙的绝缘性能随触头间隙的增大呈饱和趋势。

真空灭弧室的内部绝缘与真空间隙的击穿机理，以及灭弧室外壳绝缘介质的真空闪络形成机理密切相关，即灭弧室触头材料、结构、表面状况、触头间隙、密封技术以及焊接质量等皆会对灭弧室内绝缘耐压特性产生影响。一方面，与 SF_6 灭弧室主触头间隙的绝缘击穿机理不同，真空中主触头间隙的击穿具有面积效应。

Kamikawaji 等人关于 CuCr 触头材料真空击穿特性的研究结果表明，触头表面微凸起以及微粒是影响灭弧室主触头间隙击穿的主要影响因素。因此，可以通过合理地设计触头外形，对灭弧室进行电流和电压老练或脉冲老练等工艺分别对触头几何增强系数 β_g 和触头表面微观场致增强系数 β_m 进行改善，以有效提高灭弧室内部绝缘耐压水平。另一方面，选择合理的触头材料以及屏蔽罩材料亦能有效提高真空灭弧室的绝缘耐压水平。Slade 的研究结果表明，在 Cu75Cr25 触头材料中掺 Ta 元素能够提升触头耐压强度，另外掺 Ti、Tr 及 Al 等金属元素能够有效改善该触头材料的电流开断性能。此外，还需对灭弧室内部屏蔽罩的布置进行合理的优化设计，减小电场应力集中点以及宏观场致增强系数 β_g，使得电场分布更趋均匀。

合理设置真空灭弧室的外绝缘介质和结构，以及断路器相间和相对地绝缘距离是提高输电等级真空断路器绝缘可靠性设计的必要途径。目前，输电等级真空断路器大多采用 SF_6 气体或干燥空气作为灭弧室的外绝缘介质（见表 1-1 和表 1-2），但采用油或固体绝缘介质的产品也已出现。王季梅教授等提出了采用硅油作为箱式高压真空断路器开关设备绝缘的技术方案，其中内置串联真空灭弧室、接地开关、隔离开关和避雷器等，如图 1-3 所示。

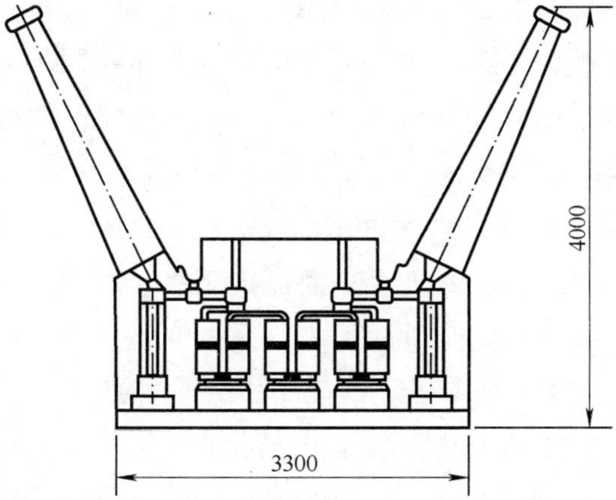

图 1-3　箱式真空断路器开关设备

2. 大开距下真空电弧控制技术及开断能力的提高

对于配电等级真空灭弧室的电弧特性及其控制技术，长期以来国内外学者们已做了广泛深入的研究，主要包括横向磁场（Transversal Magnetic Field，TMF）以及纵向磁场（Axial Magnetic Field，AMF）对电弧形态、离子特性参数以及灭弧室开断能力的影响。随着真空断路器向输电等级的发展，为满足灭弧室绝缘耐压性能，单断口真空断路器的灭弧室触头开距不可避免地向大开距（真空断路器额定触头开距大于40mm时，通常称其为大开距）方向发展。因此，研究大开距下真空电弧的控制技术及其对断路器额定短路电流开断能力提高的影响具有重要意义。

TMF的作用在于控制真空电弧在触头表面旋转，以避免电弧电流收缩集聚造成触头表面局部严重烧蚀，从而达到提高断路器开断能力的目的。Dullni等对直径为32mm横磁触头的研究结果表明，横向磁场作用下集聚态电弧沿触头旋转运动不仅受触头自生横磁的洛伦兹力控制，亦与集聚态电弧注入阳极表面的热流密度相关。目前，横磁触头主要应用于额定电压不超过24kV的真空断路器中。

AMF的作用在于减小大电流下真空电弧自收缩效应，促使其转化为扩散态模式，降低电弧电压，进而降低燃弧期间注入触头间隙的电弧能量，以达到提高断路器开断能力的目的。金黎等对线圈式纵磁触头分别在触头开距为10mm、20mm、30mm和40mm情况下的电弧电压进行了研究。结果表明触头开距对电弧电压峰值影响不大，但对电弧电压噪声出现以及持续时间有影响，即开距越大，电弧电压噪声出现时刻对应的电弧电流临界值越小，且持续时间加长。程少勇等分别对线圈型纵磁触头在触头开距为40mm和60mm以及杯状触头在10mm和20mm开距情况下的电弧特性进行了研究。结果表明对于线圈式纵磁触头，随着纵向磁场的增大，以及触头开距的增大阳极表面明亮斑点变小，且位置由触头表面转移至触头边缘。对于杯状纵磁触头，随电弧电流的增大，电弧在阳极表面呈集聚趋势，且随开距的减小，集聚态电弧持续时间变长。采用纵向磁场对真空电弧控制技术，更有利于真空断路器向输电等级更高额定短路开断电流方向的发展。

3. 额定电流水平下的温升控制技术

真空断路器额定短路开断电流水平的提高与额定电流水平下的温升的改善存在矛盾，即随着真空断路器向高电压大容量的发展，高开断能力必然引入大的真空电弧控制磁场（如更强的纵向磁场或横向磁场），增加触头结构的复杂程度和导电回路的回路电阻，因而采用纵磁触头的真空断路器在额定电流水平下的温升过高严重制约着其额定短路开断电流水平的提高。与SF_6断路器产品不同，真空开关的主触头在真空环境中主要靠沿导电杆的热传导进行散热，当断路器额定电流较高时温升问题更为突出。断路器温升过高时，除导电体材料的机械强度会受影响外，导体金属表面易发生氧化生成氧化物，进而会使导电体接触电阻增大。同时温升过高亦会使绝缘件介损增加，加速绝缘件的老化。陈建光等对ZN19－10Q/3150－40型真空断路器温升影响因素进行了研究，发现断路器导电回路材料的选择、相间距、安装工艺以及柜体内部元件对断路器温升具有影响。本书作者所在课题组在研究过程中分别通过在断路器进、出线接线法兰处加装散热扇片、在灭弧室静导杆内部设置重力热管、外部设置散热扇片等技术来提升断路器额定电流水平，还通过设计发明的2/3匝线圈纵向磁场触头结构在提高控制磁场强度的同时将触头回路电阻大幅度降低，实现了短路电流开断和额定电流共同提高的目标。

4. 操作机构速度特性

中压等级中真空断路器的触头开距比较小，开关特性对速度不是特别敏感。在输电等级条件下，情况大有不同。在关合过程中，由于电压等级高，在触头接近时会发生预击穿并产生电弧，增加触头发生熔焊的可能性。如果为了减小燃弧时间，一味提高触头关合速度，由于触头质量大，关合后会产生严重弹跳，同样会引起燃弧，增加触头发生熔焊的可能性。因此对于关合速度的选择必须综合多种因素加以考虑。在开断过程中，触头的开距对于燃弧模式影响很大，如何选择合适的速度，使得开断过程中电弧始终被控制于一定的模式下是提高断路器开断能力的关键。因此在输电等级真空断路器中，机构与灭弧室的相互配合要求要比中压等级下要求高得多，需要进行深入的研究。

本书后面各章节将针对上述问题进行阐述，特别将介绍近年来研究所取得的成果，希望对进一步研究和提高输电等级真空断路器的工作有所帮助。

第 2 章

长触头间隙真空绝缘特性

2.1 概述

输电等级真空断路器需要满足更高耐受电压的要求，所以在发展输电压等级真空断路器时真空灭弧室触头间隙的绝缘特性极为关键。我国国家标准对126kV和252kV高电压等级真空断路器在耐压能力方面的要求是，126kV高电压等级真空断路器额定短时工频耐受电压为230kV，额定雷电冲击耐受电压为550kV峰值；252kV高电压等级真空断路器额定短时工频耐受电压为460kV，额定雷电冲击耐压为1050kV峰值。

为了达到更高耐压水平，通常需要增加真空间隙的距离。例如，12kV真空断路器触头间隙距离为8~10mm，40.5kV真空断路器触头间隙距离为18~20mm，72.5kV/84kV真空断路器触头间隙距离为40mm左右，126kV单断口真空断路器触头间隙距离为60mm左右，而252kV单断口真空断路器触头间隙距离可能在80mm以上。然而现有的研究结果表明，触头间隙距离与击穿电压的关系会出现“饱和”现象，即随着触头间隙增大，击穿电压增长趋势减缓，因此仅仅依靠增加触头间隙距离来提高真空间隙的耐压能力是不够的。由此，对于长间隙距离下的真空绝缘特性深入研究和了解，发现和掌握其中的规律是发展输电等级真空断路器的基础性工作。

现有关于触头间隙距离与真空间隙的耐压能力的研究大多在可拆真空灭弧室中进行，而高电压等级真空灭弧室的内部结构要比可拆真空灭弧室复杂很多，其绝缘特性有所不同。本章集中介绍了针对真实输电等级真空灭弧室不同触头间隙距离下绝缘耐压能力的研究工作，包括诸如电压种类、触头有效面积、触头间隙距离、触头结构设计、电场分布等因素对耐压能力的影响。这方面的许多研究工作填补了长真空间隙绝缘击穿理论的空白，为真空灭弧室绝缘系统的设计提供了强有力的理论支持。

2.2 真空间隙击穿的基本理论

当真空中触头间隙的范围不同时，其绝缘特性也有所不同。在可拆真空灭弧室中采用平板电极并施加直流电压的实验结果表明，当触头间隙距离 $d \leqslant 0.5$mm 时，其击穿主要与电场强度有关，击穿电压 U_B 和触头间隙距离 d 的关系可以简单

表示为线性关系，即

$$U_{\mathrm{B}} = kd \tag{2-1}$$

式中 U_{B}——击穿电压（V）；

k——常数，其范围为$6\times10^{7}\sim8\times10^{7}$ V/m；

d——触头间隙距离（m）。

当触头间隙距离增加到$d\geqslant2$mm后，真空间隙的绝缘特性开始出现饱和现象，击穿电压U_{B}和触头间隙距离d的关系可以表示为

$$U_{\mathrm{B}} = kd^{\alpha} \tag{2-2}$$

式中 U_{B}——击穿电压（V）；

d——触头间隙距离（m）；

k——常数，其范围在$(4.0\sim4.5)\times10^{7}$V/m；

α——常数，通常小于1；

k、α——确定值视具体灭弧室情况而定。

式（2-1）、式（2-2）说明，当触头间隙距离增大到某一范围后，真空间隙的击穿电压与间隙距离不再满足线性关系。

关于真空间隙的击穿过程主要有场致发射击穿和微粒击穿两种，下面分别进行简要介绍。

2.2.1 场致发射击穿

以往的大量实验研究表明，小间隙真空的击穿过程首先在间隙中有很小的电流（预击穿电流）流过，该电流随着所加电压的升高会逐步增加，直至发生击穿。在毫米级触头间隙下，击穿场强与触头材料有关，大约为10^{8}V/m量级。此外，实验发现真空度在$10^{-8}\sim10^{-5}$Pa范围内时，击穿电压不受真空度影响。一般认为预击穿电流来源于阴极表面的电子发射过程（Field Electron Emission－FEE）。通过实验数据可以获得预击穿电流I和触头间隙中电场强度E的关系，它们满足如下关系：

$$I = A\exp\left(-\frac{B}{E}\right) \tag{2-3}$$

式中 A和B——与触头表面状况有关的常数。

对阴极场致发射电流的定量研究表明，击穿是由于阴极场致发射电流作用的结果，被称为场致发射击穿理论。已有的研究结果表明，场致发射主要在真空间隙$d\leqslant0.5$mm的情况下对真空间隙击穿起主导作用，但是对于触头间隙距离远大于0.5mm的高电压等级真空灭弧室，场致发射击穿理论无法解释其中的击穿现象。

在以往对预击穿过程进行的研究中发现，阴极的电子发射电流会对阳极局部区域轰击，引起阳极材料的蒸发。更加深入的研究表明，真空击穿是由于产生阴极场致发射电流的阴极微凸起在电场的作用下离开阴极所引起的。

2.2.2 微粒击穿

在对触头材料、触头表面状况、触头间隙距离等对真空间隙击穿电压的影响进行研究后，发现当触头在若干厘米的大触头间隙距离下，触头间的预击穿电流几乎可以忽略，且其击穿场强明显低于场致发射击穿理论的击穿场强值。例如，在0.5mm触头间隙距离下，触头间可以承受大约20kV的电压而不致发生击穿，但是在100mm的触头间隙距离下，触头间的击穿电压却低于1000kV。另外，在对大触头间隙距离下的击穿现象的研究还发现了触头间材料的转移。早期研究主要是通过对阴极和阳极采用不同的触头材料（例如铜和铝）来研究，可以通过电子显微镜对击穿后触头表面的物质进行鉴定。在此实验研究基础上提出了“微粒击穿”理论。该理论认为触头表面存在着大量的金属微粒，这些微粒在电场的作用下脱离触头表面并加速运动，将电势转化为动能，最终达到对面触头表面，将动能转化为热能，引起材料自身的熔化和蒸发，所产生的金属蒸气导致了真空间隙的击穿。这一击穿机理成功地解释了在大触头间隙距离下，击穿电压与阴极发射电流无关以及触头间物质发生转移的现象。随后很多学者对微粒击穿理论进行了发展和完善，例如，“触发放电”的理论认为当带电微粒与对面电极的距离足够小时，在微粒和触头间会形成一个强场强区，从而在微粒和触头间发生击穿，微粒在击穿过程中会发生蒸发和电离，最终引起整个触头间隙的击穿。以上的理论是在微粒假说的基础上建立的击穿模型，认为真空间隙的击穿是由于触头表面的微粒引发的，并没有考虑到其他电极过程的作用，被称为微粒击穿理论。此后进一步的研究认为，击穿现象是阴极和阳极共同作用的结果，阴极微突起的电子发射会造成电子束对阳极局部区域进行轰击，阳极材料在电子束的轰击作用下其温度会升高到某一临界值，从而引起局部区域材料的熔化和蒸发，造成触头间隙的击穿。但是这些模型并没有考虑到真空间隙的其他物理过程，也没有量化地考虑不同的物理过程在击穿过程中的作用以及它们之间的相互影响。

综合上述可知，微粒击穿过程在高电压等级真空灭弧室的击穿过程中起主导作用。但是这些研究假设了触头间隙施加电压为直流，并且电场为均匀分布，这与实际高电压等级真空灭弧室中的击穿过程有较大差别。在实际真空灭弧室中，需要考虑大触头间隙距离下非均匀电场分布和不同电压种类对击穿过程的影响。

2.3 实验研究的基本装置

本章介绍的研究工作以仿真实际输电等级（126kV）真空灭弧室的长间隙模型灭弧室为研究对象，分别在工频和冲击电压条件下对长间隙真空绝缘和击穿现象进行研究。实验中选择了不同结构尺寸和触头表面状况，触头开距为 6～60mm，通过统计分析得到关键数据，并建立模型进行比对分析，获得了长真空间隙绝缘放电规律性结果，进一步完善了真空灭弧室长真空间隙绝缘击穿的理论。研究中获得的数据对实际产品的开发起到了直接和重要的指导作用。

工频耐压实验采用 SBD－300/300 型高电压等级实验变压器，其容量为300kV·A，最高输出电压为 300kV，频率为 50Hz，输入电压为 0.38kV。

冲击耐压实验采用最高输出电压为 1800kV 的标准雷电冲击电压发生器，对真空灭弧室施加正极性的标准雷电脉冲电压（1.2/50μs）进行标准雷电冲击电压的击穿实验。

实验模型灭弧室如图 2-1a 所示，高度为 714mm，直径为 195mm，触头直径为 100mm，屏蔽筒直径为 160mm，触头最大间隙距离为 60mm，真空度为 10^{-5} Pa。在实验过程中，为了保证击穿发生在真空触头间隙中而非灭弧室外部，真空灭弧室被置于充满 SF_6 气体的瓷套中（瓷套中 SF_6 气体压强为 0.25MPa），如图 2-1b 所示。

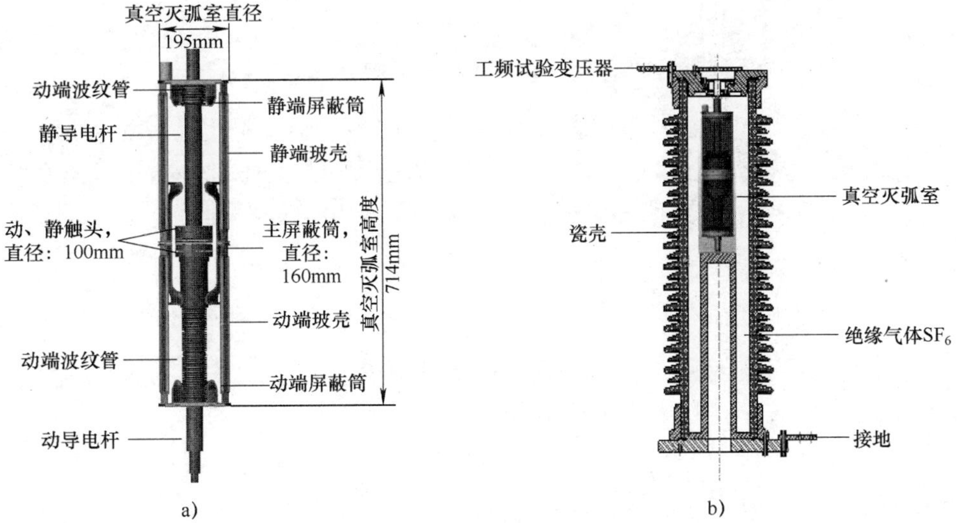

图 2-1 实验模型灭弧室

a）真空灭弧室实验模型 b）外部绝缘瓷套

2.4 真空灭弧室长真空间隙的工频绝缘特性

2.4.1 实验数据

实验获得的6~60mm触头间隙范围内工频击穿电压与触头开距关系的结果如图2-2所示，使用实验数据按照式（2-2）进行数据拟合获得A和B的数值，工频击穿电压U_B与触头间隙距离d关系为

$$U_B = 89d^{0.25} \tag{2-4}$$

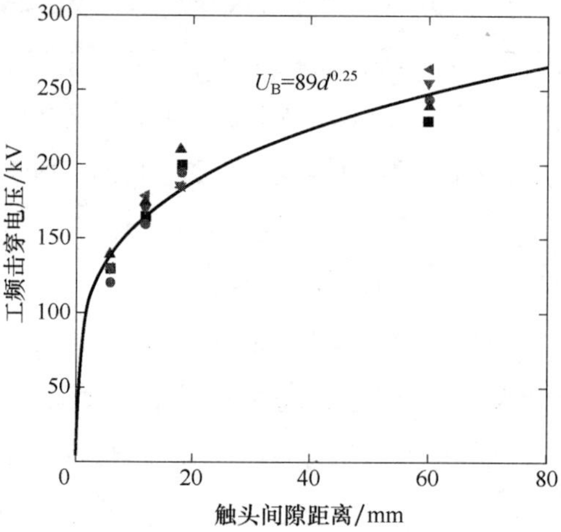

图2-2 模型灭弧室工频击穿电压与触头间隙距离之间的关系

从实验结果看，长真空间隙下工频击穿电压随间隙距离增大存在明显的“饱和”现象。下面将分析击穿发生时触头表面的电场强度。对图2-3所示灭弧室结构进行数值分析，获得击穿发生时电极表面的最大电场强度。具体采用Maxwell 2D有限元分析软件按照一比一的比例建立二维模型，其中考虑了主屏蔽筒、端部屏蔽筒等对真空灭弧室在不同触头间隙距离下的电场分布的影响。仿真过程中在静触头上施加高电位，动触头上施加地电位，屏蔽罩设为悬浮电位。计算场域为关心区域的6~8倍。采用自适应网格剖分，计算误差小于1%。

假设在工频电压下击穿发生在触头表面电场最强的地方，则定义触头表面上最大电场强度为工频击穿电场强度E_B。代入实验获得的实际击穿电压，得到不同触头间隙距离下的工频击穿电场强度E_B曲线如图2-4所示。真空灭弧室的工频击穿电场强度随着触头间距的变化发生明显变化，而不是某一固定阈值。

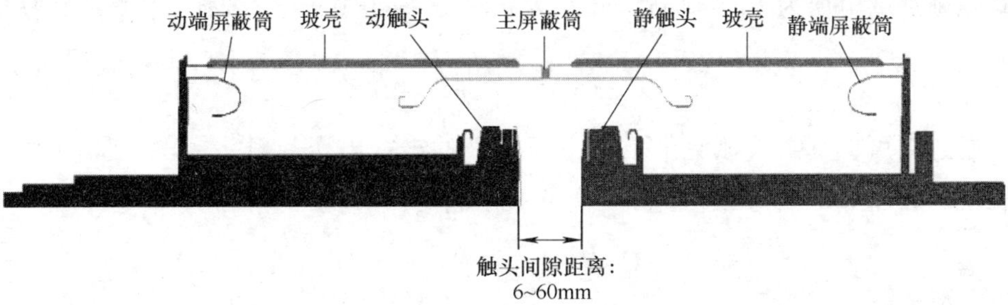

图 2-3　126kV 高电压等级真空灭弧室的二维模型

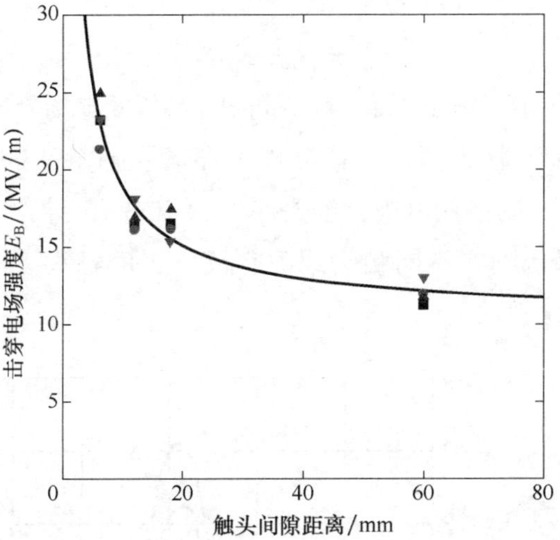

图 2-4　模型真空灭弧室不同触头间隙距离下的击穿电场强度

2.4.2　工频击穿场强分析

1. 工频击穿场强的基本关系

真空间隙在电压 U 作用下其触头间隙的电场分布是非均匀的，分别定义微观场致增强系数 β_m 和宏观场致增强系数 β_g，表示局部电场由于微观结构和宏观结构的影响，使得局部电场强度增强的程度。由此，在电压 U 的作用下，触头间距为 d 的真空间隙中的最大电场强度 E_m 为

$$E_m = \beta_m \beta_g \frac{U}{d} \tag{2-5}$$

式中　β_m ——微观场致增强系数；

β_g ——宏观场致增强系数。

假设触头间隙发生击穿时，击穿位置在触头表面电场强度最强处，若此时触

头间隙施加的电压为 U_B，则触头间距为 d 时触头间隙的击穿场强 E_B 可表示为

$$E_B = \frac{\beta_m \beta_g U_B}{d} \tag{2-6}$$

通过对可拆真空灭弧室中一对平板电极的击穿电压与触头间隙距离的关系研究发现，其击穿电压与触头间隙距离的关系满足

$$U_B(d) = K_1 d^{\alpha} \tag{2-7}$$

式中　K_1、α——常数。

将式（2-7）代入式（2-6）中，可以得到不同触头间隙距离下击穿场强应满足下面的公式：

$$E_B = \beta_m \beta_g K_1 d^{(\alpha-1)} \tag{2-8}$$

由此可知，这样定义的击穿场强会随着触头间隙距离以及电场分布的不同而发生变化。

以图 2-5a 的触头形状为例，计算分析击穿场强与触头间隙距离之间的关系。其中触头直径为 30mm 的平板电极，触头厚度为 10mm，导角半径为 2mm。通过电场仿真数值计算可以得到在不同触头间隙距离下，沿触头表面分布的宏观场致增强系数 β_g，如图 2-5b 所示。

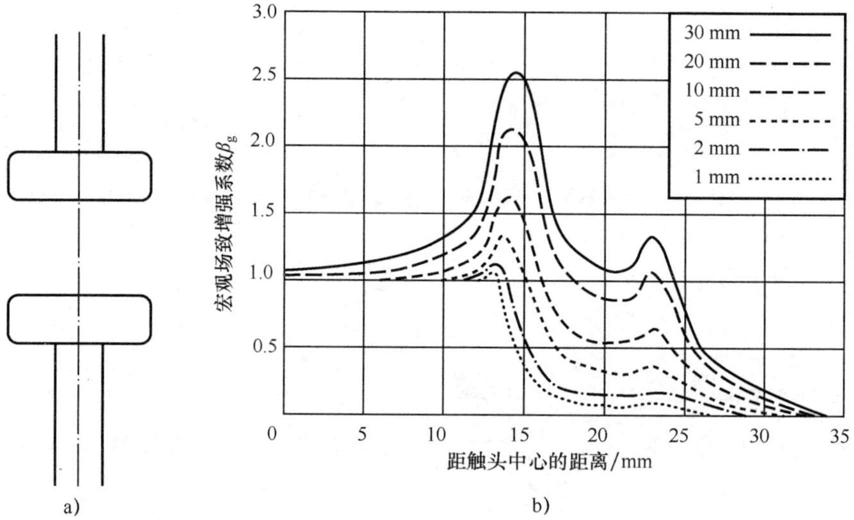

图 2-5　宏观场致增强系数 β_g 的分布

a）真空中的平板电极　b）宏观场致增强系数 β_g 沿触头表面的分布

假设真空间隙的击穿发生在电场强度最强的地方，即发生在最大宏观场致增强系数 $\beta_{g\max}$ 处，且假设不同触头间隙距离下微观场致增强系数 β_m 为常数。且由图 2-5b 可知，当触头间隙距离为 1mm 时 $\beta_{g\max}(1) \approx 1$ 。由式（2-5）可以得到不同触头间隙距离

下的击穿场强与 1mm 触头间隙距离时的击穿场强之比满足下面的关系式：

$$\frac{E_B(d)}{E_B(1)} = \frac{K_1(d)}{K_1(1)}\beta_{gmax}(d)\ d^{(\alpha-1)} \tag{2-9}$$

假设对于形状如图 2-5a 所示平板触头，当触头间隙距离在 0～30mm 范围内时，击穿电压 U_B 与触头间隙距离之间的关系满足：$U_B \propto d^{0.5}$ ，综合图 2-5b 所示不同触头间隙距离下的最大宏观场致增强系数 β_{gmax}，则可以得到图 2-5a 所示电极在不同触头间隙距离下的击穿场强与 1mm 触头间隙距离时的击穿场强之间的关系如图 2-6 所示。

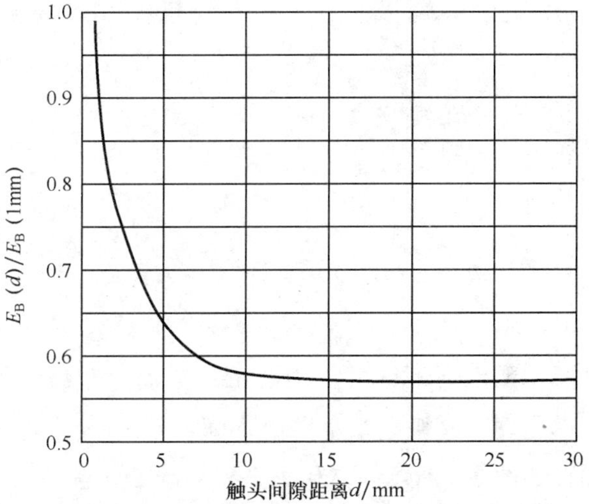

图 2-6　在不同触头间隙距离下的击穿场强与 1mm 触头间隙距离时的击穿场强之比

以上分析建立了真空中平板电极击穿场强与触头间隙距离的基本关系模型，但是对于长间隙真空灭弧室（触头间隙距离 60mm）来说，还应进一步考虑屏蔽罩的影响，需要分析交流工频电压的情况，并且通过实验验证。以下将进一步分析长间隙工频绝缘特性，获得长真空间隙工频电压击穿场强与触头间隙距离的关系，为输电等级真空灭弧室工频绝缘特性的设计提供理论依据。

2. 长间隙工频击穿场强的计算

与上节中的分析思路一致，计算实际真空灭弧室中不同触头间隙距离下的工频击穿场强，需要计算不同触头间隙距离下的最大宏观场致增强系数 β_{gmax}。计算该系数首先要进行不同触头间隙距离下的电场分布仿真计算。图 2-7 给出了触头间隙在 6mm 和 60mm 两种极端情况下的仿真计算电场分布图。可以看出，在 6mm 触头间隙距离下，触头间隙的电场为均匀场，且强电场区域位于触头间隙，屏蔽筒对触头间隙的电场分布几乎没有影响。但是随着触头间隙距离的增加，强电场区域逐渐向触头侧面转移，主屏蔽筒对触头间隙电场分布影响越来越明显。在 60mm 触头间隙距离下，触头和屏蔽筒间隙的电场强度几乎与触头间隙的电场强度相等。

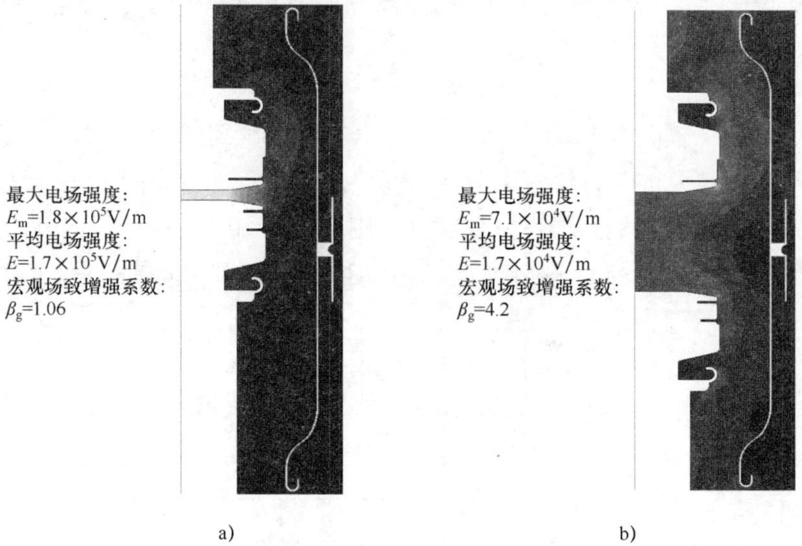

图 2-7　模型真空灭弧室触头间隙电场分布图

a）开距 6mm　b）开距 60mm

在得到模型真空灭弧室在不同触头间距下的电场分布后，根据阴极表面上的场强分布，计算出模型真空灭弧室在不同触头间隙距离下宏观场致增强系数 β_g 沿触头表面的分布图，如图 2-8 所示。然后根据得到的不同触头间隙距离下宏观场致增强系数 β_g，计算出该触头间隙距离下的最大宏观场致增强系数 $\beta_{g\max}$。最后得到最大宏观场致增强系数 $\beta_{g\max}$ 与触头间隙距离的关系，如图 2-8 所示。从图中可以看到，最大宏观场致增强系数随触头间隙距离的增大而明显增大。

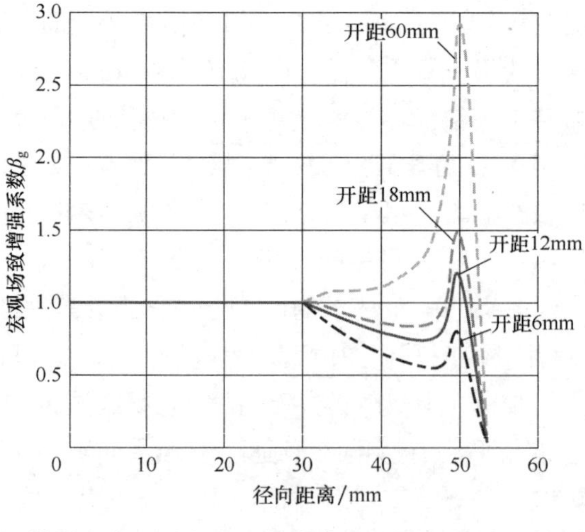

图 2-8　模型真空灭弧室宏观场致增强系数 β_g 沿触头表面的分布

3. 计算值与实验值的比较

图 2-9 是模型真空灭弧室不同触头间隙距离下工频击穿场强的实验值和工频击穿场强计算值的对比。从图中可以看出，工频击穿电场强度的实验结果与计算结果基本一致。

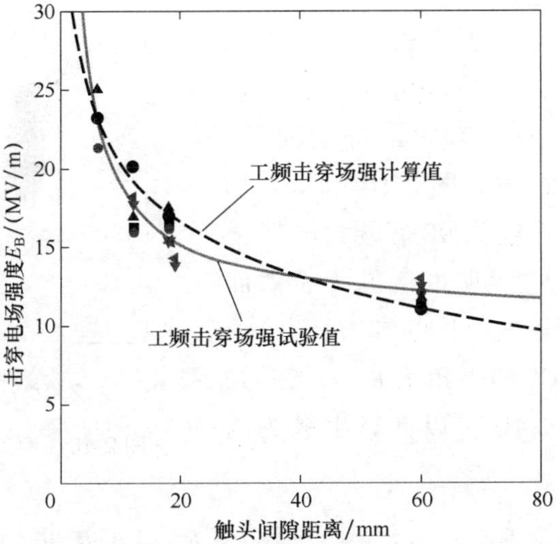

图 2-9 模型真空灭弧室工频击穿场强计算值与实验值的对比

2.5 长真空间隙雷电冲击绝缘特性

长真空间隙的雷电冲击绝缘特性与小间隙的情况不同，电场分布非均匀，而且周围的屏蔽罩也会影响触头间电场强度分布。触头的表面粗糙度以及触头直径，开关操作过程都会对击穿过程产生一定影响。本节分别考虑了这些影响因素，通过对实验研究获得的数据进行分析，提出了长真空间隙的雷电击穿参数。本节还通过理论分析，建立了一个长真空间隙在冲击电压作用下的击穿模型，并与实验数据进行了对比。

2.5.1 触头有效面积的影响

触头有效面积区域指触头表面上更容易发生击穿的区域，触头有效面积的定义为电场强度不小于 90% 最高电场强度的触头表面面积。对于输电等级真空灭弧室而言，触头有效面积对真空灭弧室绝缘强度的影响比较复杂，因为触头间隙距离较大且触头尺寸较大，所以触头间的电场分布会随着触头间隙距离的变化而发生变化。在小触头间隙距离下，触头间电场分布相对比较均匀，但是较大间隙距离下则为非均匀场。另外，随着触头间隙距离的增加屏蔽筒等部件对触头间的电场分布将会产生重要的影响，而这个影响在中压灭弧室中几乎可以忽略。所以，此前这方面研究不足，无法为输电等级真空灭弧室的设计提供有价值的参考。

1. 触头有效面积计算

计算模型真空灭弧室的触头有效面积时，首先要对电场分布进行仿真计算，然后求取电场强度不小于90%部分的面积。有效面积的计算示意图如图2-10所示。如果触头表面上电场强度为90%最大电场强度的点为P点，则S_{eff}表明的区域为有效面积区域，BC弧段的圆心坐标为O_1 (x_0, y_0)，BO_1和PO_1的夹角为θ_0。当已知电场分布时，由图2-10可以计算出触头的有效面积为

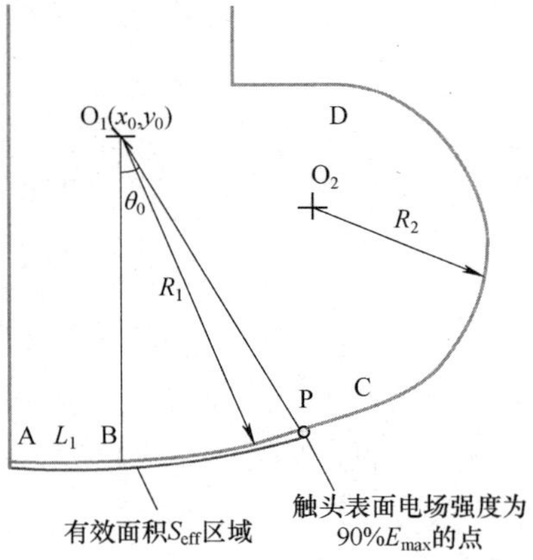

图2-10 有效面积计算示意图

$$S_{eff} = \pi L_1^2 + \int_0^{\theta_0} 2\pi[x_0 + R_1 \sin\theta] R_1 \mathrm{d}\theta \tag{2-10}$$

式中 L_1——直线部分的长度；

x_0——BC弧段的圆心x轴坐标；

R_1——BC弧段的半径；

θ_0——BC弧段上有效面积区域的起始位置的夹角。

2. 雷电冲击耐压实验

实验采用±1800 kV标准雷电冲击电压发生器，产生标准雷电脉冲电压（1.2/50μs），对真空灭弧室进行标准雷电冲击电压的耐压实验。通过升降法获得具有一定绝缘耐受概率的绝缘耐压值。

Weibull分布函数被广泛应用于真空间隙击穿电压的统计分析中，其通常有两种形式，即二参数Weibull分布函数和三参数Weibull分布函数。

其中二参数Weibull分布函数是假设下限为零，即当击穿电压的累计概率为零时击穿电压为零。二参数Weibull概率函数的形式如下：

$$F(U) = 1 - \exp\left[-\left(\frac{U}{\Theta}\right)^m\right] \tag{2-11}$$

式中 $F(U)$——电压为U时的累计击穿概率；

m——Weibull函数的形状因子；

Θ——尺度参数。

三参数 Weibull 分布是指当下限不为零时，即当击穿电压的累计概率为零时，而击穿电压不是零。三参数 Weibull 概率函数的形式如下：

$$F(U) = 1 - \exp\left[-\left(\frac{U - U_0}{\Theta - U_0}\right)^m\right] \tag{2-12}$$

式中　$F(U)$ ——电压为 U 时的累计击穿概率；

U_0 ——累计击穿概率为 0 时的击穿电压值；

m ——Weibull 函数的形状因子；

Θ ——尺度参数。

在图 2-11 中，横坐标表示电压 U，纵坐标表示累积击穿概率 $F(U)$。对图 2-11中不同有效面积下的累积击穿概率曲线用三参数的 Weibull 函数进行拟合，拟合结果见表 2-1。其中 R – square 用于表示拟合度，不同有效面积下累积击穿概率的 Weibull 函数的拟合度都很高。如表 2-1 所示 R – square 均大于0.9，所以假设不同有效面积下的概率分布符合三参数 Weibull 函数式是合理的。另外，通过表 2-1还可以看出，随着有效面积的增加，U_0 会下降。

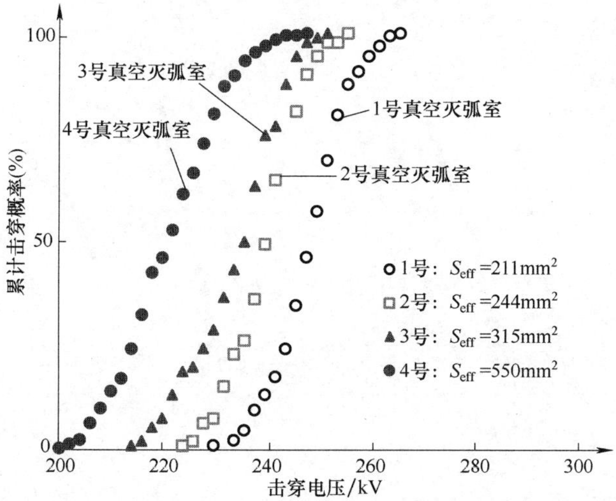

图 2-11　不同有效面积下击穿电压的累积击穿概率分布

表 2-1　不同有效面积下的累积击穿概率三参数拟合结果

试品	有效面积/mm²	形状因子	U_0/kV	Θ /kV	Scale（[$\Theta - U_0$]）/kV	R – squared
1 号	211	4.5	221	251	30	0.999
2 号	244	4.6	212	243	32	0.995
3 号	315	4.6	201	238	43	0.971
4 号	550	4.5	193	226	33	0.999

由此可见，在真空中当触头间隙的电场为均匀场时，其击穿电压的概率分布均符合 Weibull 分布，而且 Weibull 分布的形状因子不随有效面积的变化而变化。

3. 大开距条件下触头倒角影响

实验研究中设计了两只触头轮廓不同的高电压等级（126kV）真空灭弧室，以此获得不同触头有效面积，以研究非均匀场下不同触头有效面积对雷电冲击绝缘特性的影响。实验中所用的模型真空灭弧室结构与前一节实验研究的结构相似，主要是触头结构和开距有所不同。为了在相同触头间隙距离下获得不同的触头有效面积，两只真空灭弧室触头边沿的倒角分别为 $R=6\text{mm}$ 和 $R=2\text{mm}$。通过升降法得到真空灭弧室在不同触头间隙距离下，标准雷电冲击击穿电压的实验记录，触头间隙距离范围为 10～50mm。

图 2-12 所示为两只触头倒角不同的试品在不同触头间隙距离下击穿概率为 50% 的击穿电压 U_{50}。对相关数据进行拟合，分别得到的关系为

$$U_{50} = 30 \times d^{0.70} \quad (R = 6\text{mm}) \tag{2-13}$$

$$U_{50} = 40 \times d^{0.65} \quad (R = 2\text{mm}) \tag{2-14}$$

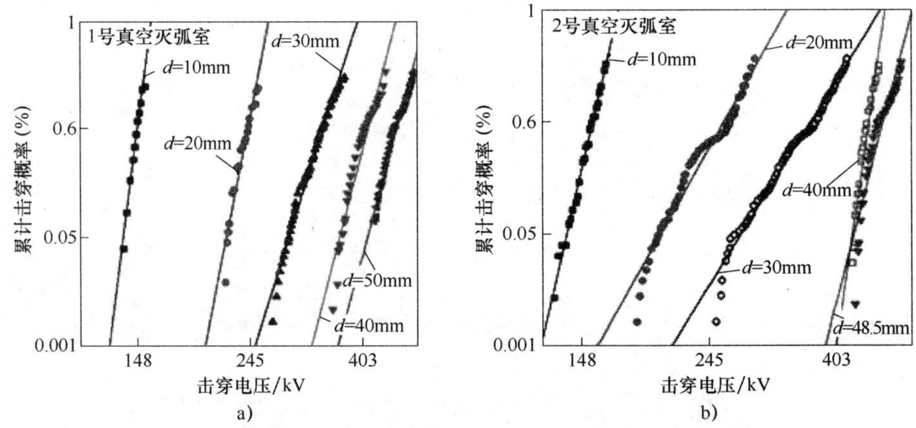

图 2-12　不同触头倒角真空灭弧室的击穿电压概率分布曲线图

a）触头边沿倒角为 $R=6\text{mm}$ 真空灭弧室　b）触头边沿倒角为 $R=2\text{mm}$ 真空灭弧室

在得到两只不同触头轮廓的高电压等级真空灭弧室的击穿电压后，为了对比触头有效面积对击穿电压的影响，分别计算两只真空灭弧室在不同触头间隙下的触头有效面积。有效面积的计算程序如前节所示，即先仿真计算电场强度分布，获得触头表面最大电场强度和最大电场强度的分布区域，然后积分计算电场强度大于 90% 最大电场强度的面积，最后获得有效面积。通过以上的仿真和计算，可以得到不同倒角触头的真空灭弧室在不同触头间距下的有效面积 S_{eff}、触头表面最

大场强 E_m。又因为宏观场致增强系数满足公式：

$$E_m = \beta_g \frac{U}{d} \tag{2-15}$$

即可得到不同触头间距下的有效面积 S_{eff}、触头表面最大场强 E_m 以及宏观场致增强系数 β_g 之间的关系。

图 2-13 所示为两种倒角真空灭弧室的击穿电压比较。由图中可知，在不同间隙距离下，触头倒角为 $R=2$mm 的真空灭弧室其击穿电压高于倒角为 $R=6$mm 的真空灭弧室。这一结果可以通过有效面积对微观场致增强系数、宏观场致增强系数的影响来解释。

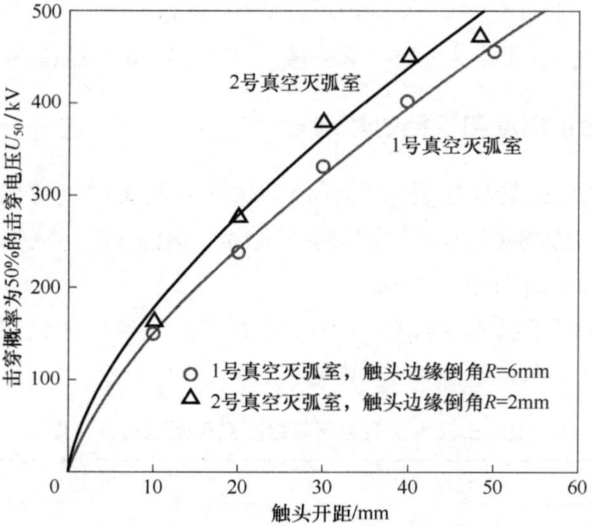

图 2-13　不同触头倒角灭弧室击穿电压的比较

首先微观场致增强系数 β_m 与触头有效面积 S_{eff}之间存在着如下的经验公式：

$$\beta_m = C_1 S_{eff}^{\alpha} \tag{2-16}$$

式中　C_1、α——常数，且 α 约为 0.26。

又因为击穿电场场强 E_B 满足关系式：

$$E_B = \beta_g \beta_m \frac{U}{d} \tag{2-17}$$

则可以得到击穿电场场强 E_B 与触头有效面积 S_{eff}之间的关系满足关系式：

$$E_B = C_1 \frac{U}{d} \beta_g S_{eff}^{\alpha} \propto S_{eff}^{\alpha} \beta_g \tag{2-18}$$

仿真计算表明，倒角 $R=2$mm 的真空灭弧室其 $S_{eff}^{\alpha}\beta_g$ 高于倒角 $R=6$mm 的真空灭弧室，又因为 $S_{eff}^{\alpha}\beta_g$ 正比于击穿场强 E_B，故倒角 $R=2$mm 的真空灭弧室击穿电压

高于倒角 $R=6\text{mm}$ 的真空灭弧室，这一点与实验结果相一致。

通过对真实灭弧室为对象的实验研究，发现输电等级真空灭弧室在均匀场和非均匀场中触头有效面积对真空灭弧室绝缘特性的影响如下：

1）在触头间隙距离 6mm 下均匀场中，击穿概率为 50% 的击穿电压 U_{50} 与有效面积 S_{eff} 的关系满足：$U_{50} \propto S_{\text{eff}}^{-0.12}$ 。**该发现不同于以前的真空绝缘理论中关于有效面积的认识**。

2）在触头间隙距离 10 ~ 50mm 的非均匀场中，有效面积从宏观效应和微观效应两方面影响真空灭弧室。实验发现，**通过减小有效面积，可以在一定程度上提高击穿电压**。

3）本实验使用的真空灭弧室模型获得的 50% 击穿电压 U_{50} 与触头间隙距离的关系满足 $U_{50}=kd^{\alpha}$，其中 k 为常数，**幂指数 α 在 0.6 ~ 0.7 范围内**。

2.5.2 触头表面粗糙度和直径的影响

真空灭弧室的绝缘特性还受触头直径、触头表面粗糙度等的影响。本节通过实验分析比较了相关影响，所采用的触头参数为：触头直径分别是 75mm 和 60mm，触头表面粗糙度为 3.2μm 和 1.6μm。

实验中采用三只模型真空灭弧室，其触头直径、触头表面粗糙度不同，触头间隙距离范围为 10 ~ 50mm。触头参数见表 2-2。

表 2-2　三只实验高电压等级真空灭弧室的触头设计

试品	触头边沿的倒角 /mm	触头表面粗糙度/μm	触头直径/mm
1 号	6	1.6	60
2 号	6	3.2	60
3 号	6	1.6	75

注：1 号真空灭弧室作为基准，用于和其他真空灭弧室进行对比，得到不同的触头参数对真空绝缘强度的影响。

图 2-14 所示为触头粗糙度为 1.6μm 的 1 号真空灭弧室和触头粗糙度为 3.2μm 的 2 号真空灭弧室的 50% 击穿电压 U_{50} 的对比。如图中所示，在触头间隙距离为 10 ~ 50mm 范围内，触头粗糙度为 1.6μm 的真空灭弧室其 U_{50} 和粗糙度为 3.2μm 的真空灭弧室很接近。由于实验过程中需要经过老炼过程使得击穿电压进入饱和阶段，这一过程改善了粗糙度大的触头表面的状况，所以粗糙度为 3.2μm 的真空灭弧室的击穿电压与粗糙度为 1.6μm 的触头差别在 3% 以内，无明显差别。

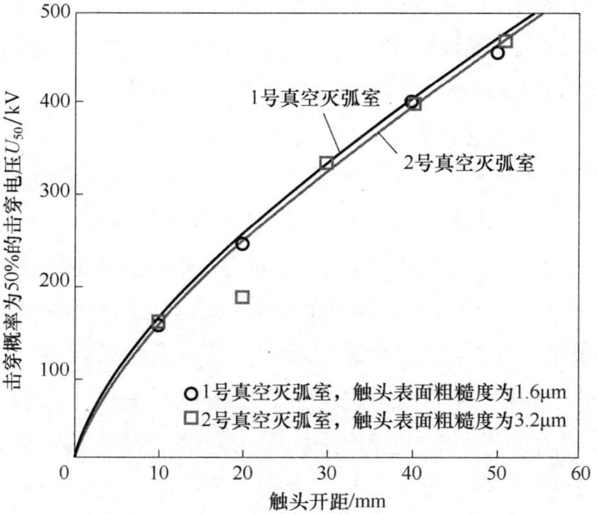

图 2-14　触头表面粗糙度对 U_{50} 的影响

图 2-15 所示为不同触头直径的真空灭弧室其击穿概率为 50% 的击穿电压 U_{50} 在不同触头间隙距离下的对比。从图中可见，触头直径为 60mm 的 1 号真空灭弧室其击穿概率为 50% 的击穿电压 U_{50} 与触头直径 75mm 的 3 号真空灭弧室差别在 10% 以内，非常接近。

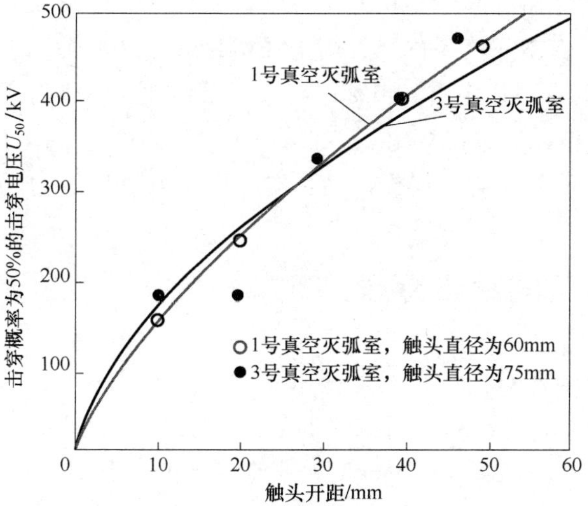

图 2-15　触头直径对击穿电压 U_{50} 的影响

2.5.3　开关操作的影响

在中压真空灭弧室绝缘特性的研究中发现，开关操作过程会对真空灭弧室绝缘强度产生显著的影响。输电等级真空开关与中压开关相比，其机械特性、触头压力、触头尺寸等方面存在较大的差异。实验研究了三种典型的开关操作过程对输电等级真空灭弧室绝缘强度的影响，这三种开关操作分别为“空载合分”“空载关合－开断电流”以及“空载关合－开断直流”。

在本实验条件下，经过三种开关操作后，与基准真空灭弧室相比较其老炼因数均增大，真空灭弧室在进行冲击击穿实验中达到饱和段所需的击穿电压的次数均上升。造成这一结果的原因可以通过微粒击穿机理来解释，对于刚刚经机械加工好的触头表面，触头表面微粒的密度为 $5.7\times10^3\sim8.7\times10^3\ \mathrm{cm}^{-2}$ 之间，经过开关操作后，真空灭弧室触头表面的微粒数目会显著的增加。随着真空灭弧室触头表面微粒数目的增加，微粒引起真空间隙击穿的概率也会升高，所以开关操作会引起真空灭弧室触头间隙击穿的概率升高，即经过开关操作后，触头间隙更容易发生击穿。在冲击击穿实验的老炼过程中，真空间隙的击穿主要位于触头表面的“击穿弱点”。所谓“击穿弱点”是指触头表面上最易发生击穿的地方，比如触头表面的微粒等。老炼的过程就是去除“击穿弱点”的过程，包括触头表面的微粒等。当触头表面的击穿弱点消失时，老炼过程完成，所以老炼过程随着触头表面微粒等击穿弱点的增加而变慢。通过前面的分析可知，经过开关操作后，真空灭弧室触头表面的微粒数目会显著增加，即触头表面的击穿弱点会增加，所以开关操作后，老炼过程会变慢。

对不同开关操作后冲击击穿电压的概率分布的研究结果表明，不同的开关操作后概率分布均符合 Weibull 分布。研究结果表明，经过开关操作后，击穿电压 U_{50} 均会有所上升。在本实验条件下，高电压等级真空灭弧室经过“空载合分”操作以后，击穿电压 U_{50} 可以上升约 6%；高电压等级真空灭弧室经过“空载关合－开断电流 5kA”操作以后，击穿电压 U_{50} 可以上升约 16%；高电压等级真空灭弧室经过“空载关合－开断直流”操作以后，击穿电压 U_{50} 可以上升约 14%。

2.6 长真空间隙击穿模型

现有的研究结果表明，真空间隙范围不同，真空击穿机理也会有所不同。触头间隙距离 $d\leqslant0.5\mathrm{mm}$ 时，真空间隙的击穿起因以场致发射为主，与真空间隙电场强度紧密相关；当真空间隙 $d\geqslant2\mathrm{mm}$ 时，真空间隙的击穿则主要由微粒引发。

现有真空击穿理论是针对简单平板模型的，实际输电等级真空灭弧室中的击穿现象要复杂得多。在以往关于真空击穿的研究中，大多是击穿现象的定性描述，针对输电等级真空灭弧室击穿机理的定量研究十分缺乏。为了对输电等级空灭弧室的击穿理论进行深入和定量研究，本节针对冲击电压作用下不同电场分布的输电等级真空灭弧室击穿过程，提出了一种基于微粒击穿理论的高电压等级真空灭弧室的击穿理论模型。

2.6.1 均匀场击穿模型

在均匀场中，触头表面的金属微粒作为导体，其内部的自由电子会在外电场的作用下在微粒和电极中发生转移，直至达到静电平衡状态。此时微粒表面和电极表面会形成一定的面电荷分布，面电荷密度的大小由电场强度决定。金属微粒因带有电荷，在电场力的作用下就可能从电极表面拉出。这些带电的微粒在真空间隙飞行的过程中，受到电极间电场的作用而被加速。微粒在电场的作用下，与对面电极发生碰撞，其动能转化为热能。如果碰撞时所释放的能量超过一定的临界值，电极材料就会强烈蒸发，导致产生大量微粒，从而引发真空间隙的击穿。图2-16是整个过程的示意图。

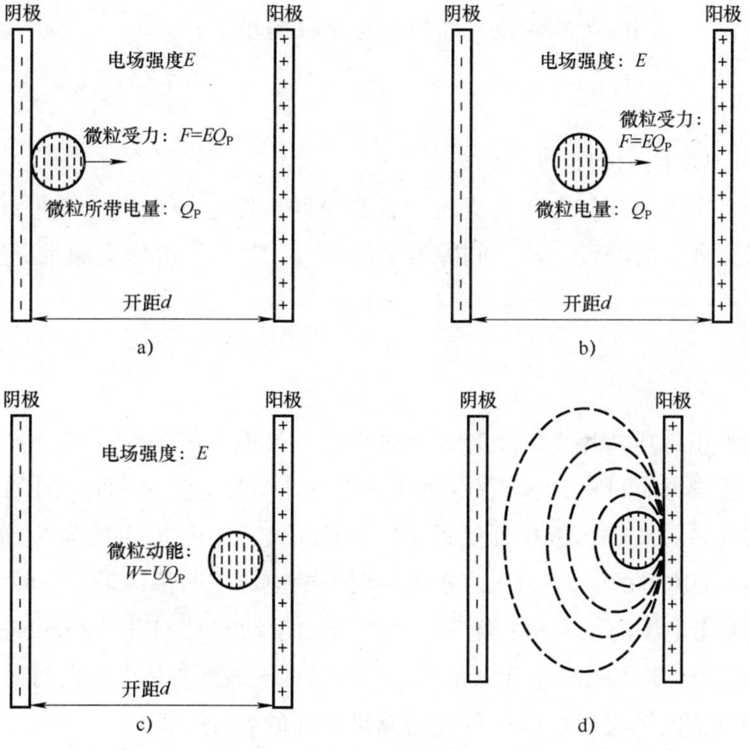

图2-16 真空灭弧室均匀场中微粒击穿过程示意图

a）电极表面的微粒在电场的作用下带有一定量的面电荷，电荷大小由表面电场强度决定

b）微粒与对面电极发生碰撞，动能转化为热能 c）微粒与对面电极发生碰撞，动能转化为热能

d）如果碰撞时所释放的能量超过了所碰撞的电极材料的临界值，电极材料就会强烈蒸发，导致微粒大量产生，从而引发真空间隙击穿

为了简单起见，首先分析直流电压下的击穿过程。假设真空间隙发生击穿时，外加电压为直流且恒为 U_c，并且假设触头为平板触头，且真空间隙的电场为均匀场，触头表面有一微粒。按照Cranberg的假设当微粒脱离母体电极时，其所带电荷与电

极表面的击穿电场强度 E_c 成正比，即 $Q_p \propto E_c$，所以微粒所带电荷可表示为

$$Q_p = C_1 E_c \tag{2-19}$$

式中 Q_p——微粒在脱离母体电极时所带的电荷量（C）；

C_1——定值，与触头形状、电场分布等有关；

E_c——触头表面的电场强度（V/m）。

该微粒在与对面电极发生碰撞时，如果微粒动能超过某一临界值时便会发生击穿，所以得到如下的关系式：

$$W = C_1 U_c E_c \geqslant C_2 \tag{2-20}$$

式中 C_2——定值，与触头材料、微粒尺寸等有关。

因为假设真空间隙为均匀场，所以击穿场强满足下式：

$$E_c = \frac{U_c}{d} \tag{2-21}$$

式中 d——真空间隙的长度（m）。

因此当真空间隙施加电压为直流，且真空间隙的电场为均匀场时，按照 Cranberg 微粒击穿理论的假设，真空间隙发生击穿时，其击穿电压应满足下述条件：

$$U_c = C_3 d^{0.5} \tag{2-22}$$

式中 $C_3 = \sqrt{\dfrac{C_2}{C_1}}$。

为了对冲击电压作用下的微粒击穿过程进行分析，首先进行了以下假设：

第一，假设施加的冲击电压波头的电压上升速率为定值 α，且 t_c 时刻为微粒脱离母体电极的时刻，U_c 表示微粒开始运动时的临界电压，t_d 时刻为发生击穿的时刻，即微粒到达对面电极的时刻，U_d 表示击穿时刻的电压瞬时值；第二，假设击穿发生在波头，即冲击电压的上升沿；第三，微粒开始运动的时刻遵循 Cranberg 的微粒击穿假设，即认为达到 Cranberg 定义的临界值时，微粒脱离母体电极向对面电极移动。

微粒在真空间隙飞行过程中的受力满足下面的方程，即

$$m_p \frac{\mathrm{d}^2 x(t)}{\mathrm{d}t^2} = (U_c + \alpha t)\frac{Q_p}{d} \tag{2-23}$$

式中

$$m_p = \frac{4\pi\rho_p r_p^3}{3} \tag{2-24}$$

$$Q_p = 6.6\pi\varepsilon_0 r_p^2 E \tag{2-25}$$

$$E = \frac{U_c}{d} \tag{2-26}$$

将式（2-24）~式（2-26）代入式（2-23）得到

$$U_b^3 - 3U_bU_c^2 + 2U_c^3 = \frac{6 \times \frac{4}{3}\pi r_p^3 \rho_p \alpha^2 d^2}{6.6\pi r_p^2 \varepsilon_0 U_c / d} = \frac{2r_p \rho_p d^3 \alpha^2}{1.645\varepsilon_0 U_c} \tag{2-27}$$

根据卡丹尔求解公式 $x^3 + px + q = 0$，其实数解为

$$X_1 = (Y_1)^{1/3} + (Y_2)^{1/3}$$

$$Y_{(1,2)} = -\left(\frac{q}{2}\right) \pm \left(\left(\frac{q}{2}\right)^2 + \left(\frac{p}{3}\right)^3\right)^{1/2}$$

$$\left(\frac{q}{2}\right)^2 + \left(\frac{p}{3}\right)^3 = U_c^6\left[\frac{r_p \alpha d^3 \rho_p}{1.645\varepsilon_0 U_c^4}\left(\frac{r_p \alpha d^3 \rho_p}{1.645\varepsilon_0 U_c^4} - 2\right)\right] \tag{2-28}$$

令 $\varepsilon_0 = 8.85 \times 10^{-12}\mathrm{F/m}$，$\alpha \approx 100\mathrm{kV/1.2\mu s}$，$\rho_p = 8.9 \times 10^3\mathrm{kg/m^3}$，$U_c \approx 100\mathrm{kV}$，$r_p \approx 10\mathrm{\mu m}$，则 $\frac{2r_p \alpha d^3 \rho_p}{\varepsilon_0 U_c^4} \gg 2$，对式（2-28）简化得到高电压等级真空灭弧室触头间隙为均匀场时，其击穿电压与触头间隙距离的关系式为

$$U_b = \frac{4^{1/3} r_p^{1/3} \alpha^{2/3} \rho_p^{1/3}}{\varepsilon_0^{1/3} C_3^{1/6}} d^{0.8} = 6.83 \times 10^{-2} C_3^{-0.17} d^{0.8} \tag{2-29}$$

式中　C_3——与触头形状、电场分布、触头材料以及微粒尺寸等有关的定值。

2.6.2　非均匀场击穿模型

在上节均匀场击穿模型的基础上，进一步建立非均匀场中的击穿模型。微粒击穿的物理过程与均匀场中类似，如图2-16所示。

在非均匀场中，电场强度 E 与真空间施加的电压 U 之间的关系为

$$E = \beta \frac{U}{d} \tag{2-30}$$

式中　β——场致增强系数。

场致增强系数包括微观场致增强系数 β_m 和宏观场致增强系数 β_g。本节假设微观场致增强系数为常数，所以主要讨论宏观场致增强系数，即几何场致增强系数 β_g。因为假设引起击穿的微粒位于电场强度最强的地方，所以击穿场强表示为

$$E = \beta_{max} \frac{U}{d} \tag{2-31}$$

式中　β_{max}——宏观场致增强系数的最大值。

由于不同的灭弧室与触头结构空间电场分布不同，场致增强系数也不同。本实验采用的触头模型，触头直径为60mm，触头边缘倒角为6mm，可以通过仿真得

到不同触头间隙距离下触头间的电场分布，进而得到不同触头间隙距离下宏观场致增强系数。图 2-17 是开距为 50mm 时的宏观场致增强系数的典型分布图。

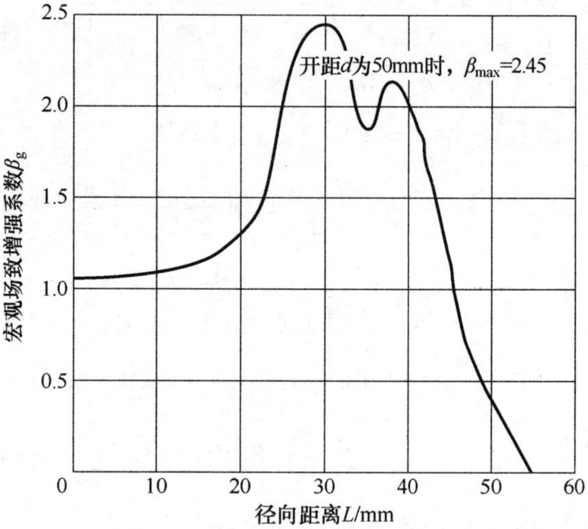

图 2-17　开距为 50mm 时的宏观场致增强系数的典型分布图

将数值仿真获得的不同触头间隙距离下的宏观场致增强系数的最大值 β_{max} 与触头间隙距离 d 之间关系进行线性拟合可以得到

$$\beta_{max} = 0.3017d^{0.5435} \tag{2-32}$$

将式（2-32）代入式（2-31）可以得到

$$E = \beta_{max}\frac{U}{d} = 0.3017Ud^{-0.4565} \tag{2-33}$$

将式（2-33）代入式（2-21），则可以得到非均匀场下真空间隙击穿时的临界击穿电压为

$$U_c = C_4 d^{0.2283} \tag{2-34}$$

式中　$C_4 = 1.82C_3$。

在此基础上对冲击电压作用下的微粒击穿过程进行分析，波头的电压上升速率为定值 α，假设击穿发生在波头，即冲击电压的上升沿，微粒开始运动的时刻遵循 Cranberg 的微粒击穿的假设，即认为达到 Cranberg 定义的临界值时，微粒脱离母体电极向对面电极移动。

首先微粒在真空间隙飞行过程中受力满足

$$m_p\frac{d^2x(t)}{dt^2} = U(t)\frac{Q_p}{d} \tag{2-35}$$

式中　m_p——微粒质量；

t—— 微粒脱离母体电极后的时间；

$x(t)$——t 时刻，微粒离开母体触头的距离；

$U(t)$——t 时刻电压瞬时值；

Q_p——微粒所带电量；

d——触头间隙距离。

假设冲击电压是匀速上升的，且上升率为 α，则瞬时电压 $U(t)$ 可表示为

$$U(t) = U_c + \alpha t \tag{2-36}$$

式中 U_c——击穿的临界值。

将式（2-36）代入式（2-35）得到

$$m_p \frac{d^2 x(t)}{dt^2} = (U_c + \alpha t)\frac{Q_p}{d} \tag{2-37}$$

式（2-35）满足初始条件，$x(0) = 0$，$x(t_d) = d$，$\frac{dx}{dt}(x = 0) = 0$，对两边进行积分得到

$$m_p \frac{dx(t)}{dt} = \frac{Q_p}{d}U_c t + \frac{1}{2}\frac{Q_p}{d}\alpha t^2 \tag{2-38}$$

对上式两边再次积分得到

$$m_p x = \frac{1}{2}\frac{Q_p}{d}U_c t^2 + \frac{1}{6}\frac{Q_p}{d}\alpha t^3 \tag{2-39}$$

当 $x = d$ 时，$t = \frac{U_b - U_c}{\alpha}$，其中 U_b 为击穿时刻的瞬时电压值，代入式（2-38）得

$$m_p d = \frac{1}{2}\frac{Q_p}{d}U_c\left(\frac{U_b - U_c}{\alpha}\right)^2 + \frac{1}{6}\frac{Q_p}{d}\alpha\left(\frac{U_b - U_c}{\alpha}\right)^3 \tag{2-40}$$

将式（2-40）进行化简得

$$\frac{6m_p d^2\alpha^2}{Q_p} = U_b^3 - 3U_b U_c^2 + 2U_c^3 \tag{2-41}$$

式中

$$m_p = \frac{4\pi\rho_p r_p^3}{3} \tag{2-42}$$

$$Q_p = 6.6\pi\varepsilon_0 r_p^2 E \tag{2-43}$$

$$E = \beta_{max}\frac{U_c}{d} \tag{2-44}$$

所以 Q_p 满足

$$Q_{\mathrm{p}}=6.6\pi\varepsilon_0 r_{\mathrm{p}}^2\beta_{\max}\left(\frac{U_{\mathrm{c}}}{d}\right) \tag{2-45}$$

将式（2-42）～式（2-45）代入式（2-41）得

$$U_{\mathrm{b}}^3-3U_{\mathrm{b}}U_{\mathrm{c}}^2+2U_{\mathrm{c}}^3=\frac{6\times\dfrac{4}{3}\pi r_{\mathrm{p}}^3\rho_{\mathrm{p}}\alpha^2 d^2}{2\pi r_{\mathrm{p}}^2\varepsilon_0 U_{\mathrm{c}}/d^{0.4565}}=\frac{4r_{\mathrm{p}}\rho_{\mathrm{p}}d^{2.4565}\alpha^2}{\varepsilon_0 U_{\mathrm{c}}} \tag{2-46}$$

根据卡丹尔求解公式 $x^3+px+q=0$，其实数解为

$$X_1=(Y_1)^{1/3}+(Y_2)^{1/3},Y_{(1,2)}=-\left(\frac{q}{2}\right)\pm\left(\left(\frac{q}{2}\right)^2+\left(\frac{p}{3}\right)^3\right)^{1/2}$$

$$\left(\frac{q}{2}\right)^2+\left(\frac{p}{3}\right)^3=U_{\mathrm{c}}^6\left[\frac{2r_{\mathrm{p}}\alpha d^{2.4565}\rho_{\mathrm{p}}}{\varepsilon_0 U_{\mathrm{c}}^4}\left(\frac{2r_{\mathrm{p}}\alpha d^{2.4565}\rho_{\mathrm{p}}}{\varepsilon_0 U_{\mathrm{c}}^4}-2\right)\right] \tag{2-47}$$

对于 $\varepsilon_0=8.85\times10^{-12}\mathrm{F/m}$，$\alpha\approx100\mathrm{kV}/1.2\mu\mathrm{s}$，$\rho_{\mathrm{p}}=8.9\times10^3\mathrm{kg/m^3}$，$U_{\mathrm{c}}\approx100\mathrm{kV}$，$r_{\mathrm{p}}\approx10\mu\mathrm{m}$，则 $\dfrac{2r_{\mathrm{p}}\alpha d^{2.4565}\rho_{\mathrm{p}}}{\varepsilon_0 U_{\mathrm{c}}^4}\gg2$，则可以对式（2-47）简化得到高电压等级真空灭弧室在冲击电压作用下非均匀场中击穿电压与触头间隙距离之间的满足下式：

$$U_{\mathrm{b}}=\frac{4^{1/3}r_{\mathrm{p}}^{1/3}\alpha^{2/3}\rho_{\mathrm{p}}^{1/3}}{\varepsilon_0^{1/3}C_4^{1/6}}d^{0.74}=6.18\times10^{-2}C_3^{-0.17}d^{0.74} \tag{2-48}$$

式中　C_3——与触头形状、电场分布、触头材料以及微粒尺寸等有关的定值。

以本章大量实验数据为基础，对本模型进行了对比分析，比较结果如图 2-18 所示。从图中可以看到，冲击电压作用下非均匀场中的击穿模型与实验结果较为吻合，而击穿电压在一定程度上可以反映击穿过程，说明该真空灭弧室在冲击电压作用下非均匀场中的击穿模型具有一定的合理性。

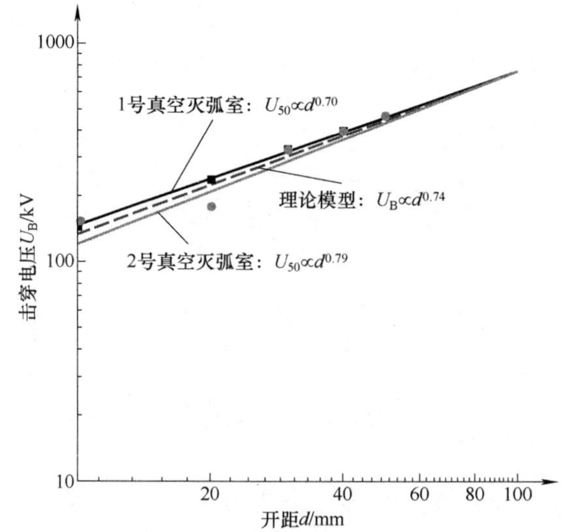

图 2-18　实验结果与理论模型对比图

以上基于 Cranberg 的真空间隙微粒击穿理论（均匀场、直流电压下），提出了高电压等级真空灭弧室击穿过程的物理模型（非均匀场，雷电冲击电压下），并与实验结果进行了比较，所得到的结论如下：

1）基于 Cranberg 的微粒击穿理论，建立了真空间隙在冲击电压作用下均匀场中击穿过程的物理模型，得到了电压 U_B 与触头间隙距离 d 之间的关系满足 $U_B \propto d^{0.8}$。

2）基于以上击穿模型，建立了高电压等级真空灭弧室在冲击电压作用下非均匀场中的真空击穿的物理模型，得到了击穿电压 U_B 与触头间隙距离 d 之间的关系为 $U_B \propto d^{0.74}$；

3）通过冲击击穿实验得到了高电压等级真空灭弧室在非均匀场中击穿电压 U_B 与触头间隙距离 d 之间的关系为：$U_{50} \propto d^{\alpha}$，其中 α 为 0.70～0.79。而对于所建立的冲击电压作用下非均匀场中的物理模型，其击穿电压 U_B 与触头间隙距离 d 之间关系为：$U_B \propto d^{0.74}$，这一结果证明了所建立的物理模型的正确性。

2.7　总结分析

由于发展环境友好型输电等级真空开关的需求，长真空间隙的绝缘特性成为一项亟待解决的课题。本章介绍了本课题组采用实验和理论计算相结合的方法定量研究输电等级真空灭弧室触头间在不同触头间隙距离下的真空绝缘特性及相关因素的影响规律，并对真空间隙的击穿机理进行了研究。在触头间隙距离 6～60mm 范围内，研究了 126kV 真空灭弧室模型的工频绝缘特性，得到了工频击穿电压与触头间隙距离之间的关系，建立了工频击穿场强与触头间隙距离之间的关系模型；研究了高电压等级真空灭弧室在均匀场和非均匀场中不同触头有效面积下的雷电冲击绝缘特性，得到了不同的电场分布下触头有效面积与雷电冲击绝缘特性之间的关系；研究了不同触头表面粗糙度和触头直径下输电等级真空灭弧室的雷电冲击绝缘特性；研究了输电等级真空灭弧室中空载分合、直流老炼和大电流开断等开关操作对雷电冲击绝缘特性的影响；建立了输电等级真空灭弧室在不同触头间隙距离范围内雷电冲击电压作用下的理论击穿模型。上述实验研究工作大多是首次开展。

主要结论如下：

1）真空灭弧室模型在不同触头间隙距离下的雷电冲击击穿电压进入饱和段后

其概率分布仍符合 Weibull 分布，其击穿概率为50%的击穿电压 U_{50}与触头间隙距离的关系满足 $U_{50}=kd^{\alpha}$，其中 k 为常数，幂指数 α 在0.6~0.8 范围内。该发现超出了以前的真空绝缘理论对高电压等级真空灭弧室真空绝缘特性饱和区的预期，为输电等级单断口真空灭弧室的研制提供了理论依据。

2）126kV 真空灭弧室模型的工频击穿电压 U_{B} 与触头间隙距离 d 之间的关系满足关系式：$U_{B}=89d^{0.25}$。

3）实验研究了 6mm 触头间距下均匀场中有效面积与击穿电压满足关系式：$U_{B}\propto S_{eff}^{-0.12}$，该发现与以前真空绝缘理论中关于有效面积的认识不同，其中在 10~50mm 触头间距范围内考虑有效面积的宏观效应以及微观效应两方面有效面积对绝缘特性的影响，发现通过减少有效面积击穿电压 U_{50}可提高约 10%。研究结果为高电压等级真空灭弧室绝缘特性的提高提供了有效途径。

4）根据实验研究，在 126kV 真空灭弧室模型中不同触头表面粗糙度的真空灭弧室经过老炼处于饱和区的真空绝缘特性 U_{50}的差异在 3%以内，不同触头直径的真空绝缘特性 U_{50}的差异在 10%以内。

5）实验研究了“空载合分”“空载关合－开断电流 5kA”以及“空载关合－开断直流”三种不同的开关操作对真空灭弧室雷电冲击绝缘特性的影响，表明经过这三种开关操作后雷电冲击击穿实验的老炼过程均变缓，击穿电压 U_{50}分别可以上升 6%、16%和 14%。

6）根据以上实验研究的结果建立了高电压等级真空灭弧室在均匀场和非均匀场中冲击电压作用下的理论击穿模型，得到了高电压等级真空灭弧室冲击电压作用下均匀场中击穿电压 U_{B} 与触头间隙距离 d 之间的关系为 $U_{B}\propto d^{0.8}$，在此基础上得到了高电压等级真空灭弧室在冲击电压作用下非均匀场中击穿电压 U_{B} 与触头间隙距离 d 之间的关系为 $U_{B}\propto d^{0.74}$，而通过实验得到了击穿电压 U_{B} 与触头间隙距离 d 的关系为 $U_{B}\propto d^{0.70\sim0.79}$，这一结果证明了高电压等级真空灭弧室雷电冲击电压下非均匀场中的击穿模型的正确性，为高电压等级真空灭弧室的绝缘设计提供了科学依据。

第3章

大开距真空电弧的阳极燃弧模式及控制

对于输电等级真空断路器而言，由于绝缘水平的要求，触头开距要远远大于中压等级断路器。在大开距条件下，真空电弧形态更易转换为集聚型电弧，阳极更易发生阳极斑点，这对真空灭弧室的电弧熄灭和电流开断提出了更加严峻的挑战。充分研究和把握真空电弧的阳极过程，是确保和提高开断能力，发展输电等级真空开关的核心和关键。本章集中介绍了近年来在研究和开发输电等级真空断路器中对真空电弧阳极过程的研究成果，这些成果形成了输电等级真空断路器理论与技术的重要基础。

3.1 真空电弧的阳极过程

当通过真空电弧的电流足够大时，真空灭弧室的阳极触头表面会出现一个或者多个阳极亮斑（见图 3-1）。大量实验研究证明，阳极斑点的形成会导致开断失败，是限制真空断路器开断工频大电流的主要原因。这主要是阳极斑点的出现会导致触头局部严重熔化，在燃弧过程中阳极斑点会向触头间隙中释放出大量的金属蒸气，在电流过零后的一段时间内，这些触头间的金属蒸气还会持续一段时间，使得介质恢复速度大大降低，造成真空开关开断失败。

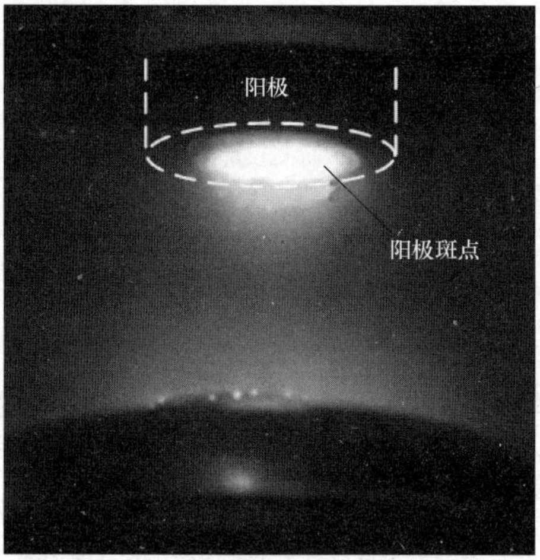

图 3-1 典型的阳极斑点状态

阳极斑点的温度非常高，为 2490～3040K，远远超过了铜的熔点，甚至超过了铜的沸点。在电流过零后的一段时间内，阳极表面由于热惯性的缘故仍然保持着相当高的温度，甚至在阳极斑点形成位置存在一个液态的熔化区域，而这个液态熔化区是导致真空开关开断失败的又一个重要可能原因。一方面阳极表面的熔融金属还会在电弧熄灭后继续产生蒸气，从而降低弧隙恢复强度；另一方面，电流过零后加在触头两端的是反相的恢复电压，因此在燃弧过程中的阳极马上转变成了新的阴极，恢复电压会在触头间产生一个非常强的电场。当电场足够强时，原来液态的阳极斑点区域在电场力下形成微凸起，从而使得新阴极更加容易发射出电子、离子和金属蒸气，甚至还有金属液滴被剥离到触头间隙，如图 3-2 所示。这些过量的金属蒸气、电子、离子、金属液滴又会进一步破坏介质恢复强度。所以阳极斑点的出现严重影响了开关的开断性能，直接导致开关开断失败。

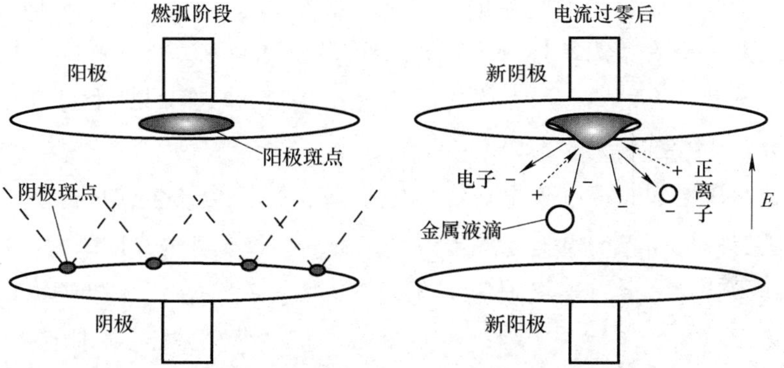

图 3-2　阳极斑点对电流过零后触头间隙的影响

许多研究表明，真空电弧的阳极现象随着电流以及开距的不同，会出现不同的状态和特性。Miller 结合了以前的研究，根据阳极的活动状况将阳极形态总体分为四种基本的模式，即扩散弧模式、点状斑点模式、阳极斑点模式、强电弧模式。虽然各个研究对这些模式的称呼有所不同，但是这些阳极模式随着电流和开距的变化都大体遵循着如图 3-3 所示的分布。

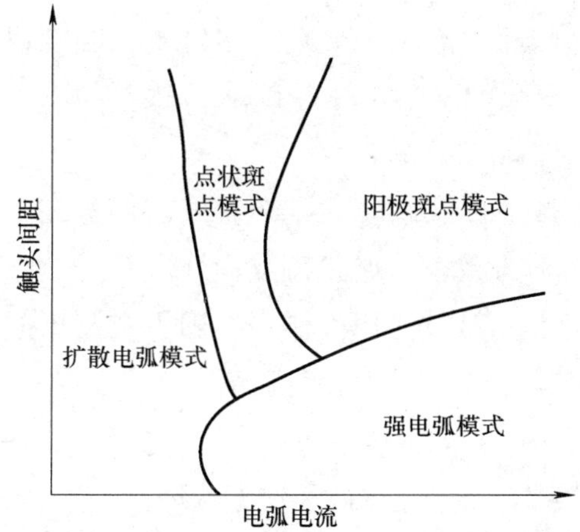

图 3-3　Miller 给出的触头间距和电流对阳极形态影响的模式图

1．扩散弧模式（diffuse arc mode）

扩散弧模式是一种小电流电弧模式，通常出现在电流比较小的情况下，判断的依据为阳极表面没有出现放电的迹象。此时真空电弧的形态主要由阴极现象控制，一些（或仅有一个）阴极斑点在阴极表面运动，阳极和阴极间隙存在较明显的电弧等离子体。

总体来讲，扩散弧（diffuse arc）模式下，阳极本身处于不活跃的状态，从阳极喷溅出的金属粒子对整体电弧的形态只有微小的作用。当电流增加时，阴极斑点数量随电弧电流约呈线性增加，同时阳极和阴极间隙的电弧的亮度变强一些，但是阳极并不发光。另外，扩散弧的电弧电压相对比较低而且平稳（电弧电压的高频振荡分量比电弧电压的平均值小得多）。

当电弧电流增加时，电弧电压也随之提升，并且会产生幅值相当大的噪声分量，而伴随着两极间隙的电弧等离子体开始有一些收缩，但在阳极没有放电现象。

扩散弧模式又分为有阳极喷溅与无阳极喷溅两种。在无阳极喷溅的扩散弧模式下，阳极没有离子产生。无阳极材料喷溅的扩散弧模式下，阳极除了接受电子作用，还收集来自阴极的各种金属离子，而这些离子、中性粒子在阳极表面冷凝引起了阳极金属材料增加，这可以被定义为负侵蚀。在有阳极材料溅射的扩散弧模式下，绝大多数溅射出的原子将被两极间的电子束所电离。从阳极溅射出的原子速度较低，它们在靠近阳极的区域被电离，这会导致阳极附近产生一个密度梯度很大的溅射出的原子群。这些来自阳极的离子能量相对于来自阴极的离子能量要小得多。在绝大多数扩散弧模式中，阳极附近的来自阴极的离子密度远大于来自阳极的离子。对于典型的触头材料和典型的阴极离子能量，即使阳极喷溅发生，阳极的侵蚀仍为负值。因此，扩散弧模式中阳极表面温度以及弧隙中的金属蒸气是相对较少的，对真空电弧的开断比较有利。

2．点状斑点模式（footpoint mode）

当电流较小时，电弧呈扩散态模式，随着电流的提高，真空灭弧室的阳极表面会出现一个或者多个小的亮斑。点状斑点模式是一种过渡的电弧模式，在这种模式下，阳极开始在燃弧过程中起积极作用，阳极和阴极间隙充满相对亮的电弧等离子体（极间电弧和较大电流时的扩散弧模式基本一样），而区别于扩散弧模式的是阳极出现明显的亮斑，亮斑个数可能有一个也可能有多个，但是这些亮斑并没有形成明显的阳极喷溅，这些亮斑被称作点状斑点。

点状斑点一般出现在瞬间电流比较小且开距比较大的情况下，在燃弧过程中点状阳极斑点附近的局部触头材料产生熔化现象但是没有明显的大面积熔斑。随着电流的增大，阳极从扩散弧模式转变为点状斑点模式，阳极表面的温度上升速率可以达到 10^7K/s 和 10^8K/s，而稳定的点状斑点温度约为触头材料的熔点量级。电弧对阳极触头材料产生了明显的侵蚀，被侵蚀的量明显超过了阴极材料在阳极的沉积。熔化的阳极触头材料和在金属蒸气中被侵蚀的阳极触头材料要比从阴极喷溅出的粒子的量多。但总的来说，阳极触头材料的净损失还是比较低。

在阳极表面形成点状斑点时，电弧电压常常伴随着叠加明显的噪声分量，电弧处于一种不稳定的状态。由于电弧模式从扩散弧转变为点状斑点，引起阳极电压降的升高，从而使得总的电弧电压升高。Miller 发现点状斑点状态下弧柱电压降没有变化，只有阳极区的电压降有明显的升高和不稳定现象。弧柱电压降保持不变说明阳极没有向弧柱中提供额外蒸气，而阳极附近压降的升高表明注入阳极的能量增加，导致阳极表面熔化且形成了点状斑点，一些中性的阳极材料蒸气分布在靠近阳极的区域，同时高的电弧电压和高的噪声分量表明在电弧等离子体中消耗了很多的能量，可以推测，这些中性粒子中的一部分会被电离，但这种推测还未被实验所证明。

由于点状斑点很小，同时温度不高，产生的蒸气量相对比较小，所以不会对弧柱中的电场产生显著的影响。

3. 阳极斑点模式（anode spot mode）

当电流继续增大时，带电粒子不断轰击阳极使得其表面温度上升到材料的沸点，产生大面积熔化和蒸发，蒸发的粒子对弧柱产生了强烈作用，从而形成阳极斑点。阳极斑点模式是一种大电流电弧形态，在阳极斑点模式下，阳极和阴极间隙中出现了一个明显的柱状电弧，同时很多（也许有个别的不能辨别）阴极斑点覆盖阴极表面。一个大的或几个小的非常亮的斑点出现在阳极。如果几个小的斑点出现，则随着电弧电流的增加或是燃弧时间的增加，这些小的斑点将会合并成一个单独的阳极斑点。

在阳极斑点模式下，通常电弧电压较低而平稳，但也有可能较高并且有噪声分量。阳极射流的产生与否对电弧电压噪声分量有明显的影响。Yokoyama 和 Kashitani 在试验中观察到了多阳极斑点很强的阳极射流的出现伴随着很大的电弧噪声分量。但是 Heberlein 和 Gorman 却发现，当阳极射流形成时，电弧电压的波形变得平缓，而且通常比没有出现阳极斑点时的弧压还要低。阳极射流对电弧电压的影响在试验上得出了相反的结果，Boxman 对此的解释是，阳极射流对电弧电压幅值和噪声分量的影响极小，除非阳极射流达到阴极或者与阴极射流在触头间隙中相会。

在阳极斑点电弧模式下，阳极受到了严重的电弧侵蚀，阳极斑点会产生大量的离子。在更大的电弧电流时，阳极斑点处的触头材料还会以宏观粒子和液滴等形式蒸发出来。电弧保持阳极斑点模式的时间越长，阳极的侵蚀率越高，这主要是因为阳极斑点的尺寸会增加。这种情况对于真空灭弧室的开断是非常不利的。

4．强电弧模式（intense arc mode）

强电弧模式也是一种大电流燃弧形态。与阳极斑点模式相比，强电弧模式一般出现在较小的开距和较大的电流时，电弧电压和噪声虽然高于扩散态电弧，但要比阳极斑点模式的低，其最显著的特点是阳极射流可以贯穿弧隙达到阴极，阳极射流的作用使得阴极的烧蚀更加严重。因此，在强电弧模式中，只能观察到触头间非常亮的弧柱，阳极的放电模式也被弧柱的光亮所掩盖，从而强电弧模式被单独归为一种阳极放电模式。当然，这种模式不仅是阳极自身活跃，而且弧柱也不断地向阳极输入比阳极斑点模式更强的能量，更重要的是由于开距很小，导致电流过零时触头间的金属蒸气密度相当大，因此，强电弧模式对开断极为不利。

开断过程中阳极斑点模式以及强电弧模式对于真空断路器的开断非常不利，需要通过一些技术避免它们的出现或减小其影响。国内外很多学者对减小阳极热量的集中以及阳极斑点的形成做了许多工作。对于一个给定的电极结构、触头材料和电流波形，存在一个阳极斑点首次出现的临界电流 I_{as}。这个电流取决于触头间距和电极尺寸间的关系（特别是电极直径和触头间距的比例 D/g）、电极材料和电流波形等。触头间距和电极尺寸对 I_{as} 的作用主要是通过影响阳极附近的电压降和阳极平均电流密度来实现的，两个作用都会影响阳极局部的能量密度。在 Rich 的工作中指出，当符合以下条件时，阳极斑点出现的临界电流值会明显增大：①增大电极的截面积（例如，触头直径/触头开距≫1）；②减小电极边缘对电弧的影响；③减小使电弧发生积聚的电磁力。根据这个原则，Rich 设计了一种同轴折合式的触头结构，该结构在通过 60Hz、72 kA 峰值的电流时铜触头材料没有任何熔化的现象。

另一种避免阳极斑点形成的技术是在真空电弧中施加纵向磁场控制电弧，降低电弧电压，提高形成阳极斑点的临界电流。Kaneko 和 Yanabu 等人对具有纵向磁场下的电弧电压和阳极熔化状态之间的关系进行了研究，发现纵向磁场不仅能够抑制弧柱的收缩，使电弧在阳极表面均匀分布，降低局部区域的电流密度及表面温度，并且当磁场足够大时，电弧电压的噪声分量能够全部消失，阳极也不会出现熔化。实验表明这种技术能够有效地将真空灭弧室的开断电流提高 20% ~30%。

除了抑制阳极斑点形成的办法外，还有能够避免阳极斑点在触头表面局部持续燃烧的方法。李天和采用横磁结构的电极，使得电弧在磁场力作用下快速运动，从而让阳极斑点对阳极的加热能够分散，避免局部区域过热，改善了真空开关的开断性能。

输电等级真空灭弧室开距较大，在开断过程中触头处于由小到大的运动过程。我们知道阳极燃弧模式与触头开距关系密切，在此过程中开距始终处于变化过程中，燃弧模式必然随之变化，不同的分闸速度相应的燃弧模式也必然不同，这就为研究工作提供了一种思路，即如何在分断过程中通过分闸速度来控制燃弧模式。然而，以往研究中很少涉及通过调节分闸特性来控制阳极燃弧模式的，通过调节分闸特性是一种可行的提高某一具体灭弧室开断性能的方法。本章将介绍基于阳极燃弧模式图通过调节分闸曲线避开对开断不利的阳极放电模式，提高输电等级灭弧室开断能力的方法。

3.2 阳极模式图的实验观察与研究

3.2.1 实验概述

由于以往的阳极放电模式分布图都是在固定开距或是相同分闸速度下得到的，因此分闸速度对阳极放电模式分布图的影响还不明确。本实验的目的是通过实验对比不同分闸速度下得到灭弧室的阳极放电模式分布图，并研究分闸速度对阳极放电模式分布图的影响。研究中还对不同触头材料，不同触头直径灭弧室的阳极模式进行了观察，从而以得到的阳极放电模式分布图为基础，找到一条尽量避开对开断不利的阳极放电模式的分闸特性曲线，从而实现提高灭弧室开断能力的功能。

为了比较不同触头材料的影响，实验分别使用了纳晶 CuCr25，微晶 CuCr25 两种触头材料。两种材料的显微组织照片如图 3-4 所示。触头采用平板型结构，直径分别为 12 mm 和 25 mm，厚度为 4 mm。

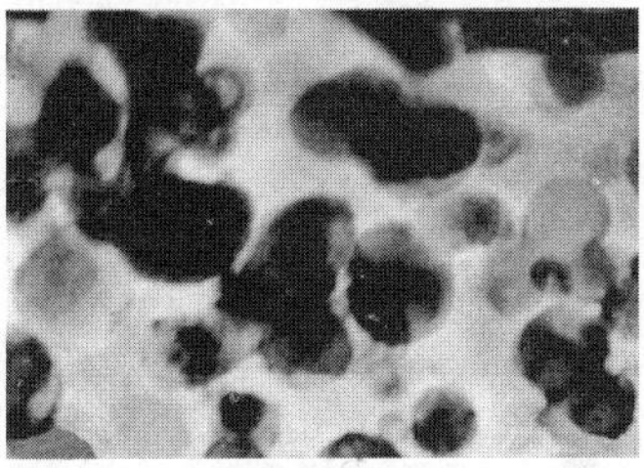

a)

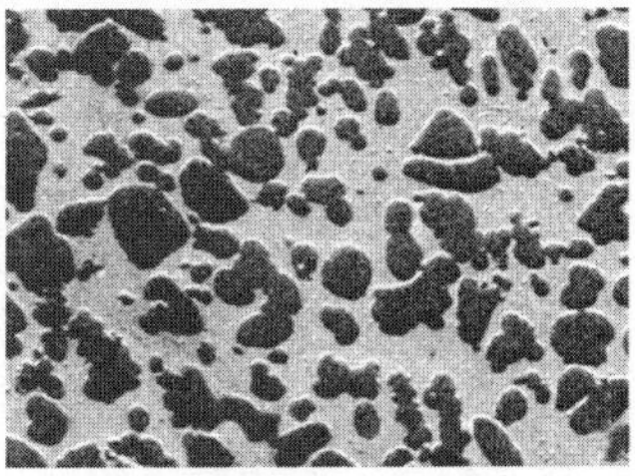

b)

图 3-4 纳晶 CuCr25 与微晶 CuCr25 合金显微组织比较

a）纳晶 b）微晶

实验回路如图 3-5 所示，电流由合成回路提供，试品灭弧室由一台永磁操作机构驱动。该机构能够调节分闸的时序以及分闸速度。实验采用拉弧方式产生电弧，即在电流的某一相位打开触头产生电弧。这种方法是最接近于实际开断过程中电流的情况。使用永磁操动机构可以很好地控制试品开关在拟定的相位进行分闸，调节精度可以达到 0.1 ms，范围大于 20 ms，这样可以通过该永磁机构得到试品开关不同燃弧时间下的阳极放电模式。另外，该永磁机构还可以通过调节分闸弹簧以及触头弹簧的预压力来调节分闸速度。我们拟定从试品触头刚分后 10ms 内的平均分闸速度为分闸速度，调节范围为 1.1 ~2.0 m/s。

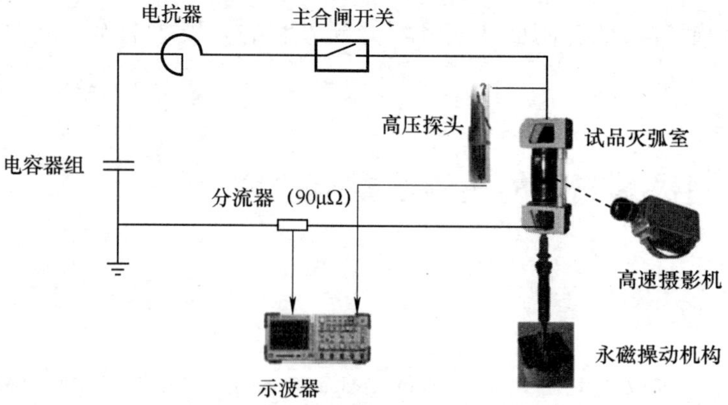

图 3-5　实验线路示意图

图 3-6 是实验获得的典型的电弧电压与电流的曲线。该图中燃弧时间为 9.4 ms，电弧电流峰值为 1.5 kA，电弧电压稳定在 20 V 左右。

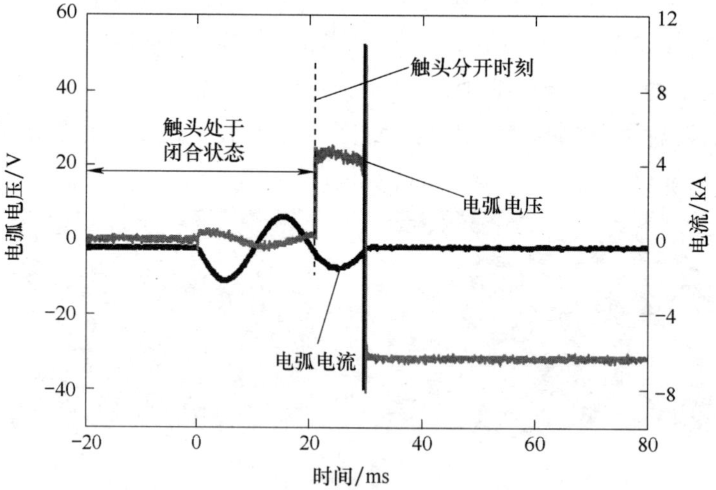

图 3-6　典型的电弧电压与电流曲线

本实验采用 Phantom V10 高速摄影机（CCD）直接观察真空电弧阳极模式。相机拍摄速度为 10000 幅/s。相机镜头光圈值为 4，曝光时间为 2μs，并且实验过程中维持不变。通过对高速摄影结果分析，还可以获得电流幅值、燃弧时间、触头开距变化之间的关系，图 3-7 所示为典型的结果。

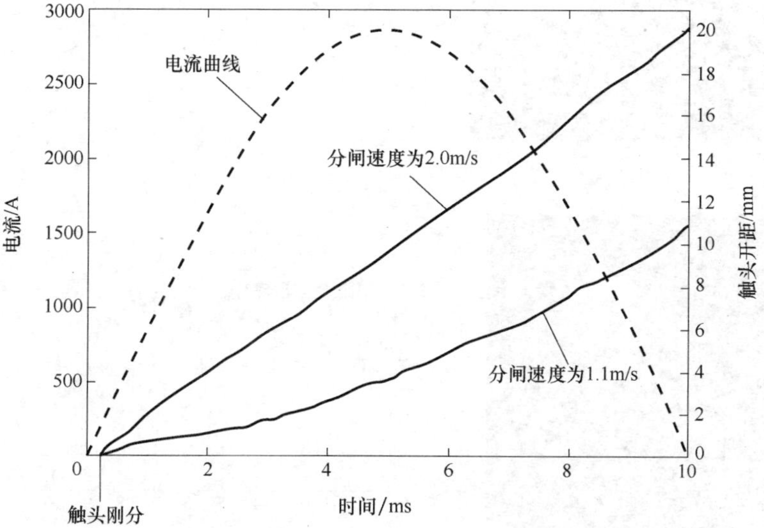

图 3-7　电流幅值、燃弧时间、触头开距之间的关系实验结果

3.2.2　实验结果及分析

通过高速摄影机中对阳极现象的观察，可以观察到不同阳极模式的电弧形态。图 3-8 a、b、c、d 分别给出了扩散电弧、点状斑点、阳极斑点、强电弧四种形态的高速摄影照片和相应的电弧电压波形图。

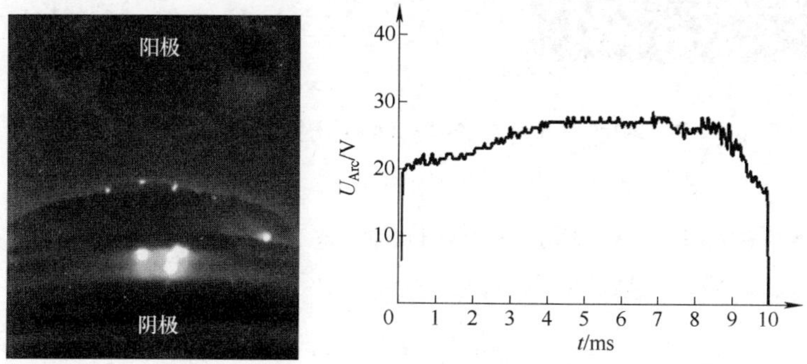

a)

图 3-8　不同阳极模式的高速摄影图和相应的电弧电压波形

a）扩散型电弧模式

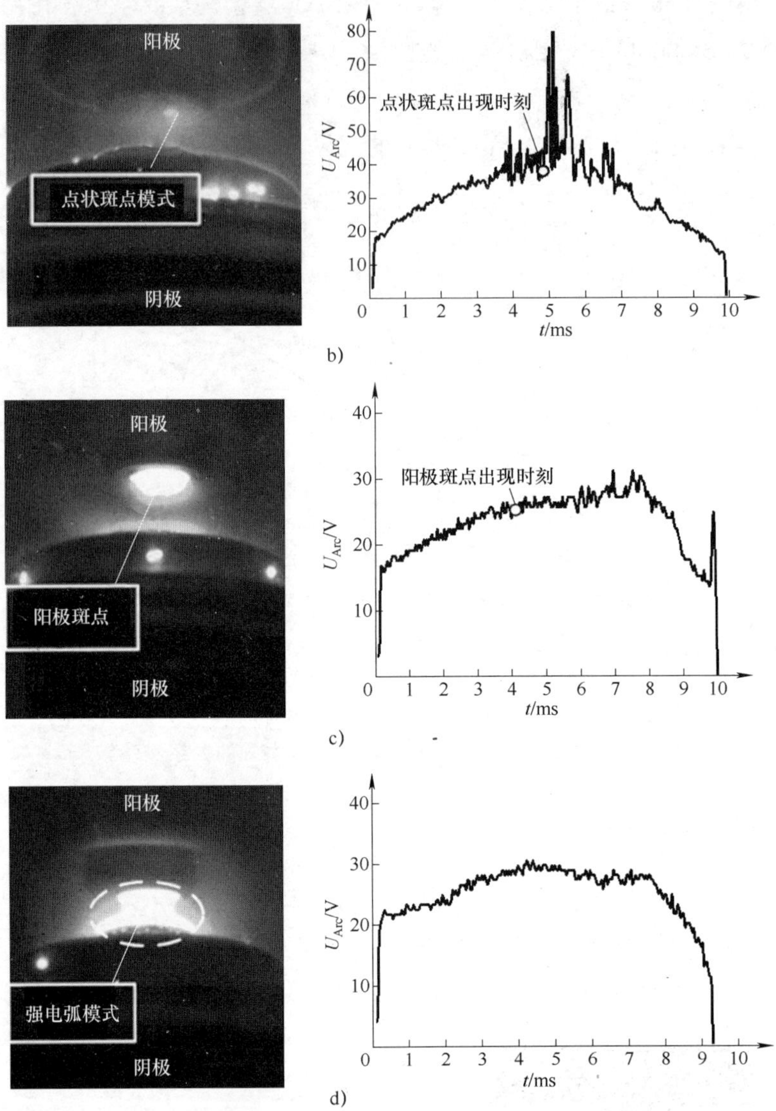

图 3-8　不同阳极模式的高速摄影图和相应的电弧电压波形（续）

b）点状斑点模式　c）阳极斑点模式　d）强电弧模式

每一次燃弧过程中，燃弧模式在上述四种形态间转换，放电模式的转换对应特定的电弧电流与触头开距，即图 3-3 中放电模式分布图上边界曲线上某一点。图 3-9 所示为一幅典型的实验结果图。这里使用微晶 CuCr25 触头材料，触头直径为 12 mm。其中“▲”表示扩散弧状态与点状阳极斑点之间的转换点，“●”表示块状阳极斑点与点状阳极斑点之间的转换点“■”表示强电弧模式与其他三种电弧模式之间的转换点。另外，“▲、■、●”表示在平均分闸速度为 1.1 m/s 时的转换点，而“△、□、○”表示平均速度为 2.0 m/s 时的转换点。通过试验，可以得到大量的阳极放电模式的转换点，从而可以在阳极放电模式分布图中得到各种放电模式的边界。

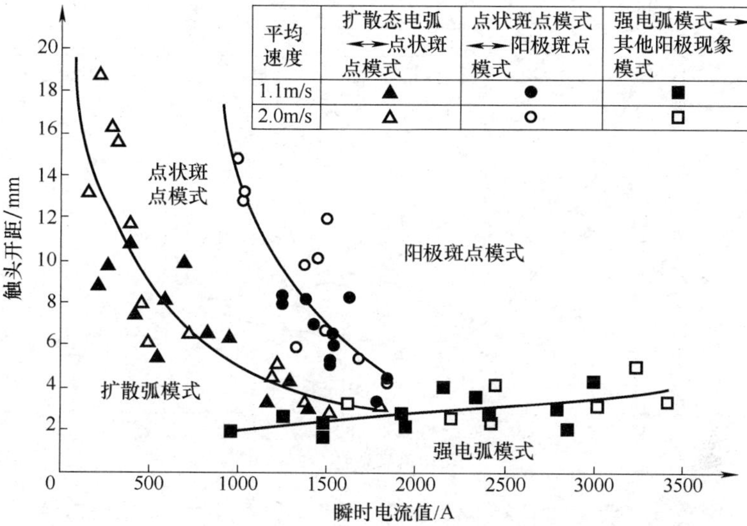

图 3-9　微晶 CuCr25 触头材料，触头直径为 12 mm 的实验结果

图 3-10 ～图 3-12 分别是不同触头材料和触头直径下的实验结果以及获得的阳极放电模式图。

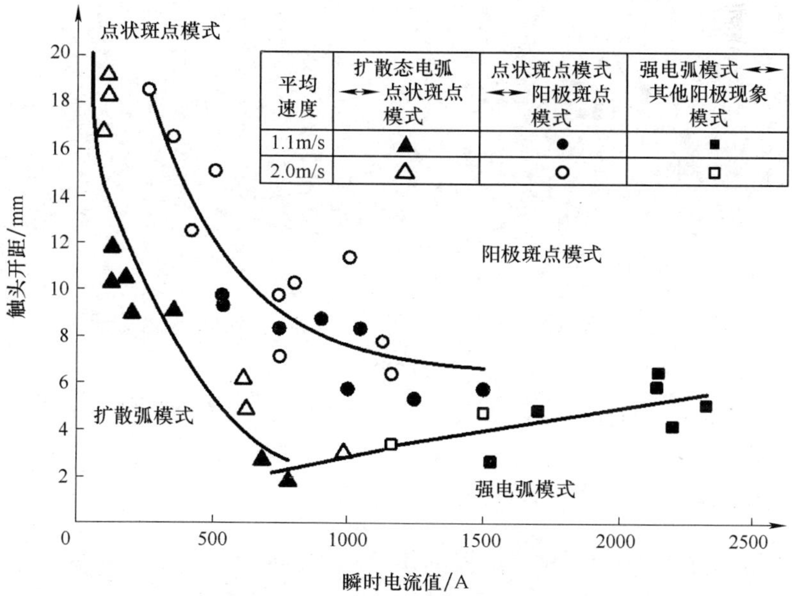

图 3-10　纳晶 CuCr25 触头材料，触头直径为 12mm 的实验结果

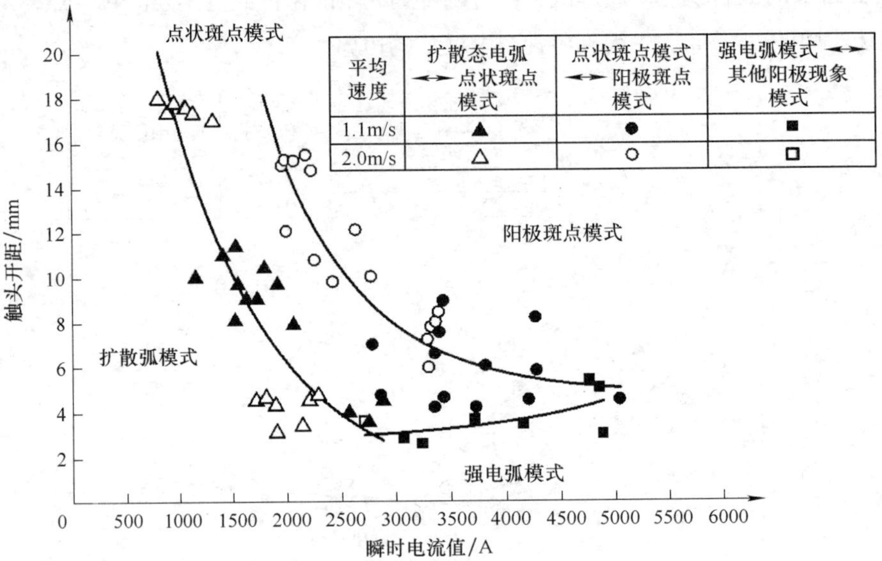

图 3-11　微晶 CuCr25 触头材料，触头直径为 25mm 的实验结果

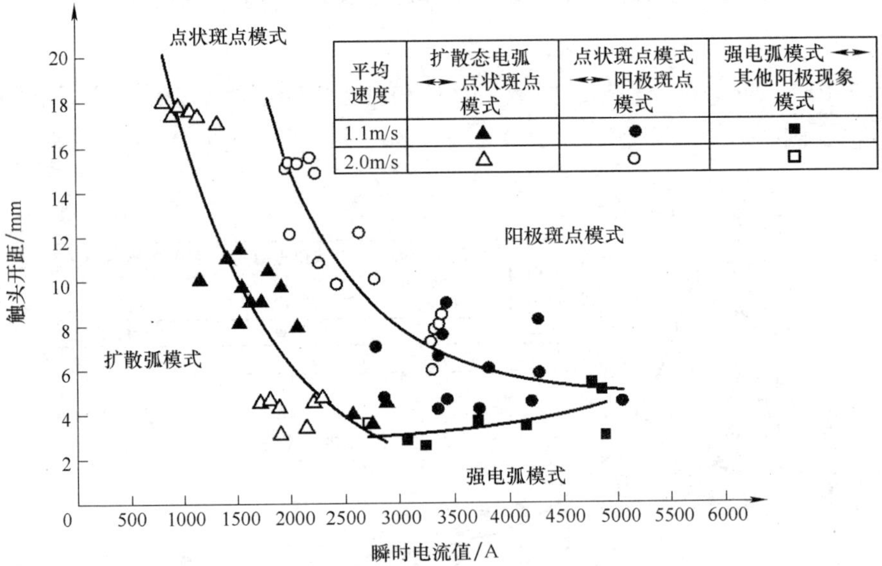

图 3-12　纳晶 CuCr25 触头材料，触头直径为 25mm 的实验结果

3.2.3　实验获得的阳极模式分布图

对应于触头在动态拉弧过程出现的不同阳极放电模式，每种灭弧室存在着一个特有的阳极放电模式分布图。在开距小于 3 mm 的情况下，通常出现的是强电弧

模式，并且随着开断电流的增大，出现强电弧模式向其他放电模式的临界开距也变大；而在开距较大没有强电弧模式出现时，阳极现象随着电流的增大依次呈现出扩散弧模式、点状斑点模式以及阳极斑点模式，并且随着开距的增大，阳极斑点模式以及点状斑点出现的转变电流值会逐渐减小。因此灭弧室在分闸速度较大情况下比较小速度情况下阳极更容易形成阳极斑点或者点状斑点。对于分闸速度对阳极现象分布图的影响。从图3-9～图3-12可以看出，两种平均分闸速度下阳极放电模式的分布趋势基本一致，因此我们认为**分闸速度对灭弧室的阳极放电模式分布图的影响可以忽略不计。**

通过比较分析这些分布图可以发现，产生点状斑点和阳极斑点的触头开距和相应的电弧电流与触头的大小及触头材料有密切关系。可以看到，纳晶触头材料的扩散态电弧区域要明显小于微晶触头材料区域，而产生阳极斑点模式的边界电流值也要比微晶触头材料的电流值小。也就是说，纳晶触头材料比微晶触头材料更容易产生点状斑点和阳极斑点。而在相同条件下，纳晶触头材料的阳极斑点尺寸比微晶触头材料的阳极斑点更大，就是说纳晶触头材料的阳极在燃弧过程中更加活跃。

另外阳极放电模式分布图受触头直径影响很大，直径为25 mm触头扩散弧状态区域要比直径为12 mm情况的大得多，并且阳极斑点模式的边界电流值也要比12 mm的大得多。这说明电极直径的增加，阳极表面产生阳极斑点的临界电流会增大，从而能够提高断路器的开断电流能力。

3.3 影响阳极斑点临界电流的主要因素

鉴于真空断路器开断极限与阳极斑点形成之间紧密相关，因此研究阳极斑点临界电流对提高真空断路器开断能力具有重要意义。在3.6～40.5kV的中压等级，大电流真空电弧阳极斑点临界电流的研究已经较为深入，研究表明影响阳极斑点临界电流的因素有很多，包括触头材料、触头直径、触头开距、触头立体角以及触头间隙磁场特征等。

下面将集中介绍作者的课题组在大开距情形下触头材料、触头立体角及纵向磁场对阳极斑点形成的影响方面开展的研究工作结果。

3.3.1 触头材料的影响

真空触头材料决定了真空电弧的性质，因此是决定真空灭弧室性能的首要因素，它对阳极斑点临界电流的影响十分显著。Rich等研究者对不同触头材料的阳极斑点临界电流进行了研究，得到了相同触头直径和开距下触头材料对应的阳极斑点临界电流满足以下递减关系：W > Mo > Cu > Ag > Al > Sn。总结实验结果，他们发现阳极斑点临界电流 I_{th} 与阳极触头材料熔点相关，可以表示为 $I_{th} = T_m (K\rho C_h)^{1/2}/F$，其中 T_m、K、ρ、C_h 分别是阳极材料的熔点温度、热导率、密度和热容，F 是与触头结构和电流波形相关的参数。这一结论暗示，触头材料的熔点越高则临界电流值越大。Goldsmith 等更进一步地对阴、阳极触头材料（Cu、Zn、Al、Mo）不同情况下的阳极斑点临界电流 I_{th} 进行了研究。实验发现，当阴、阳极触头材料相同时阳极起决定作用。阴、阳极触头材料不同时阴极表面金属蒸气压越高 I_{th} 越大，但阳极情况与之相反，表面金属蒸气压越高 I_{th} 反而越小。触头表面金属蒸气压与触头难熔程度密切相关。从该结论可知，**选用易熔的阴极和难熔的阳极材料将有助于提高阳极斑点临界电流。**

此外，Sato 等研究了 CuCr 触头材料中 Cr 含量对阳极斑点临界电流的影响，发现随着 Cr 含量的增加（12.5% ~75%），阳极斑点持续时间以及阳极表面熔化时间也增加。近期 Yu 等还对纳晶 CuCr 电极下的真空电弧阳极现象进行了研究，表明在目前的制备水平下纳晶触头材料阳极斑点临界电流小于其对应的常规触头材料。

3.3.2 触头立体角的影响

1．触头立体角的概念

真空电弧阳极斑点临界电流受到触头直径和触头开距的影响明显。通过触头直径与触头开距的比值（即由触头立体角研究阳极斑点临界电流）能够更加有效地表达两者综合影响。

从数学上定义立体角 Ω 表示一个物体对特定点的三维空间的角度，可以认为是三维弧度，单位是 Sr（Steradian 球面度）。其值为在一个以观测点 O 为圆心的球面 S_1 的投影面积 S_2 与球半径 r 二次方值的比，如图 3-13 所示。

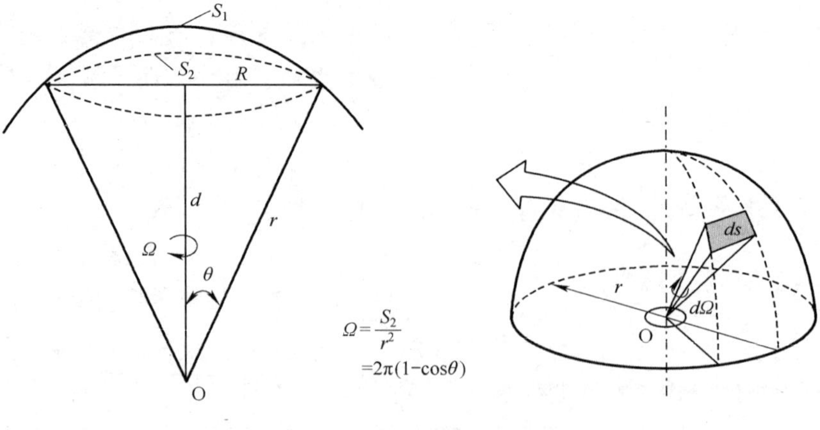

图 3-13 立体角概念图示

类似地，引入触头立体角概念，可以反映真空灭弧室触头直径、触头开距等电极几何参数间的关系。具体定义如下：

$$\Omega = \frac{S_2}{r^2} \tag{3-1}$$

当所围空间为一顶角为 2θ 的圆锥时，其立体角为一个单位球的球冠，此时立体角为

$$\Omega = 2\pi(1 - \cos\theta) \tag{3-2}$$

在真空灭弧室中，从电极一端中心出发与另一端电极之间同样构成一圆锥，并且定义顶角为 2θ，那么该灭弧室电极所构成的圆锥的立体角满足式（3-2）。此时如果真空灭弧室触头半径为 R，触头开距为 d 时，则有

$$\theta = \arctan\left(\frac{R}{d}\right) = \arctan\left(\frac{D}{2d}\right) \tag{3-3}$$

于是立体角 Ω 可表示为

$$\Omega \propto \frac{D}{d} = \frac{\text{触头直径}}{\text{触头开距}} \tag{3-4}$$

式中 D——真空灭弧室触头直径。

由此可见，触头立体角正比于触头直径 D（或半径 R）与触头开距 d 之比（径开比）。真空灭弧室触头立体角反映了灭弧室电极尺寸和开距变化，其单位 Sr 为无量纲化参数。

在一次实际的真空中拉弧的过程中，触头开距发生变化，触头立体角也随之变化，如图 3-14 所示。一种是传统概念上的触头立体角 Ω_1，定义为触头直径 D 与满开距 g 之比（D/g），另一种触头立体角 Ω_2 为触头直径 D 与燃弧结束时触头开距 l 之比（D/l）。

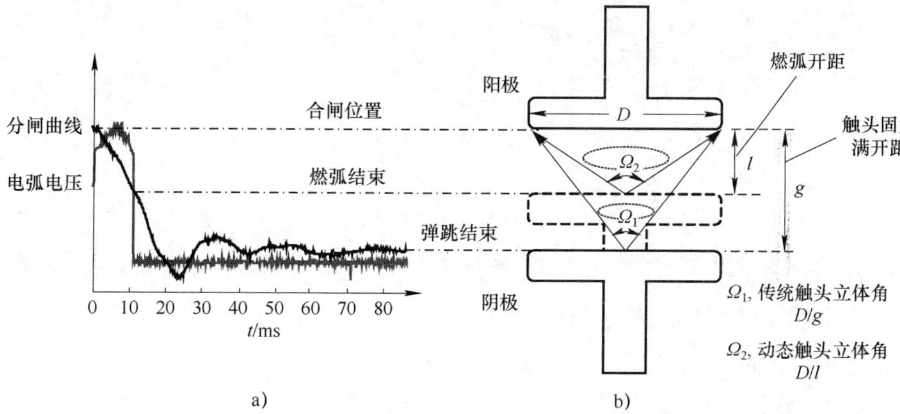

图 3-14 真空灭弧室传统触头立体角和动态触头立体角

a）触头分闸位移曲线 b）触头立体角

鉴于真空拉弧时阳极斑点现象产生于动态燃弧过程中，与燃弧时间和触头分闸速度有关，也即与燃弧结束时的触头开距 l 密切相关。触头动态立体角 Ω_2 更能够反映实际真空动态拉弧过程中的阳极斑点现象，这里将 Ω_2 定义为动态触头立体角（D/l）。根据实验中触头直径和触头燃弧开距的设定，定义的动态触头立体角（D/l）的范围为0.5～6.6。

动态触头立体角 D/l 的改变可通过以下三种方式来实现：① 改变触头直径 D；② 改变分闸速度 v；③ 改变燃弧时间 t。其中后两种统属于燃弧开距 l 改变的情况。

2. 触头立体角因触头直径变化造成的影响

实验结果表明，通过施加纵向磁场可以明显提升形成阳极斑点的临界电流。图3-15所示为不同纵向磁场强度时触头开距、触头立体角（D/l）阳极斑点临界电流 I_{th} 的关系。从图中可以看出，当燃弧开距 l 不变，通过改变触头直径 D 改变动态触头立体角（D/l）时，阳极斑点临界电流 I_{th} 与动态触头立体角（D/l）之间存在着线性递增关系。同时该线性关系的斜率 s（kA/Sr）随着外施纵向磁场 B_{AMF} 的增强而增大，其中斜率 s（kA/Sr）中的Sr是立体角 Ω 的单位，Sr这里用以表示触头的径开比（D/l），是一个无纲量参数。

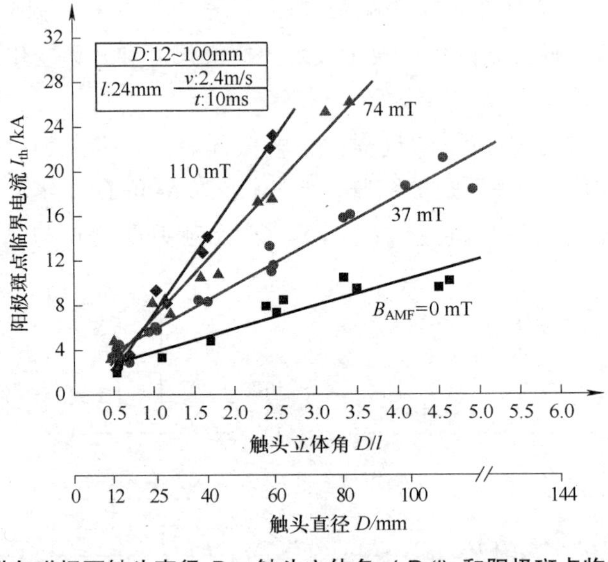

图3-15 不同纵向磁场下触头直径 D、触头立体角（D/l）和阳极斑点临界电流 I_{th} 的关系

于是阳极斑点临界电流 I_{th} 与触头立体角（D/l）的关系为

$$I_{th} = s \times (D/l) + b \tag{3-5}$$

式中 b——常数。

由于触头直径 D 不可能为零，燃弧开距 l 也不可能无限大，因此触头立体角（D/l）不会为0。于是为得到上式中的 b 值，需将表达式（3-5）修改如下：

$$I_{th} = s[(D/l) - (D/l)_a] + I_{D/l}^a \qquad (3\text{-}6)$$

式中　$(D/l)_a$——触头立体角（D/l）为 a 时的情况；

$I_{D/l}^a$——对应的阳极斑点临界电流。

随着触头立体角（D/l）取值 a 的范围变化，表达式（3-6）并不唯一，但最终整理得到的阳极斑点临界电流 I_{th}表达式（3-5）是唯一确定的。

3．触头立体角因分闸速度变化的影响

实验分析了因分闸速度变化触头立体角对阳极斑点形成临界电流的影响。实验方法与上节类似，采用平板触头，触头材料为CuCr25，触头满开距 g 设定为38mm，触头直径 D 为60mm保持不变。燃弧开距 l 调节范围为12mm、18mm和24mm，分别通过设定燃弧时间 $t=10$ms内触头平均分闸速度 $v=1.2$m/s、1.8m/s和2.4m/s来确定。于是得到触头立体角（D/l）分别约为5、3.5和2.5。实验中外施均匀纵向磁场 B_{AMF}分别设定为0mT、37mT、74mT和110mT。实验结果如图3-16所示。

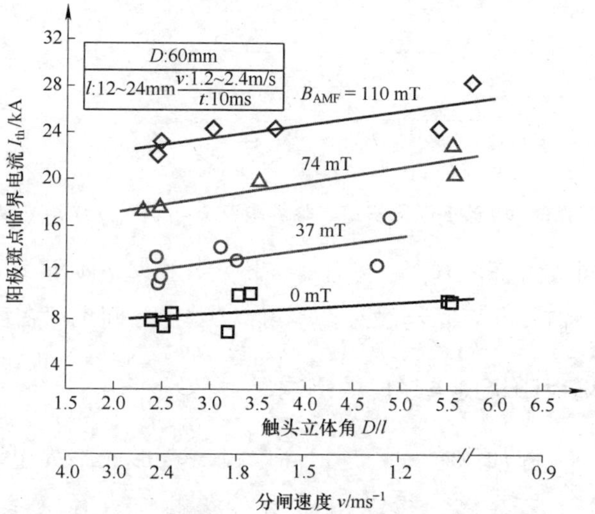

图3-16　分闸速度 v 改变下阳极斑点临界电流 I_{th}与触头立体角（D/l）的关系

结果表明当触头立体角（D/l）由分闸速度 v 改变时，阳极斑点临界电流 I_{th}与触头立体角（D/l）之间也存在线性递增关系，线性关系函数同样满足式（3-5）和式（3-6）。但相对于触头立体角（D/l）由触头直径 D 改变时情况，该线性关系的斜率 s（kA/Sr）随着外施纵向磁场 B_{AMF}的增强几乎保持不变，对应的 B_{AMF}从0mT增强到37mT、74mT和110mT时，该斜率 s（kA/Sr）约为1.1变化不大，分别为0.8、1.1、1.3和1.2。

4．触头立体角因燃弧时间的影响

燃弧开距不同，燃弧时间也有变化，在此情况下触头立体角对阳极斑点临界电流产生一定影响。实验采用 CuCr25 触头材料，触头满开距 g 设定为 38mm，触头直径 D 为 60mm 保持不变。燃弧开距 l 调节范围为 9 ~ 24mm，通过固定分闸速度 v = 2.4m/s 设定燃弧时间 t 在 3.8 ~ 10ms 范围内变化来实现，对应的触头立体角范围为 2.5 ~ 6.6。外施纵向磁场 B_{AMF} 设定为 37mT。所获得的实验结果如图 3-17 所示。

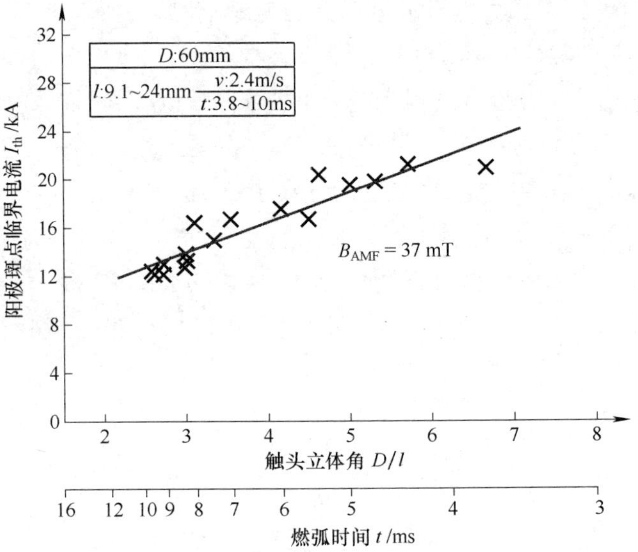

图 3-17　燃弧时间 t 改变下阳极斑点临界电流 I_{th} 与触头立体角（D/l）的关系

结果表明相同触头直径 D、分闸速度 v 下，当触头立体角（D/l）由燃弧时间 t 改变时，阳极斑点临界电流 I_{th} 与触头立体角（D/l）之间也存在线性递增关系。

3.3.3 纵向磁场对阳极斑点形成的影响

真空灭弧室中，施加纵向磁场是提高阳极斑点形成临界电流值的有效措施，本节将通过实验方法量化分析纵向磁场对大触头直径（≥60mm）、大开距（≥40mm）条件下的阳极斑点形成临界电流的影响。实验电路采用 50Hz $L-C$ 振荡放电回路，实验模型采用仿真 126kV 真空灭弧室直径、开距参数的可拆真空灭弧室。

实验选取了两种形式的电极与纵向磁场系统，如图 3-18 所示。一种是“平板触头—外施均匀纵磁”形式，纵向磁场由外施亥姆霍兹励磁线圈通入直流产生。磁场强度 B_{AMF} 范围设定为 0 ~ 122mT。另一种是“纵磁结构触头”形式，选用杯状纵磁结构触头。当电弧电流流经触头动静两端时，纵磁结构触头间产生自生纵向磁场，磁场强度 B_{AMF} 大小随交流电弧电流瞬时变化而改变，而单位电流下触头产生纵向磁场的能力 mT/kA 则保持不变。根据触头直径和开距的不同，杯状纵磁触头在触头表面上产生的纵向磁场最大可达到 9.5mT/kA。通过改变杯状纵磁触头杯座开槽旋转方向，可以使杯状纵磁触头产生上下两种方向的纵向磁场，进而研究纵磁结构触头条件下磁场方向对阳极斑点临界电流的影响。

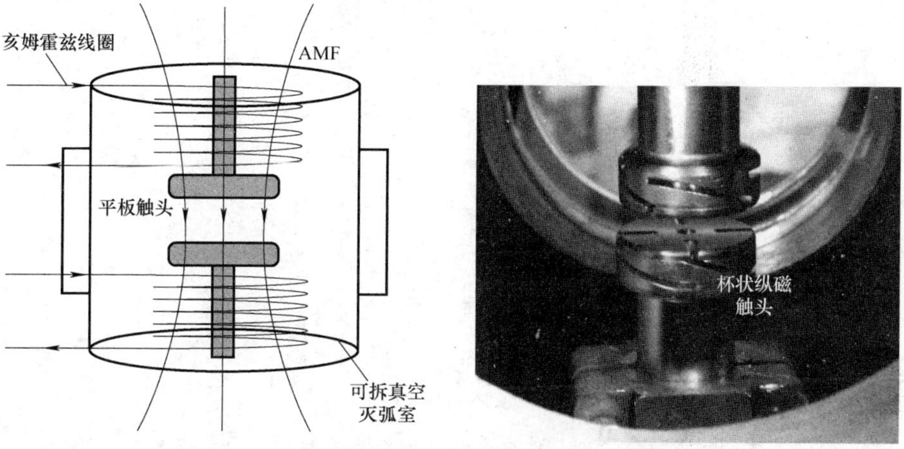

a)　　b)

图 3-18　纵向磁场施加方式

a）平板触头—外施纵磁　b）杯状纵磁结构触头自生磁场

本节实验所用触头试品见表 3-1。

表 3-1　本章触头试品设计汇总表

触头材料	触头结构	励磁方式	影响因素	触头直径/mm	燃弧开距/mm	纵向磁场	方向
CuCr25	平板	外施纵磁	触头直径	12	24	0 ~ 110mT	下
				25	24	0 ~ 110mT	
				40	24	0 ~ 110mT	
				60	24	0 ~ 122mT	
				80	24	0 ~ 74mT	
				100	24	0 ~ 37mT	
				18	24	37 ~ 110mT	
			分闸速度	60	12 ~ 24	0 ~ 122mT	下，上
	杯状纵磁	自生纵磁	触头直径	42 或 60	24	4.6 ~ 9.1mT/kA	下
			分闸速度	42	18 或 24	4.6 ~ 9.5mT/kA	下，上
CuCr50	平板	外施纵磁		60	24	0 ~ 110mT	下

实验数据经整理后的结果如图 3-19 所示。其中数据可以拟合为如式（3-7）形式的线性关系式，表 3-2 是线性拟合后的斜率数据。

$$I_{\mathrm{th}} = I_{\mathrm{AMF}}^{0} + s'B_{\mathrm{crit}} \tag{3-7}$$

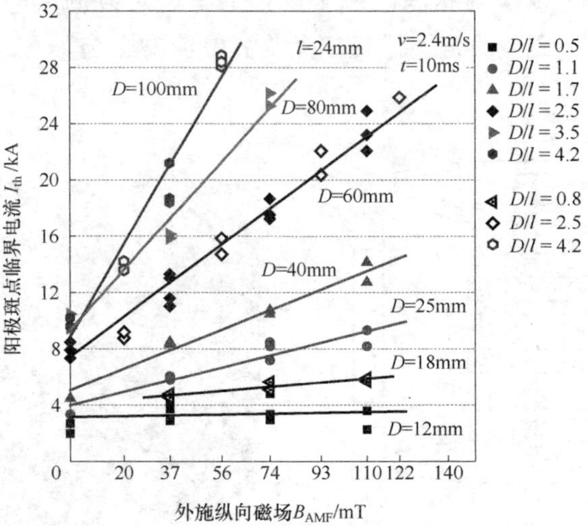

图 3-19　不同触头直径 D 下，阳极斑点临界电流 I_{th} 与外施纵向磁场 B_{AMF} 的关系

表 3-2　不同触头直径 D 下，阳极斑点临界电流 I_{th} 和外施纵向磁场 B_{AMF} 线性关系斜率 s'

触头直径 D/mm	燃弧开距 l/mm	分闸速度 v/（m/s）	燃弧时间 t/ms	不同 D 下 I_{th} 和 B_{AMF} 线性关系斜率 s'/（kA/mT）						
				12mm	18mm	25mm	40mm	60mm	80mm	100mm
12～100	24	2. 4	10	0. 003	0. 02	0. 05	0. 08	0. 14	0. 21	0. 33

分别使燃弧时间 10ms 内平均分闸速度 v = 1. 2m/s、1. 8m/s 和 2. 4m/s，触头立体角（D/l）分别约为 5、3. 5 和 2. 5。实验中外施纵向磁场 B_{AMF} 设定范围为 0～122mT，纵向磁场方向向下。获得的实验数据如图 3-20 和表 3-3 所示。

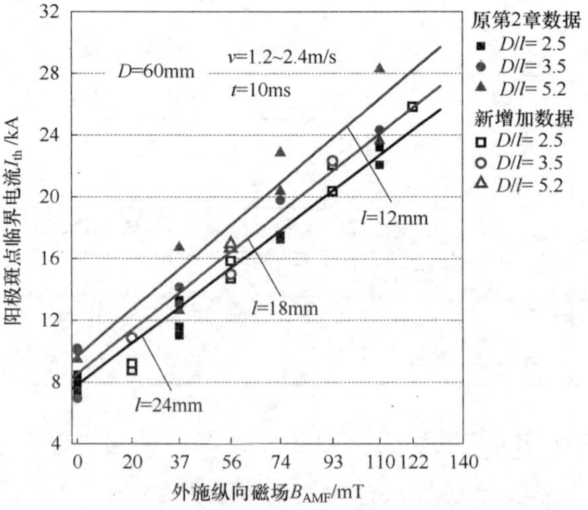

图 3-20　不同分闸速度 v 下阳极斑点临界电流 I_{th} 与外施纵向磁场 B_{AMF} 的关系

表3-3　不同分闸速度 v 下阳极斑点临界电流 I_{th} 和外施纵向磁场 B_{AMF} 线性关系斜率 s'

触头直径	燃弧开距	分闸速度	燃弧时间	不同 v 下 I_{th} 和 B_{AMF} 线性关系斜率 s'/(kA/mT)		
D/mm	l/mm	v/(m/s)	t/ms	1.2m/s	1.8m/s	2.4m/s
60	12~24	1.2~2.4	10	0.15	0.14	0.14

从上述研究结果可知，存在一个临界外施纵向磁场，当外施纵向磁场高于此临界值时，就会抑制阳极斑点的形成。引入临界纵向磁场磁感应强度 B_{crit} 的概念。当外施纵向磁场 B_{AMF} 超过该临界水平，阳极斑点将不会出现，相反则会出现。临界纵向磁场磁感应强度 B_{crit} 即为避免阳极斑点出现所需最小纵向磁场 B_{AMF}，由(3-7)式可知

$$B_{crit} = k \times (I_{th} - I^0_{AMF}) \tag{3-8}$$

式中　k——$k = 1/s'$。

1. 触头直径 D 的影响变化

这种情况下触头直径 D 调节范围为 12~100mm，燃弧开距 $l = 24$mm 保持不变。由表3-2中斜率 s' 可以得到，为避免阳极斑点出现真空灭弧室不同触头直径 D 下对应的临界纵向磁场系数 B^{crit}_{AMF}/I_{th}，其结果见表3-4。

表3-4　不同触头直径 D 下临界纵向磁场系数 B^{crit}_{AMF}/I_{th}

触头直径	燃弧开距	分闸速度	燃弧时间	不同 D 下纵向磁场系数 B^{crit}_{AMF}/I_{th} (kA/mT)						
D/mm	l/mm	v/(m/s)	t/ms	12mm	18mm	25mm	40mm	60mm	80mm	100mm
12~100	24	2.4	10	308.6	60.5	20.9	13.1	7.1	4.7	3.0

从表3-4中的结果可知，随着触头直径 D 的增大，避免阳极斑点出现所需的临界纵向磁场系数 B^{crit}_{AMF}/I_{th} 则趋于减小。于是根据表3-4可以得到不同触头直径下与临界纵向磁场系数 B^{crit}_{AMF}/I_{th} 的关系，结果如图3-21所示。从图3-21可知，临界纵向磁场系数 B^{crit}_{AMF}/I_{th} 随触头直径 D 呈幂函数形式衰减，且满足表达式

$$B^{crit}_{AMF}/I_{th} = mD^{\alpha} \tag{3-9}$$

式中　m 和 α——常数，根据图3-21中数据拟合可以得到 $m = 5516.4$，$\alpha = -1.63$。于是真空灭弧室避免阳极斑点出现所需的临界纵向磁场系数 B^{crit}_{AMF}/I_{th} (mT/kA) 与触头直径 D (mm) 之间的关系满足

$$B^{crit}_{AMF}/I_{th} = 5516.4D^{-1.63} \tag{3-10}$$

上述结果表明，阳极斑点临界纵向磁场 B_{crit} 随临界电流 I_{th} 的变化率因触头直径 D 的增大而减小。提高相同的阳极斑点临界电流 I_{th} 值，大触头直径 D 时所需纵向磁场 B_{AMF} 较小。这也同样意味着纵向磁场对提高阳极斑点临界电流 I_{th} 的作用效果

在大的触头直径 D 时更显著。

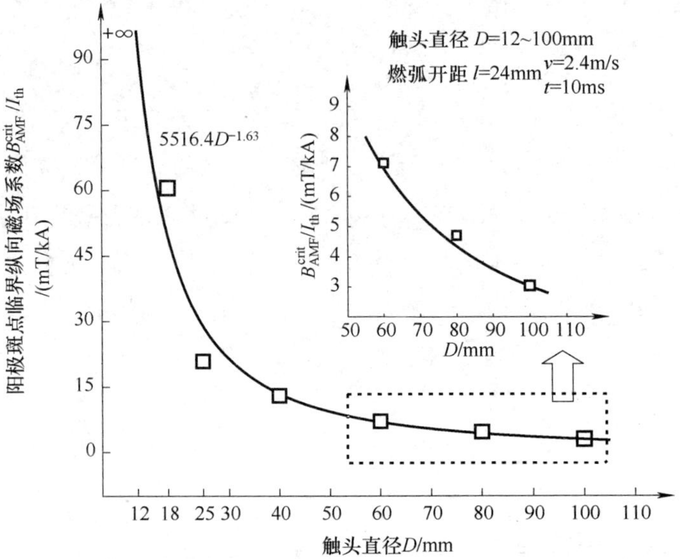

图 3-21　不同触头直径 D 下，避免阳极斑点出现临界纵向磁场系数 $B_{\mathrm{AMF}}^{\mathrm{crit}}/I_{\mathrm{th}}$

式（3-10）结果的重要意义在于其可以为真空灭弧室触头小型化提供理论参考。例如，已知真空灭弧室原有触头直径为 D_{A} 时，在满足相同电流开断能力前提下，使得真空灭弧室触头直径由 D_{A}（mm）减小到 D_{B}（mm），则根据式（3-10），为避免阳极斑点出现真空灭弧室内部临界纵向磁场 $B_{\mathrm{AMF}}^{\mathrm{crit}}/I_{\mathrm{th}}$ 特征需满足如下：

$$\frac{(B_{\mathrm{AMF}}^{\mathrm{crit}}/I_{\mathrm{th}})_{\mathrm{A}}}{(B_{\mathrm{AMF}}^{\mathrm{crit}}/I_{\mathrm{th}})_{\mathrm{B}}} = \left(\frac{D_{\mathrm{A}}}{D_{\mathrm{B}}}\right)^{\alpha} \tag{3-11}$$

式中　$(B_{\mathrm{AMF}}^{\mathrm{crit}}/I_{\mathrm{th}})_{\mathrm{A}}$ 和 $(B_{\mathrm{AMF}}^{\mathrm{crit}}/I_{\mathrm{th}})_{\mathrm{B}}$——分别为直径为 D_{A} 和 D_{B} 时对应的纵向磁场系数 $B_{\mathrm{AMF}}^{\mathrm{crit}}/I_{\mathrm{th}}$；

α——常数为 -1.63。

由上式换算得到

$$\frac{D_{\mathrm{A}}}{D_{\mathrm{B}}} = \left[\frac{(B_{\mathrm{AMF}}^{\mathrm{crit}}/I_{\mathrm{th}})_{\mathrm{A}}}{(B_{\mathrm{AMF}}^{\mathrm{crit}}/I_{\mathrm{th}})_{\mathrm{B}}}\right]^{\beta} \tag{3-12}$$

式中　β——常数，$\beta = 1/\alpha$。

2. 燃弧开距 l 的影响变化

这种情况燃弧开距 l 基于分闸速度 v 改变来调节，燃弧开距 l 范围为 12～24mm，由燃弧时间 10ms 内平均分闸速度 1.2m/s、1.8m/s 和 2.4m/s 来确定。触头直径 $D=60$mm 保持不变。同样根据表 3-3 中的结果，可以得到真空灭弧室中不

同燃弧开距 l 下的临界纵向磁场系数 B_{AMF}^{crit}/I_{th}，见表3-5。

表3-5 不同燃弧开距 l 下临界纵向磁场系数 B_{AMF}^{crit}/I_{th}

触头直径 D/mm	燃弧开距 l/mm	分闸速度 v/（m/s）	燃弧时间 t/ms	不同 l 下纵向磁场系数 B_{AMF}^{crit}/I_{th}（kA/mT）		
				12mm	18mm	24mm
60	12 ~24	1.2~2.4	10	6.6	7.0	7.1

从表3-5可知，随着分闸速度 v 或燃弧开距 l 的增大，避免阳极斑点出现所需的临界纵向磁场系数 B_{AMF}^{crit}/I_{th} 也趋于增大。当分闸速度 v 由1.2m/s增大到1.8m/s和2.4 m/s，或燃弧开距 l 由12mms增大到18mm和24mm时，对应的临界纵向磁场系数 B_{AMF}^{crit}/I_{th} 分别为6.6mT/kA、7.0mT/kA和7.1mT/kA。

根据表3-5，不同燃弧开距 l 下的临界纵向磁场系数 B_{AMF}^{crit}/I_{th} 结果如图3-22所示。该图结果表明，提高相同的阳极斑点临界电流 I_{th} 值，小燃弧开距 l 时所需纵向磁场 B_{AMF} 较小。这意味着，纵向磁场对提高阳极斑点临界电流 I_{th} 的作用效果在小的燃弧开距 l 时更显著。然而相对于触头直径 D，燃弧开距 l 改变时临界纵向磁场系数 B_{AMF}^{crit}/I_{th} 几乎不变。图3-22中不同燃弧开距 l 下 B_{AMF}^{crit}/I_{th} 都约为7.0mT/kA。因此可以认为真空灭弧室特定触头直径 D 下具有已知确定的纵向磁场系数 B_{AMF}^{crit}/I_{th}，随燃弧开距 l 的影响变化不大。

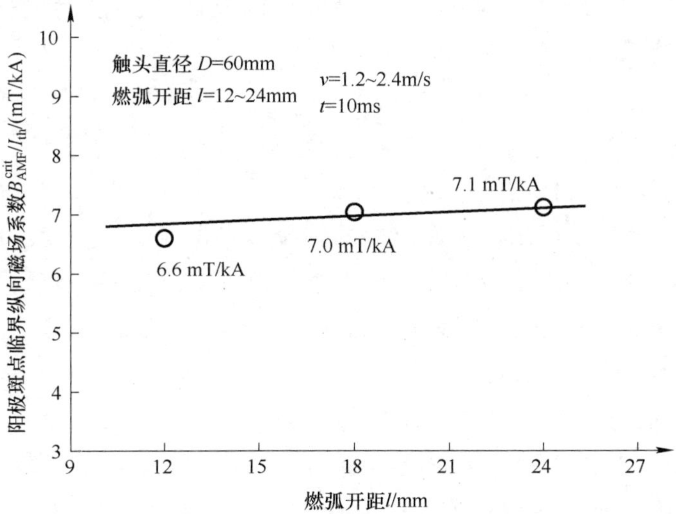

图3-22 不同燃弧开距 l 下，避免阳极斑点出现临界纵向磁场系数 B_{AMF}^{crit}/I_{th}

3. 纵向磁场方向的影响

实验研究对比了磁场方向对形成阳极斑点的影响，包括了“平板触头—外施纵磁”和“杯状纵磁结构触头”结构。实验结果表明，纵向磁场方向改变对阳极

斑点临界电流 I_{th} 大小并没有产生明显的影响，说明阳极斑点的形成与纵向磁场方向无关，同时也与阴极斑点和弧柱的旋转方向无关。

3.4 阳极斑点对电流过零后电极表面温度的影响

真空电弧阳极斑点的形成严重制约着真空开断的成功与否，其中一个原因表现为阳极斑点形成过程伴随着阳极表面加热、熔化甚至蒸发，对开断过程会产生至关重要的影响。阳极斑点形成后阳极表面产生严重熔蚀，其程度与触头材料，开断的次数、开断电流幅值以及所施加的磁场相关。熔融的阳极表面一方面在燃弧期间蒸发大量的金属蒸气、液滴等，并甚至可能在电流过零后持续进行，弧后残余的这些微粒将显著降低介质恢复强度；另一方面电流过零后电压极性改变，熔融的阳极变为弧后新的阴极，在暂态恢复电压 TRV 的作用下液态的触头表面形成尖锐的泰勒锥，造成局部电场集中，极大地降低了弧后击穿电压。特别是对于 72.5kV 及以上输电等级真空灭弧室，阳极斑点更容易形成，暂态恢复电压 TRV 的幅值更高，上升速度更快。弧后触头熔融时更容易发生击穿。因此开展阳极斑点形成对电流过零后阳极表面温度影响的研究显得尤为重要。

本节将介绍不同影响因素（如电弧电流、外施纵向磁场强度、分闸速度、触头材料）时阳极斑点对真空电弧电流过零时刻阳极表面温度的影响，以及阳极斑点出现后电流过零后的阳极表面温度衰减特性。

3.4.1 实验概述

1. *触头表面温度测量*

真空电弧电流过零后阳极表面温度的测量，对设备响应速度、测量量程和测量环境的要求十分苛刻。阳极斑点形成后电流过零时刻，阳极表面可能仍然处于熔融状态，根据触头材料的不同其表面温度可达 1000～2000K。电流过零后该温度会迅速降低，熔融表面开始凝固，这一过程的持续时间最长约为几毫秒。

由于真空电弧的特殊环境，传统接触式测量手段难以实现弧后阳极表面的温度的测量，因此只能采用非接触式的测量方法。这里测量电流过零后阳极表面温度所采用的设备为日本 CHINO（千叶）公司生产的双色式红外高温测试仪，型号为 IR－FBQ，光纤传输。测量选择的波段分别是 850nm 和 1000nm，测温范围为 1073～1873K，10%～90% 能量响应时间小于 0.5ms。双色红外测温仪由光学系统、分光片或者滤光片、红外探测器、信号处理器以及显示输出部分组成，设备及工作原理如图 3-23 所示。

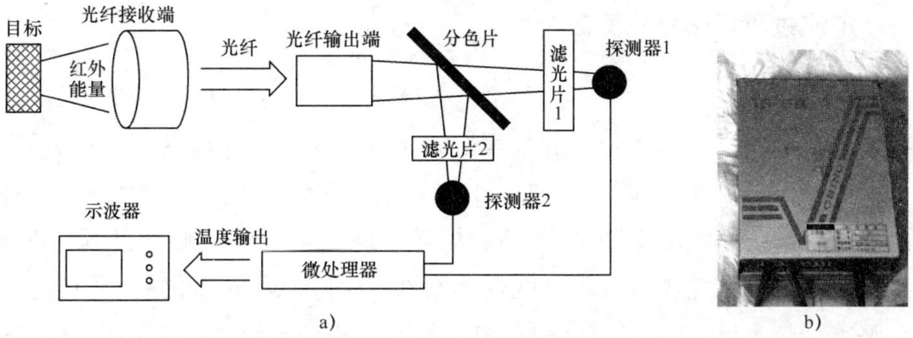

图3-23　双色式红外高温测试仪

a）工作原理图　b）温度测量信号处理器

相比于其他非接触测温方式如红外成像测温，双色式测温响应速度更快，比单色式测温手段抗干扰能力更强。

2. 实验试品选择

实验试品包括两类情况：一类是采用对称性触头，即实验中所用触头的阴极和阳极触头直径相同，触头材料选用为无氧铜 Cu、CuCr25 和 CuCr50；另一类为非对称触头，实验触头阴极和阳极直径不同。设定此类触头的原因是，由于实验中平板触头直接焊接到导电杆，触头表面热量能够通过导杆直接传导到外界，因此弧后触头表面温度衰减迅速。为了研究极限电流条件下电流过零后阳极表面的温度情况，实验的电流往往会远高于对应直径条件下的阳极斑点临界电流，这将导致燃弧重燃的发生，致使无法获取弧后阳极表面温度结果。因此为集中有效地产生阳极斑点并测得弧后阳极表面温度，实验用触头采取非对称形式。

触头结构如图 3-24 所示，非对称触头实验选用触头直径差距很大的 12mm 和 60mm 作为阴极或阳极。触头材料设定为 CuCr25 和 CuCr50。

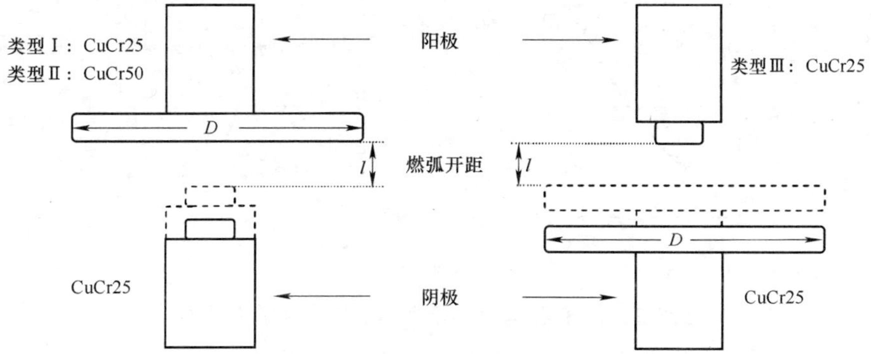

图3-24　实验研究的试品示意图

3.4.2 电流过零后阳极表面温度

实验中燃弧从电流第三个半波开始，电流过零后阳极表面温度指的是从电弧电流过零时刻到测量仪器达到最低量程期间所测的触头表面温度。实验所用双色式红外高温测试仪的测量范围是 1073～1873K，所以实验中触头表面温度的最低测量值为 1073K。在电弧燃弧期间，受真空电弧影响，双色仪所测温度并非是阳极触头表面温度。由于电弧燃弧过程温度变化剧烈，实际双色测温仪测得的温度数值会发生激变，超过设备的最大量程 1873K。本章中电弧电流过零点判定为电弧电压陡降时刻，定义电流过零时刻阳极表面温度为 T_{0a}。

图 3-25 所示为温度测量典型实验波形图。实验中触头材料是 CuCr25，触头直径 D 为 60mm，触头燃弧开距 l 为 12mm。实验中外施纵向磁场强度为 37mT，电弧电流为 13.0kA。从电流第三个半波起，动触头开始运动，触头间隙开始起弧。之后双色测温仪开始触发工作，受电弧弧光影响，双色仪温度测量数据会出现波动并可能超过仪器的量程。在电流过零前，电弧开始熄灭，阳极表面温度趋于下降。测得电流过零时刻的阳极表面温度 T_{0a} 为 1580K。电流过零后，触头表面温度迅速降低至测量设备的最低测量温度 1073K。从电流过零时刻，到测量最低值所持续时间接近 1ms。随着电弧电流的增大，电流过零时刻阳极表面温度 T_{0a} 也相应升高，并且过零后阳极表面温度衰减的时间也更长。

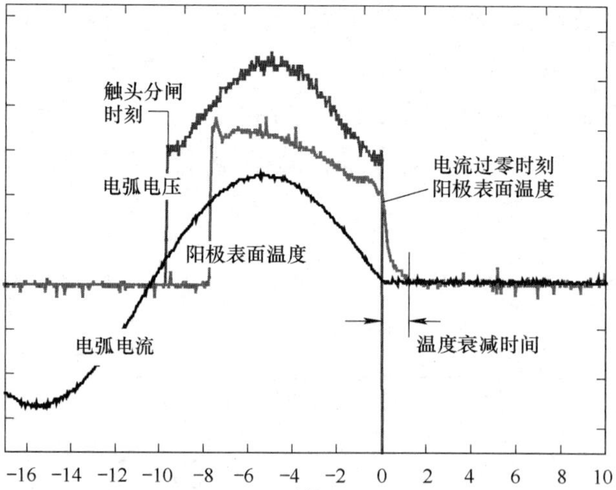

图 3-25 电流过零后阳极表面温度的测量波形图

如上分析，本章关于电流过零后阳极表面温度的测量包括两个重要的内容：

一是电流过零时刻的阳极表面温度；另一个是电流过零后阳极表面温度的衰减特性，包括衰减趋势和衰减时间等。

阳极斑点对电流过零时刻阳极表面温度的影响主要研究在不同电弧电流、分闸速度、纵向磁场和触头材料的条件下，阳极斑点对电弧电流过零时刻阳极表面温度 T_{0a} 的影响规律。

1．电弧电流影响

实验条件为：触头材料是 CuCr25，触头直径 D 为 60 mm，触头满开距为 38 mm。燃弧开距 l 为 12mm，通过设定燃弧时间 $t=10\text{ms}$ 内平均分闸速度 $v=1.2\text{m/s}$ 来确定。实验中外施纵向磁感应强度 B_{AMF} 为 37mT，电弧电流 I_{arc} 为 3.3～16.8kA。

电流过零时刻阳极表面温度 T_{0a} 随电弧电流 I_{arc} 的变化规律如图 3-26 所示。图中空心点数据表示在该电弧电流 I_{arc} 下燃弧期间没有出现阳极斑点，实心点数据则表示出现了阳极斑点。在该实验条件下阳极斑点临界电流 I_{th} 约为 12kA。从图中结果可以看出，在电弧电流 I_{arc} 小于阳极斑点临界电流 I_{th} 的电流范围内，电流过零时刻的阳极表面温度 T_{0a} 随着电弧电流的增加有一个上升的趋势。

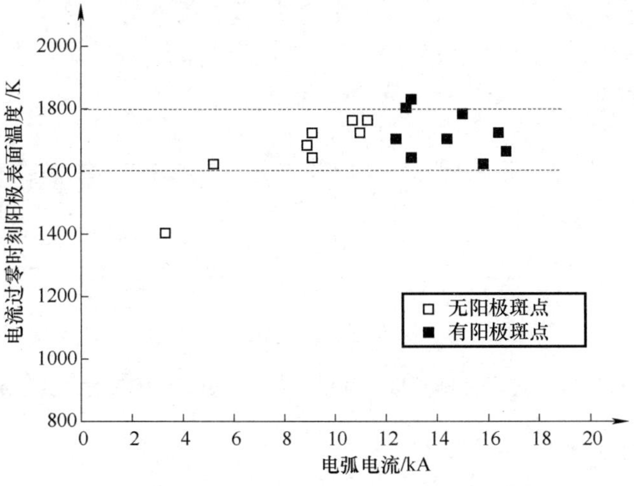

图 3-26 电流过零时刻阳极表面温度 T_{0a} 随电弧电流 I_{arc} 变化规律

在电弧电流 I_{arc} 等于或大于阳极斑点临界电流 I_{th} 时，T_{0a} 并没有随着电弧电流的增大出现上升或是下降的趋势，而是稳定在一个温度范围之内，所测量得到的电流过零时刻的 T_{0a} 稳定在 1600～1800K 之间。同时发现当电弧电流 I_{arc} 接近于阳极斑点临界电流 I_{th} 时，T_{0a} 也处于该温度范围。

2．分闸速度影响

实验参数选择：触头材料为 CuCr25，触头直径 D 为 60 mm，触头满开距为

38mm,燃弧期间平均分闸速度 v 调节范围为1.2 m/s、1.8 m/s 和2.4m/s，燃弧时间10ms，对应的燃弧开距 l 为12mm、18mm 和24mm。实验中外施纵向磁感应强度 B_{AMF} 为37mT。

电流过零时刻阳极表面温度 T_{0a} 随分闸速度 v 的变化规律如图3-27所示。同样图中空心点数据表示弧期间没有出现阳极斑点，实心点数据则表示出现了阳极斑点。从图3-27所示结果可知，在不同的分闸速度 v（即1.2 m/s、1.8 m/s 和2.4m/s）条件下，阳极斑点形成后，电流过零时刻 T_{0a} 随电弧电流 I_{arc} 的变化趋势依旧稳定在1600～1800K 温度范围内。因此燃弧期间分闸速度 v 会对阳极斑点的临界电流 I_{th} 产生影响，但不会改变 T_{0a} 随电弧电流的变化趋势。另外，图3-27还表明在相同的电弧电流 I_{arc} 时，T_{0a} 随分闸速度 v 的变化无明显的规律特征。

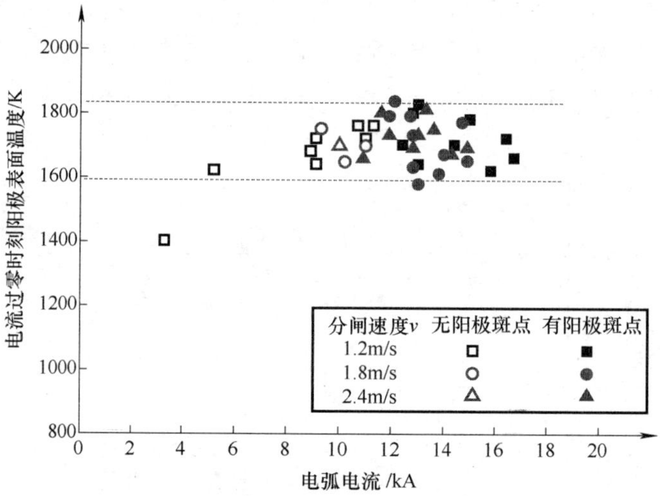

图3-27　电流过零时刻阳极表面温度 T_{0a} 随触头分闸速度 v 变化规律

3. 纵向磁场影响

实验条件为：触头材料是CuCr25，触头直径 D 为60mm，触头满开距为38mm，燃弧开距 l 为18mm，通过设定燃弧时间 $t=10ms$ 内平均分闸速度 $v=1.8m/s$ 来确定。实验中外施纵向磁感应强度 B_{AMF} 调节范围为37～110mT。

电流过零时刻阳极表面温度 T_{0a} 随外施纵向磁场 B_{AMF} 的变化规律如图3-28所示。同样图中空心点数据表示燃弧期间没有出现阳极斑点，实心点数据则表示出现。从图3-28所示结果可知，当外施纵向磁场 B_{AMF} 由37mT 增强到110mT，阳极斑点模式下的电弧依旧稳定在1600～1800K 温度范围内，并且 T_{0a} 且随着外施纵向磁

场 B_{AMF} 的增强，T_{0a} 波动减小，趋于收敛。该结果说明较强的外施纵向磁场 B_{AMF} 使得燃弧更加均匀，阳极表面能量注入也相对稳定。

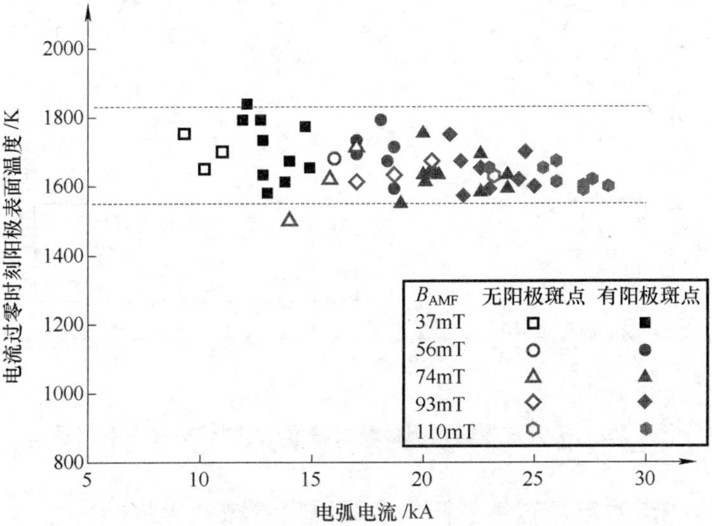

图 3-28 电流过零时刻阳极表面温度 T_{0a} 随外施纵向磁场 B_{AMF} 变化规律

4. 触头材料影响

实验条件：触头材料为不同 Cr 含量的 Cu－Cr 触头，分别为 Cu、CuCr25 和 CuCr50。触头直径 D 为 60 mm，触头满开距为 38 mm，燃弧开距 l 为 24mm，由设定燃弧时间 $t=10ms$ 内平均分闸速度 $v=2.4m/s$ 来确定。外施纵向磁感应强度 B_{AMF} 为 74mT。

不同材料触头下，阳极斑点形成后电流过零时刻阳极表面温度 T_{0a} 结果如图 3-29 所示。其中触头材料为 Cu 时，T_{0a} 温度值最高，为 1800～1900K。触头材料为 CuCr50 时，该温度为 1700～1800K。触头材料为 CuCr25 时，该温度则稳定在 1600～1700K 的范围内。关于电流过零时刻阳极表面温度的特征变化，主要受到触头材料的熔点、热导率以及电导率等因素的影响。Cu 的熔点只有 1356K，低于 Cr 的熔点 2148K。在燃弧期间，阳极表面熔池比另外两种触头材料更加容易形成，而且范围更大，深度也更深，电流过零时刻阳极表面的温度也最高。而对于另外两种 Cu－Cr 触头材料，T_{0a} 受到触头材料中 Cr 含量大小的显著影响。由于 CuCr50 中 Cr 含量相对较高，导致熔融态触头表面温度也较高，因此 T_{0a} 值要大于 CuCr25 时的情况，并且 CuCr50 触头材料下电流零后触头表面温度的衰减也相对缓慢。

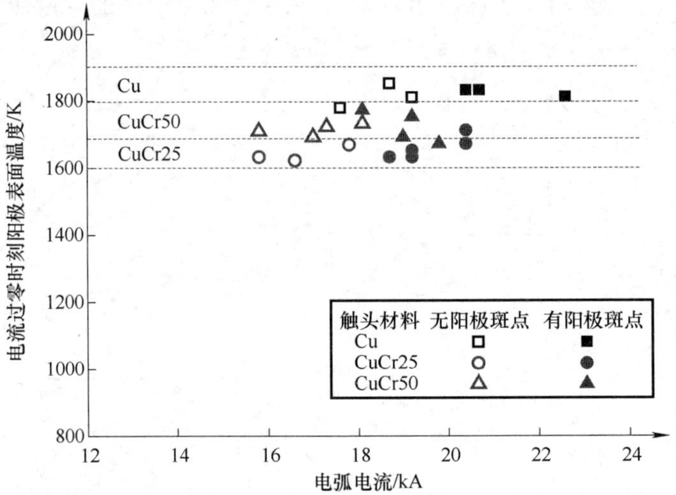

图 3-29 电流过零时刻阳极表面温度 T_{0a}随触头材料变化规律

3.4.3 阳极斑点对电流过零后阳极表面温度衰减的影响

本项研究主要针对阳极表面温度的衰减过程。为了更大程度地分析极限电流下的温度衰减情况，实验采用了非对称触头，触头材料和尺寸结构见表 3-6。

表 3-6 非对称实验触头类型

触头类型①	触头直径		触头材料	
	阳极	阴极	阳极	阴极
Ⅰ	60mm	12mm	CuCr25	CuCr25
Ⅱ	60mm	12mm	CuCr50	CuCr25
Ⅲ	12mm	60mm	CuCr25	CuCr25

①见图 3-24。

图 3-30 是典型的实验测量数据曲线。从图 3-30 中可以明显地看出，在阳极表面温度的衰减过程中出现了一个拐点，衰减的速率在拐点的前后有明显的变化。从过零时刻温度 $T_{0a}=1520\mathrm{K}$ 到拐点温度 1370K，阳极表面温度快速衰减。在拐点温度 1370K 之后，阳极表面温度的衰减速度减缓。过零后温度双指数衰减中的拐点温度大小可能与阳极触头材料的熔点有关。当电流 I_{arc} 进一步增大到 8.5kA 时，电流过零后阳极表面温度整体的衰减规律更明显，与 5.8kA 时情况相同，同样呈现双指数的衰减模式，从电流过零时刻到温度衰减拐点，温度衰减速率快，在拐点之后，阳极表面温度的衰减速率减缓。

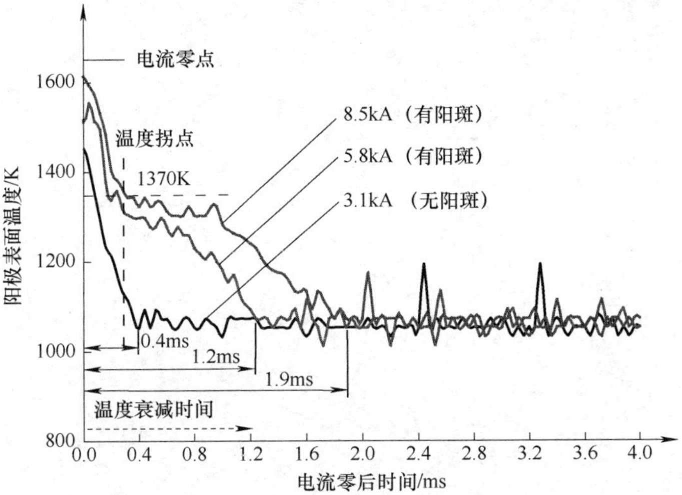

图 3-30　触头电流过零后阳极表面温度衰减波形

（触头材料：CuCr25；触头直径：阳极 60mm，阴极 12mm）

定义真空电弧电流过零后阳极表面温度衰减时间 t_d，指阳极表面温度从电弧电流过零时刻到温度衰减到双色测温仪最低量程值时所持续的时间。对于扩散态真空电弧，电流过零后阳极表面温度的衰减时间 t_d 非常短暂（小于 0.5ms），但阳极斑点模式真空电弧形成后衰减时间 t_d 将显著延长。根据实验结果，阳极表面温度衰减时间可以达到几个毫秒。

通过分析电流过零后阳极表面温度衰减时间 t_d，可以得到以下结论：①随着电弧电流 I_{arc} 的增大，电流过零后阳极表面温度的衰减时间 t_d 也随着增加；②阳极斑点模式电弧电流过零后阳极表面温度的衰减时间 t_d 要大于扩散态电弧情况，并且其衰减趋势多呈现双指数形式；③电流过零后阳极表面温度双指数衰减过程中，电流过零时刻到两指数衰减拐点处所需的时间几乎保持不变，为 0.3～0.4ms。

图 3-31 是依据实验数据所得的阳极表面温度衰减时间与电弧电流的关系图。

需要说明的是，图 3-31 中的结论对扩散态电弧和阳极斑点模式电弧下电流过零后阳极表面温度衰减时间特征都适用。在阳极斑点模式电弧下，上述温度衰减特征更为明显。

通过上述实验和分析研究，可以得到以下三种过零后阳极表面温度衰减模式（见图 3-32）：

模式 I：电弧仍表现为扩散态，但已开始收缩，弧柱呈圆柱状，属于扩散态电弧和柱状电弧（集聚态电弧）之间一种过渡态电弧。该电弧模式下阳极表面温度在电流过零时刻超过材料的熔点，从电流过零时刻开始，阳极表面温度呈单指数形式衰减，衰减时间范围为 0～0.4ms。

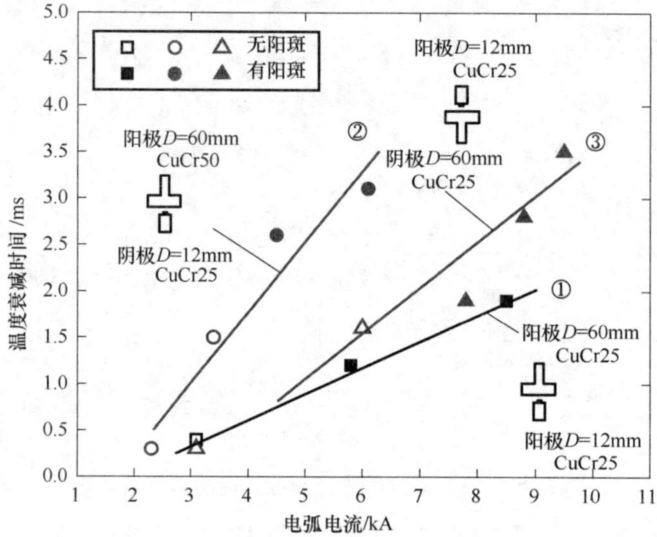

图 3-31　阳极表面温度衰减时间与电弧电流关系图

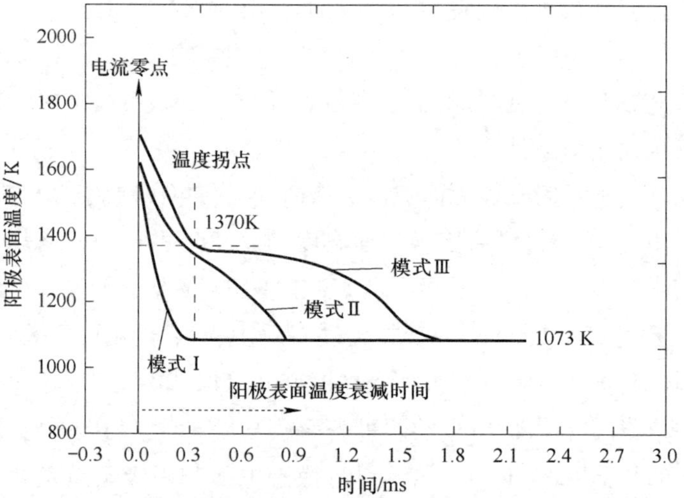

图 3-32　大电流真空电弧电流过零后阳极表面温度的衰减模式示意图

模式Ⅱ：电弧开始表现为集聚态，并可能在阳极表面收缩，在触头分离初期这是一种收缩态柱状电弧，但随着开距的增大会迅速向扩散态电弧转变。该电弧模式下阳极斑点接近于形成，阳极烧蚀并不太严重，属于阳极斑点形成前的状态。相对于模式Ⅰ的情况，此时电流过零时刻阳极表面温度更高，同时电流过零后该温度的衰减时间也显著增长，大于 0.4ms。阳极表面温度从电流过零时刻开始呈双指数形式衰减，但前后两部分指数衰减速率差别不大，同时温度在呈双指数衰减过程中的拐点温度可能大于或小于触头材料的熔点。

模式 III：电弧表现为集聚态，弧柱在阳极表面进一步收缩，阳极射流出现。该电弧模式下阳极斑点已经形成，阳极烧蚀严重。电流过零时刻阳极表面温度相对于模式 II 的情况进一步提高，同时电流过零后该温度的衰减时间也更长。阳极表面温度从电流过零时刻开始，呈双指数形式衰减，在衰减过程中出现衰减速率变化的拐点温度。

3.5　阳极燃弧模式的控制

大开距条件下整个燃弧过程相对于小间隙条件更为复杂，燃弧存在于触头从较小开距到最终开距的整个过程，一般利用磁场控制电弧形态的方法随着开距的变化会受到很大影响。本节主要介绍从分闸特性和磁场两个方面影响和控制阳极燃弧模式的方法。

3.5.1　根据阳极燃弧模式图优化分闸特性的方法

根据前面的介绍，真空灭弧室存在一个在不同电流与开距下的阳极燃弧模式图。该分布图与灭弧室的材料，触头直径（包括触头结构以及灭弧室结构）有关，而与分闸速度的关系不大。在分闸速度确定的情况下，真空灭弧室的开断过程仅仅是电流与开距的关系，从而在该阳极放电模式分布图上可以得到一条表征开断过程的燃弧模式曲线，我们通过对该曲线进行选择性优化，可使其尽量避开对开断不利的阳极斑点模式以及强电弧模式区域，确定优化分闸速度曲线，实现灭弧室成功开断。

图 3-33 是一个图例，表示了一定的灭弧室的燃弧模式图及在不同触头速度下的燃弧模式曲线。假定该真空灭弧室需要开断 1650A（峰值）的电流，燃弧时间为 9.5ms 左右，当动触头以平均速度为 2.0m/s 的分闸特性开断时，其燃弧模式曲线如图中虚线所示，阳极表面首先为扩散态电弧。当电流增加到 984A（瞬时值），开距为 4mm 时，阳极首先产生点状斑点；随着电流的增大到 1490A（瞬时值），点状斑点转变为块状阳极斑点，此时开距为 6.7mm。灭弧室的动触头一直处于阳极斑点模式，一直持续到电流过峰值后减小到 1006A（瞬时值），开距为 15mm 时又转变为点状斑点模式。当电流减小到 214A（瞬时值），开距为 18.7mm 时阳极现象从点状斑点模式转换为扩散态电弧模式，最终维持该模式直到电流过零。

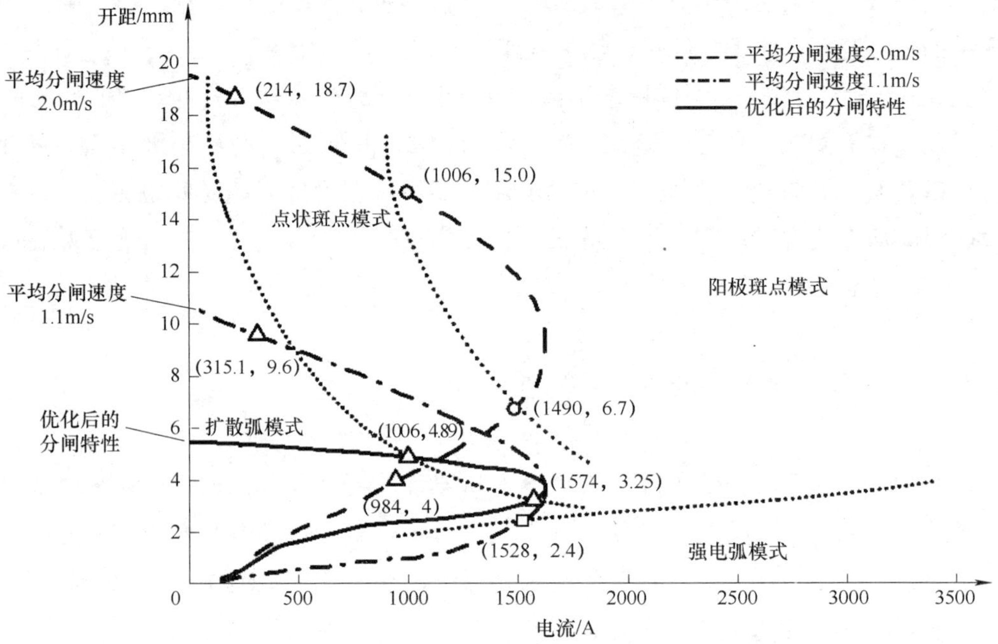

图 3-33　不同分闸速度下的阳极燃弧模式情况对比

当以动触头平均速度为 1.1m/s 的分闸特性开断时，其燃弧模式曲线如图中点划线所示，从触头刚分开始，阳极现象维持在强电弧模式区域中，一直持续到电流为 1528A（瞬时值），开距为 2.4mm 时，阳极表面才转变点状斑点模式，该点状斑点一直持续到电流 315A（瞬时值），开距为 9.6mm 时消失，最终以一个扩散态模式直到电流过零。

从大小两种平均速度可以看到，在 2.0m/s 速度下，燃弧模式曲线会经过一段阳极斑点模式区域，而在 1.1m/s 速度下，灭弧室从开始燃弧就存在一个较长时间的强电弧模式，两种情况都对真空开断不利。因此，在阳极放电模式分布图的基础上，拟定出一条能够避开强电弧区域以及阳极斑点区域的燃弧模式曲线，如图 3-33 中所示优化后的燃弧模式曲线（实线）。该曲线在触头分开始很快就为扩散态电弧，开距很小时能够避开强电弧模式，然后当电流为 1574A（瞬时值），开距在 3.25mm 时阳极首先产生点状斑点，并且一直在点状斑点区域中达到电流峰值 1650A，然后电流下降为 1006A（瞬时值），开距为 4.89mm 时，阳极现象消失，最后达到电流过零。

将图 3-33 中的三条分闸燃弧模式曲线转化成与时间相关的分闸特性曲线（见图 3-34）后可以看到，平均分闸速度为 2.0m/s 的分闸特性曲线中，阳极斑点存在的时间为 3.6～7.8ms，而阳极有活跃现象的时间从 1.9ms 持续到 9.5ms；平均分闸速度为 1.1m/s 的分闸曲线中，强电弧模式存在的时间为 0～3.8ms，并且直到 9.6ms 后阳极不再活跃；而优化后的分闸特性曲线开断 1650A 峰值电流时，阳极表面只出现点状斑点模式，点状斑点从 4. 1ms 持续到 4. 89ms。该优化后的分闸曲线在分闸初始时需要一个比较快的速度，从而避开强电弧模式，而在电流峰值和电流过零点之间，分闸速度需要降低，从而避免进入阳极斑点模式。

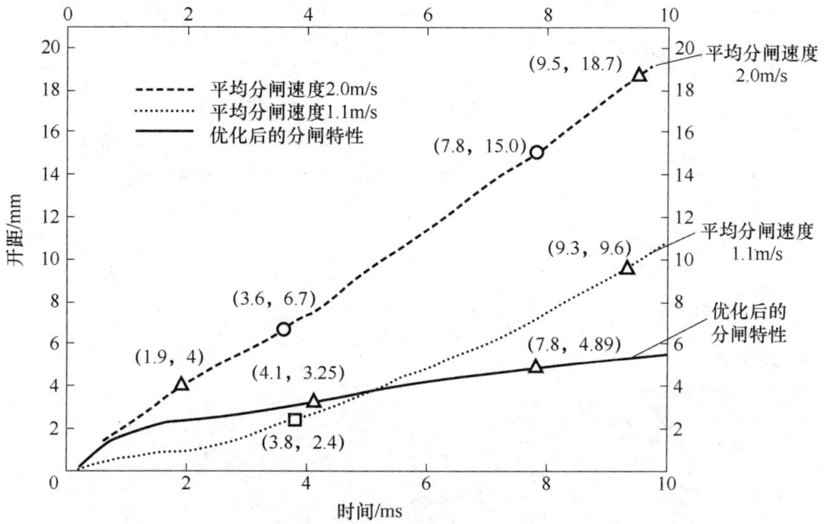

图 3-34　三种不同的燃弧模式曲线对应的分闸特性曲线

真空断路器这种刚分速度高，平均分闸速度低的分闸特性曲线从真空电弧大电流阳极放电模式的方面来看，它能够很好地控制在燃弧过程中的阳极表面保持一个良好的状态，降低阳极表面温度，从而提高断路器的电流开断能力。

3. 5. 2　分闸相位对分闸曲线的影响

由于断路器在开断电流时相位是随机的，本节研究上述优化曲线在不同分闸相位下的开断情况。

我们以图 3-35 所示的阳极放电模式分布图为例。假设灭弧室仍然以上节所得到的优化分闸曲线开断 1650A 峰值的电流。当触头在电流峰值（1650A）处打开，短燃弧时间为 5ms，则灭弧室的阳极现象如图中虚线所示，首先灭弧室阳极为强电弧模式，由于该优化的曲线具有非常高的刚分速度，使得燃弧模式曲线能够很快离开强电弧模式区域。当电流减小到 1380A（瞬时值），开距为 2. 33mm 时进入扩散弧模式区域，最终达到电流过零。当灭弧室开断长燃弧状态时，燃弧时间为 15ms，首先在燃弧前 5ms，灭弧室的阳极与虚线所示的燃弧模式曲线一致，当电流开始在第二个半波（10ms）燃烧时，此时前一半波的阳极变成现在半波的阴极，而在新的阳极表面的阳极现象会如图中实线所示，燃弧模式曲线在电流为 1069A

（瞬时值），开距为4.6mm下进入点状斑点模式区域，过电流峰值后，电流减小为793A（瞬时值），6.2mm处点状斑点消失。该燃弧模式曲线在燃弧时间为15ms时对应的分闸特性曲线如图3-36所示，在第一个半波情况，强电弧模式只持续了1.8ms，而在第二个半波的新阳极上始终没有出现大电流阳极模式，因此，该优化的分闸特性在不同相位下对开断依然是有利的。

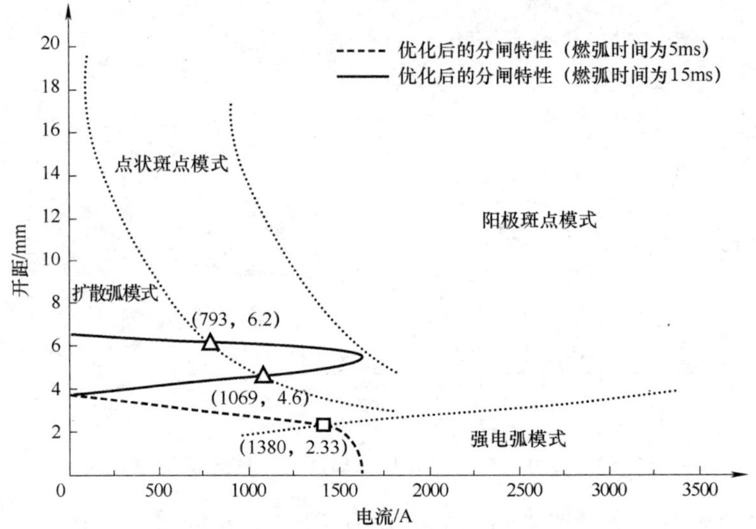

图3-35　优化分闸特性曲线在不同分闸相位条件下的阳极燃弧模式曲线

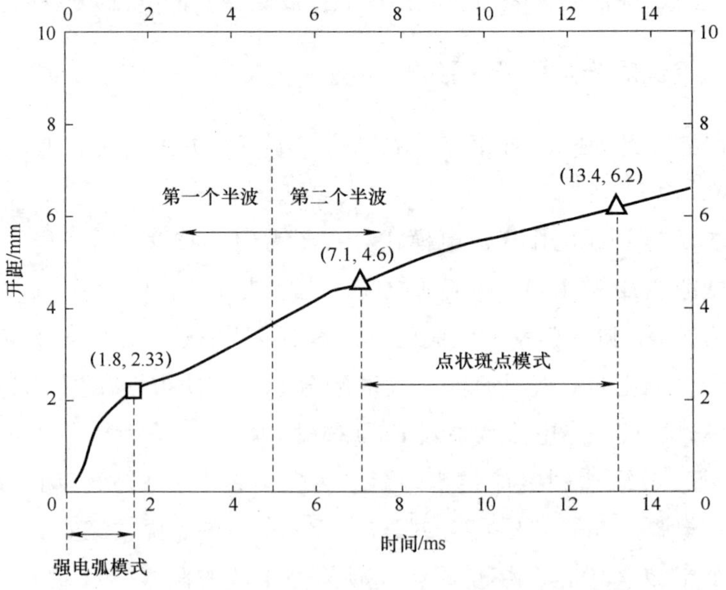

图3-36　优化的分闸曲线在燃弧时间为15ms时阳极现象示意图

由此可得，在真空灭弧室中，通过阳极放电模式分布图得到一条能够避开阳极斑点模式以及强电弧模式的燃弧模式曲线，这条曲线对应着一条优化的分闸特性曲线。其特征如下：在刚分时需要一个非常大的速度，避开强电弧模式；然后以一个比较慢的速度将电弧形态保持在扩散弧状态或者点状斑点状态；如果燃弧模式曲线进入强电弧模式时，需要一个非常快的速度使得燃弧模式曲线的开距增大，尽快脱离强电弧模式；如果燃弧模式曲线进入阳极斑点模式时，由于阳极斑点的临界电流是随着开距的增大而减小的，所以此时燃弧模式曲线需要保持一定的开距使其尽快进入点状斑点模式，这段时期对应于一个相对慢的速度。

对于不同触头材料、触头直径的真空灭弧室，在开断特定的电流下，都可以基于各自的阳极放电模式分布图，得到避开强电弧模式和阳极斑点模式的一条燃弧模式曲线，从而得到此开断电流下的优化分闸特性曲线。触头直径与触头材料的改变影响的仅仅是阳极放电模式分布图的具体数值，而基于阳极现象设计分闸曲线的方法依然具有一定的通用性。

3.5.3 纵向磁场的影响

在高电压大电流真空电弧开断过程中，纵向磁场也是影响断路器开断性能的主要因素。纵向磁场最关键的作用在于抑制了对弧柱的收缩，能够将电弧很好地控制在整个触头表面。

纵向磁场会对真空灭弧室的阳极放电模式分布图产生影响。Schulman 研究了分闸过程中纵向磁场对真空电弧形态的影响。随着磁场的增大，扩散态电弧的区域将大大增加，并且强电弧模式下阳极斑点形成的电流值也会提高，即在纵向磁场作用下，真空断路器的极限开断电流会提高。

下面介绍 126kV 单断口真空断路器灭弧室模型的熄弧过程实验观察结果。该灭弧室使用了纵向磁场结构，触头直径为 100mm。实验中观察了两种不同磁场强度下的大开距（60mm）真空电弧特性包括真空电弧的高速摄影和电弧电压特性，可以从中观察到纵向磁场对燃弧过程的影响。实验使用的触头结构为两种用于 126 kV真空断路器上的 2/3 匝新型纵磁触头，触头直径均为 100mm，开距为 60mm，触头材料为 CuCr50。由于触头片与线圈的安装角度不同，触头 A 在 40 kA，30mm 开距下的最大磁场强度为 257mT，而触头 B 的最大磁场强度为 514mT，磁场分布对比如图 3-37 所示。

两种触头均安装在 126 kV 可拆灭弧室中，如图 3-38 所示。实验电流由单频振荡回路提供，通过拉弧的方式产生真空电弧。高速摄影机可以透过可拆真空灭弧室的观察窗对触头间真空电弧进行观察，电弧拍摄速度为 10000 pps，曝光时间为 2 μs。电流峰值从 5 ~22. 8kA 在试验过程中平均分闸速度（10 ms 内的平均速度）为（3 ±0. 1） m/s。

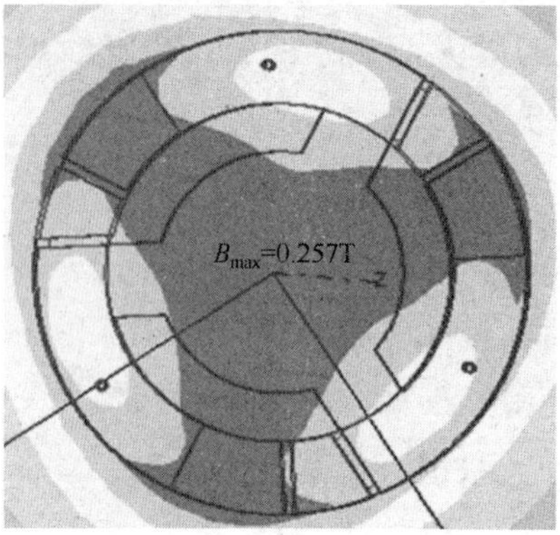

a)

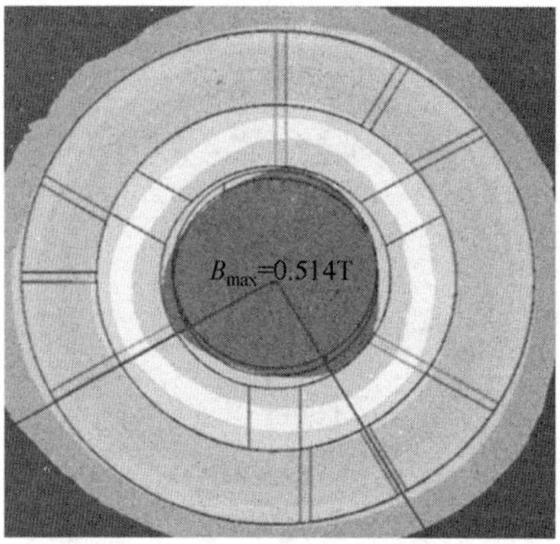

b)

图 3-37　实验用两种 126 kV 触头结构的磁场分布对比

a）触头 A　b）触头 B

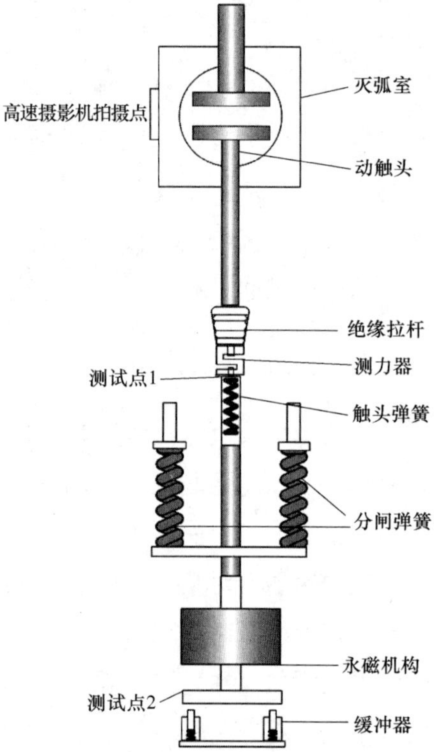

图 3-38　实验用可拆灭弧室示意图

实验拍摄结果见表 3-7。触头 A 对电弧的控制远远小于磁场强的触头 B。尤其在大开距下，触头 A 在通过峰值 10 kA 以上的电流时，电弧已经出现在触头侧面起弧的现象（见图 3-39）。由于在 126 kV 触头结构中，触头的材料是易于开断的 CuCr 合金，而其他部分包括线圈和导电杆都是无氧铜。一旦电弧燃烧在触头侧面的线圈以及导电杆上，则会产生大量的 Cu 金属蒸气，甚至会出现金属液滴，对开断极为不利。另外，还出现了电弧燃烧在触头片与线圈之间以及线圈夹缝之间的现象，造成部分电流分流，从而降低了线圈产生的磁场强度。相比较下磁场强的触头 B 则没出现明显侧面燃弧现象，电弧相对要控制得较好，更有利于开断。

表 3-7 两种触头开断过程中电弧形态

燃弧时刻	触头 A	触头 B
2.5 ms	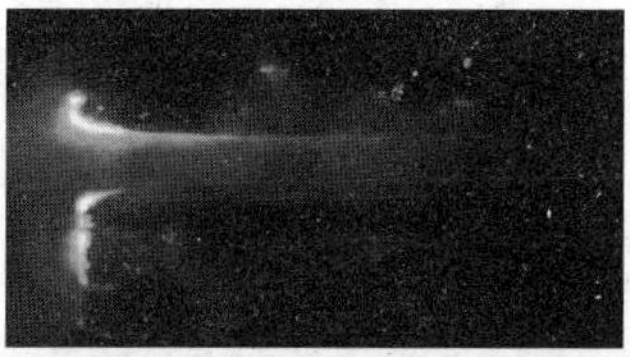	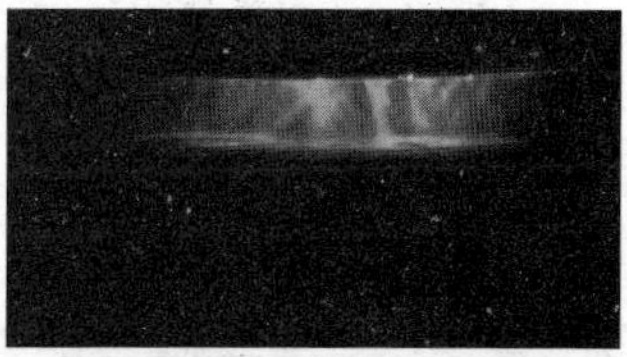
5 ms	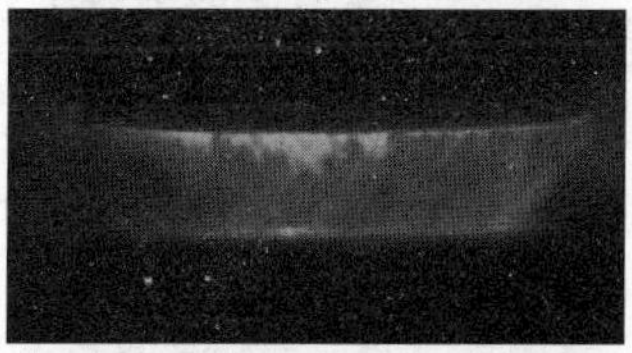	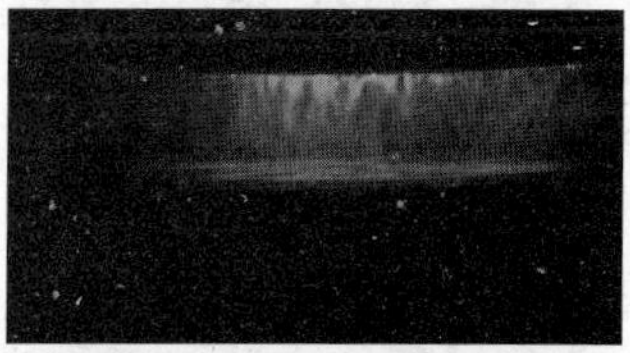
7.5 ms	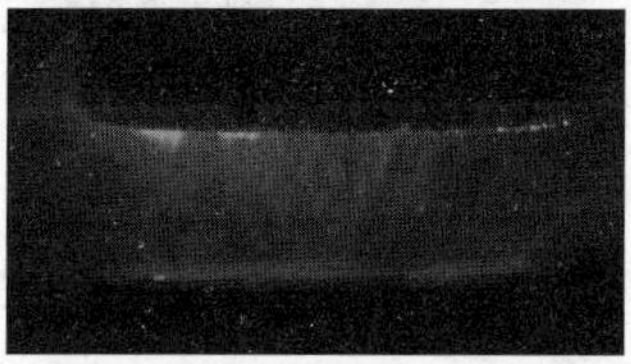	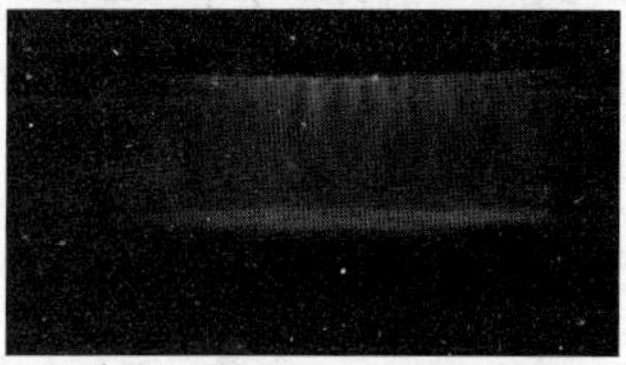

注：电弧电流峰值为 22.8 kA，上触头为阴极，下触头为阳极，燃弧时间均为 10 ms。

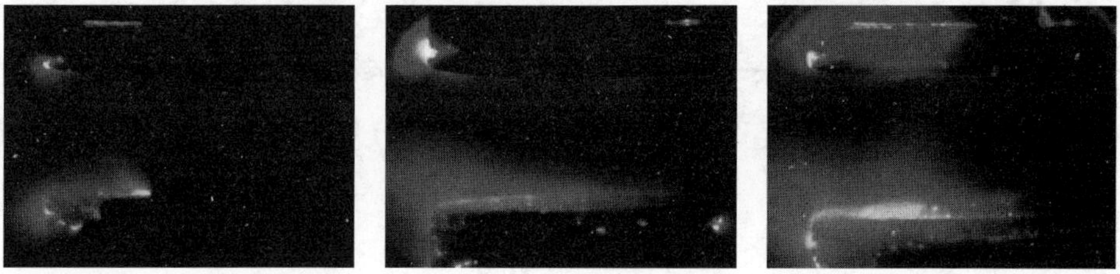

a) b) c)

图 3-39 触头 A 试验中电弧在触头侧面发生燃烧

a）侧面起弧 b）触头片与线圈夹缝燃弧 c）线圈夹缝燃弧

3.5.4 126 kV 真空断路器分闸特性与开断性能的关系

下面以 126 kV 真空断路器样机为对象，进行研究性型式试验。在短路电流为 40 kA 的情况下，使用图 3-40 所示的未经优化的分闸特性进行试验，试验结果表明使用该分闸特性最短成功开断的燃弧时间为7.6 ms时，触头运行到20.3 mm开距，开断波形如图3-41a所示；而在所需要的长燃弧时间16 ms时，该曲线不能成功开断，失败的试验波形如图3-41b所示，此时的触头开距为50 mm。

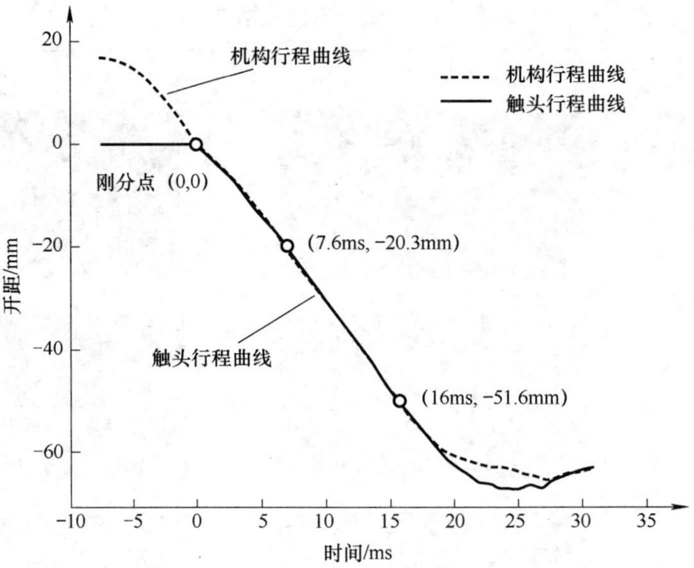

图3-40　126kV真空断路器的分闸特性

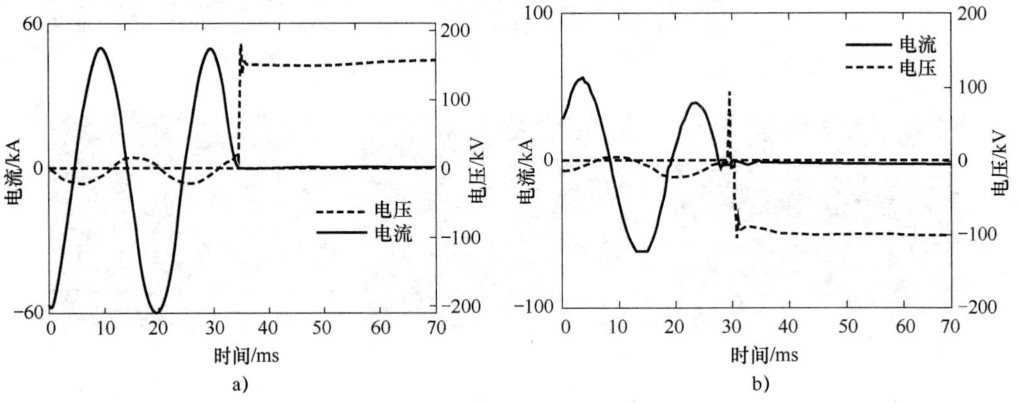

图3-41　开断40kA短路电流研究性试验的波形

a）短燃弧开断成功（开距20 mm，燃弧7.6 ms）　b）长燃弧开断失败（开距50 mm，燃弧16 ms）

导致该试验在长燃弧开断失败的原因可能有两种：一种是在这种分闸特性情况下，真空灭弧室在开断过程中很有可能产生了阳极斑点从而导致开断失败。但由于试验中电流的极性是随机的，试验后对被试真空灭弧室进行解剖分析，在动静触头表面并没有发现明显的阳极斑点区域，因此无法确认是否产生了阳极斑点。第二种是真空灭弧室的纵向磁场在长燃弧试验中无法维持电弧形态，导致开断失败。由于触头开距是影响纵向磁场强度的重要因素之一，使用 Ansoft 软件对 126 kV 真空灭弧室触头结构进行磁场强度仿真，得到在 20 mm 时对应的最大磁场强度为 235 mT，而在 50 mm 时仿真结果中的最大磁场强度已经降低到 146 mT，如图 3-42所示。可以发现，如果分闸速度过高，在长燃弧过程中触头的开距过大而导致磁场强度不够，不足以很好地控制真空电弧，从而会导致触头表面局部区域过热，或者出现电弧燃烧到触头侧面的情况。通过对被试灭弧室解剖分析，发现了触头线圈缝隙有熔化的痕迹以及电弧喷溅到屏蔽罩上等磁场对电弧控制不力的迹象，这些都可能是长燃弧过程中开断失败的原因。

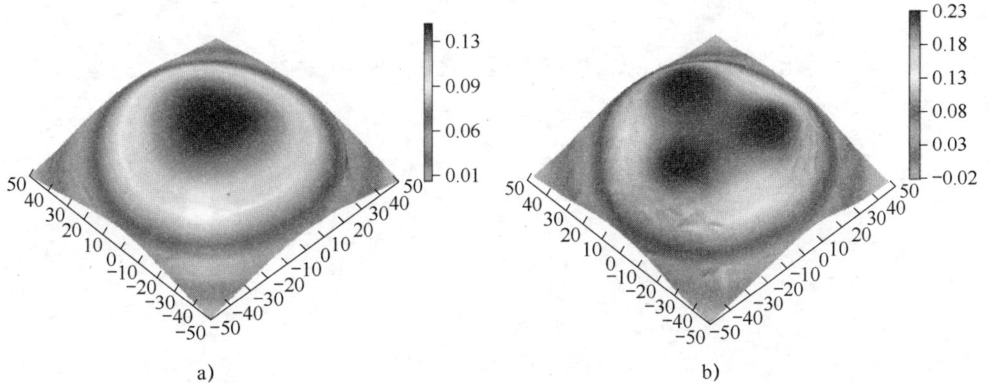

图 3-42 开断 40kA 短路电流时不同开距下磁场分布的仿真结果

a）开距为 20mm 时的磁场分布 b）开距为 50mm 时的磁场分布

根据研究性试验的结果，使用本章所提出的真空灭弧室优化分闸曲线，即：一方面提高短燃弧时间内的分闸速度（即刚分速度），可使得真空电弧快速地从强电弧模式转入扩散态电弧模式，从而缩短最短燃弧时间；另一方面，分闸速度应在短燃弧时间结束后开始降低，通过控制触头开距不仅使得真空触头阳极表面处于扩散态模式，还能够维持足够强的纵向磁场控制电弧，从而提高其开断能力，减小对触头的烧蚀。由于试验规定，长燃弧试验的燃弧时间应比最短燃弧时间增加不小于9 ms，因此提高刚分速度还能够减轻真空灭弧室在开断长燃弧的负担。

经过多次试验以及调试，获得的优化分闸特性曲线如图 3-43 所示。其具体参数为：在短燃弧 6ms 触头能够运动到 20mm 开距；16ms 内将触头开距保持在 38 mm 以内，从而使真空灭弧室能够提供足够的磁场用以控制真空电弧。该

126kV 真空断路器在使用优化后的分闸速度特性后成功通过了全部短路开断方式型式试验。

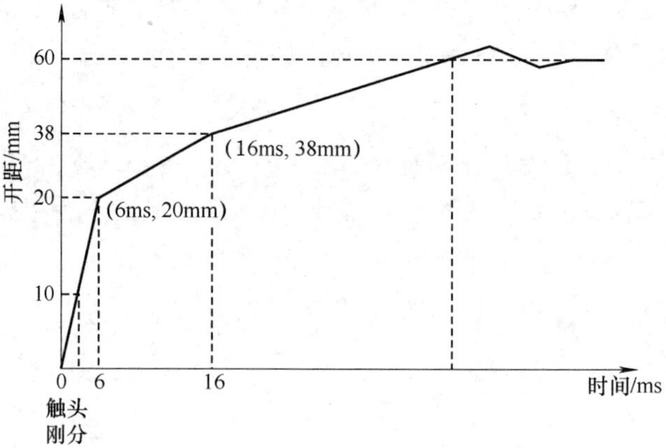

图 3-43　126 kV 真空断路器优化的分闸特性曲线示意图

第 4 章

输电等级真空灭弧室的设计

4.1 真空灭弧室基本结构

真空灭弧室是整个真空断路器的核心部件，也是完成断路器主要功能的部件。真空灭弧室通过复杂精密的封接技术，实现内部的高真空度，其内部真空度达到 10^{-3} ~10^{-4}Pa，并且能够维持20年真空度不降低。灭弧室要承受高电压、大电流、强电弧的工作环境，耐受电动力、机械操作力的冲击，在一定的工作温度下保持整体性能的稳定。因此真空灭弧室的设计与制造具有很高的技术含量。

真空灭弧室基本结构如图4-1所示，主要部件有动、静触头，动、静导电杆，屏蔽罩，波纹管，绝缘外壳等部件。输电等级真空灭弧室因为承受的电压高，所以触头开距、触头与屏蔽罩之间的绝缘距离要大很多，使得灭弧室直径大大增大，同时整个灭弧室的长度也相对较长。在大容量真空灭弧室中，为了提高开断能力需要在燃弧时施加磁场进行控制，产生磁场的回路就附加在触头上，所以触头结构比较复杂。为了保持高真空度，所有的材料都必须避免产生气体。实践表明，即使材料中很小的缺陷包含了气体，工作中一旦释放出来就破坏了灭弧室的真空环境，会使灭弧室失效。

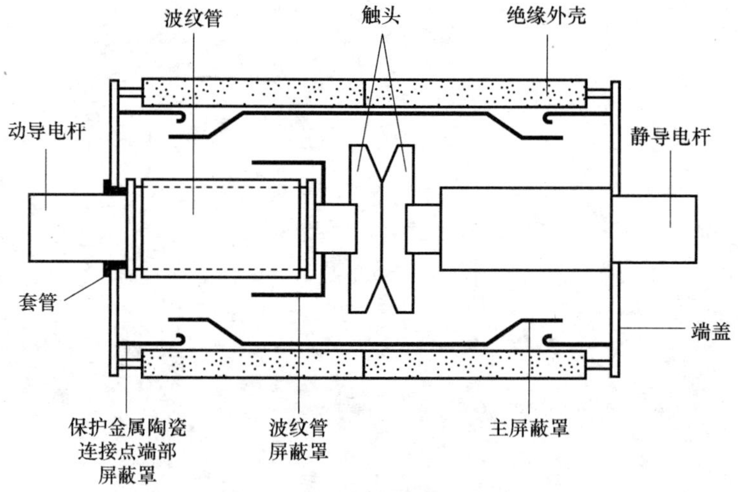

图4-1 真空灭弧室的基本结构

灭弧室的绝缘外壳一般用玻璃、高氧化铝陶瓷或者微晶玻璃制成，它和端部的金属端盖构成密封的真空腔体。绝缘外壳除了需要承受外加电压应力之外，还必须确保灭弧室的密封性，特别是不能够有气体泄漏。玻璃外壳在加工上比较简单，与金属的封接容易实现，可以对灭弧室整体装配完毕后通过排气管路对灭弧室抽真空。另外，玻璃外壳为透明的，可以对灭弧室内部进行目视观测。在真空断路器发展早期，人们对灭弧室真空度的长期维持不太放心时，目视观测也是一个检测手段。陶瓷外壳灭弧室性能优越，特别是绝缘强度、机械强度和气密性都比较好，有利于真空灭弧室的小型化。但陶瓷外壳灭弧室采用一次封排技术，即将灭弧室所有零部件装配完毕，在封接处放置焊料，整体装入真空炉中高温排气和封接。该工艺方法直接有效，唯独对封排炉要求较高，特别是开发输电等级真空灭弧室，所要求的封排炉体积巨大。另外，输电等级真空灭弧室承受电压高，一旦有金属蒸气在封接时沉积在瓷壳内表面，施加高电压后很容易形成表面闪络，破坏绝缘性能，这也是需要特别解决的技术问题。

总体而言，真空灭弧室的基本结构多年来并未有本质的变化，对于输电等级真空灭弧室，各种参数指标比中压配电产品要高很多，要求更加严苛。设计中主要需要考虑的有承受高电压的内部绝缘结构设计，完成额定和故障电流开断的触头结构设计，承受额定工作电流发热的导电杆系统设计、触头材料的选择、波纹管和套管系统的考虑等。本章主要介绍输电等级真空灭弧室的这些核心关键部分的设计原则和方法。

4.2　绝缘结构设计

从击穿电压耐受水平考虑，真空灭弧室在正常打开状态需要承受高于额定工作电压一定倍数的工频电压，从雷电冲击和操作过电压角度考虑，还要考虑耐受一定水平的雷电冲击电压。这些参数在标准中都有明确的规定，是设计时的基本目标依据。例如，对于 126kV 电压等级的真空断路器，型式试验要求承受的工频电压 230kV 1min，雷电冲击耐受电压为峰值 550kV 的标准冲击雷电波。

真空灭弧室内部的击穿可能发生在触头之间或者触头与周围屏蔽罩之间，也可能沿玻璃外壳或者陶瓷外壳表面发生沿面放电。通过理论研究（参见本书第 2 章）可知，真空间隙与气体或者其他介质中不同，发生击穿的主要因素与电极表面状态密切相关。一般来说，真空击穿与宏观场致增强系数、微观场致增强系数以及材料表面物理过程有关。宏观场致增强系数是由电极形状和周围的屏蔽罩共同决定的。设计中主要是通过电极和屏蔽罩的相互位置和表面形状来调节，避免局部电场的场强畸变，降低宏观场致增强系数，提高整个灭弧室的耐压水平。也可以从提高触头有效面积的概念出发（见第 2 章），通过改变电极外轮廓来提高触头间击穿电压水平。

通过电场仿真计算，可以获得灭弧室内部的电场分布，得知局部电场畸变的情况。对于局部电场畸变的情况，可以通过调节距离、电极和屏蔽罩形状等措施，加以缓和。由于触头电极的形状结构要满足电流开断的要求，它的参数改变受制约较大，往往无法自由改变。真空灭弧室中屏蔽罩除了防止开断过程中产生的金属蒸气凝结在绝缘外壳上，另一个十分重要的作用就是调节内部电场分布。对于中压等级的真空灭弧室而言，绝缘耐压水平不高，屏蔽罩结构相对比较简单，一般简单的形状都可满足耐压要求。对输电等级真空灭弧室则不一样，通过良好的设计可以实现电场均匀化的目的。图 4-2 所示是一个多重悬浮电位屏蔽罩灭弧室的示意图。从图中可以看到，整个灭弧室中采用了多重悬浮电位屏蔽罩，使得电场分布尽量均匀，特别是在触头背部设计了屏蔽罩，防止触头背部局部的电场强度增强而发生的电极与屏蔽罩之间放电。

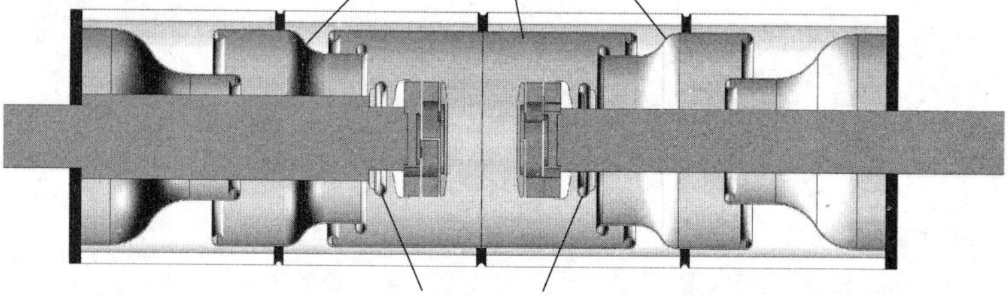

图 4-2　多重悬浮电位屏蔽罩真空灭弧室

在实际产品设计中，目前还无法由绝缘击穿电压水平直接确定灭弧室内部结构，只能根据经验先选定结构，然后进行电场分布的数值进行仿真计算，再根据计算结果调整结构，反复收敛，达到最后的结果。该方法还需要结合实验验证。图 4-3 是真空灭弧室内部电场分布仿真的实例。目前数值仿真计算无论从精度还是速度都可满足工程应用的需要。具体仿真计算和试验验证的方法可以参考本书第 2 章内容。

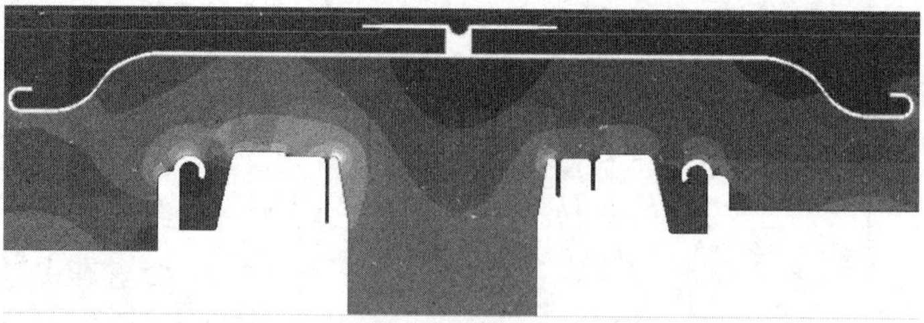

最大电场强度：E_m=7.1×10^{4}V/m；平均电场强度：E=1.7×10^{4}V/m；
宏观场致增强系数：β_g=4.2

图 4-3　真空灭弧室内部电场分布仿真计算

微观场致增强系数主要由电极表面的微观结构决定，由于真空灭弧室的电极要承受电弧的燃烧，表面微观结构状况复杂而多变，比较难以把握，通过先进的老炼技术，可以在一定程度上改善电极表面状况，降低微观场致增强系数，提高击穿电压水平（参见本书第8章）。但总体来说，从设计角度很难控制微观场致增强系数。

触头材料的结构和物理参数也会在一定程度上影响击穿场强。触头材料的逸出功越高，越有利于提升击穿场强。由于目前广泛采用的触头材料都是合金，材料的晶格结构在一定程度上也会影响场致发射过程。由于触头材料需要满足电接触、熄弧、机械抗熔焊的一系列要求，往往难以做到面面俱到，这也对提高材料抗击穿性能产生了限制。

鉴于此，在真空灭弧室的真空绝缘击穿性能设计上，主要还是从宏观电场分布角度考虑，微观参数的影响比较难以量化掌握。

4.3 触头结构设计

真空灭弧室的触头既需要在正常情况下导通额定工作电流，又需要在故障情况下开断故障电流，因此对触头要求很高，结构也比较复杂。对于正常导通情况，主要是触头导电接触面的材料发挥决定性作用，对该材料的基本要求是接触电阻要尽量小。而在打开过程主要需要考虑熄弧能力，这涉及阴极过程、阳极过程以及弧后暂态恢复电压过程，十分复杂。目前广泛使用铜铬合金触头，根据开断容量的不同，有不同合金比例的材料可供选用。在真空灭弧室的大电流开断过程，阳极过程起到决定性作用，阳极斑点的产生往往会导致开断失败。所以在提高真空灭弧室开断能力方面，以往的研究者采取了很多方法，主要是利用磁场控制电弧形态，减轻在燃弧过程中对阳极的烧蚀。磁场控制的基本方法有两种：一种是在燃弧过程中施加径向磁场，该磁场方向由电弧弧柱中心径向向外，与弧柱电流方向垂直，也称作横向磁场。该磁场可以驱动弧柱在触头表面快速旋转移动，减少对触头表面的加热和烧蚀。另一种是在燃弧过程中施加轴向磁场，该磁场方向与弧柱电流方向平行，由阴极指向阳极（或反之），也称纵向磁场。该磁场主要约束弧柱在阳极表面的收缩，降低阳极表面的能量输入密度，防止阳极熔化和蒸发。纵向磁场可以充分利用触头表面积，极大地提高灭弧室的开断容量。这在近年来的大开断容量真空灭弧室中得到了广泛的应用。产生磁场的方式有多种，触头结构有所不同，下面就常用的结构进行介绍。

4.3.1 纵向磁场线圈结构

纵向磁场线圈结构的基本构成如图4-4所示。在触头表面后背设置了线圈，电流由触头表面先经过线圈然后流到导电杆，通过阴极和阳极触头后背的线圈产生纵向磁场。由于机械结构强度方面的要求，该线圈匝数较小，中压等级真空灭弧室一般为 1/4 匝或者 1/3 匝。该结构所产生的磁场强度与流过触头表面的电流二次方成正比，但随着触头打开，开距增大，磁场强度会迅速下降。中压等级真空灭弧室触头开距比较小(10～20mm)，影响不大，而对输电等级真空灭弧室而言，触头开距达到了 40～60mm，影响就很大了。实验证明，在 126kV 真空灭弧室中采用 1/4 匝或者 1/3 匝线圈磁场强度不足以控制电弧，造成开断大容量电流失败。如果增加线圈匝数，也就意味着增加电流路径长度，会增大触头电阻，导致正常导通时发热过高，限制真空断路器额定电流的提升。因此平衡磁场强度和触头电阻两方面的需求是触头结构设计中的关键。

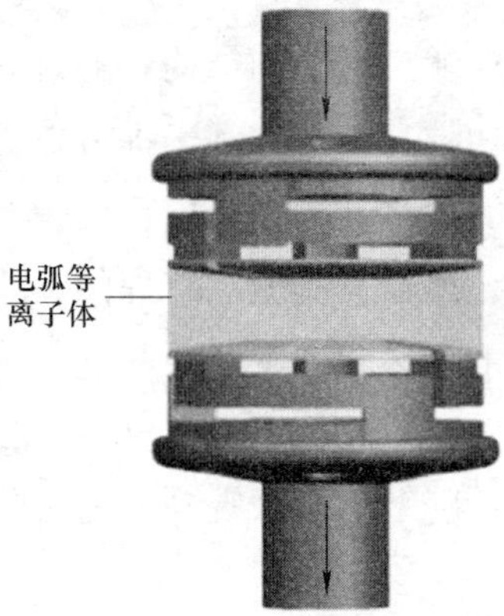

图 4-4　纵向磁场线圈结构示意图

图 4-5 是本课题组发明专利中所提出和设计的一种纵向磁场线圈结构。该结构采用了 2/3 匝线圈，磁场强度大为提高，在开断大电流时很好地控制了电弧收缩，防止了阳极斑点的形成，满足了开断 40kA 大电流的要求。该发明巧妙地设计了两条电流回路，在触头闭合、正常电流流过时，电流并不流过线圈，仅在开断过程中电流流过线圈产生磁场。这种结构既提高了所产生磁场的强度，又降低了触头电阻，较好地平衡了两方面的矛盾。该结构的主要缺点是结构相对复杂，强度相对较弱，一旦发生熔焊，很容易破坏触头结构。

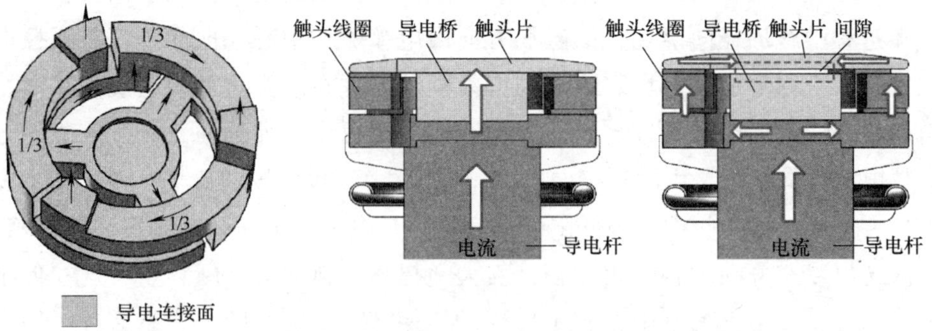

图 4-5　导通电流与开断电流回路分设的触头结构

在纵向磁场触头线圈的结构设计上有很多不同方案。总体来说，要平衡好磁场强度和导通电阻两方面的矛盾。具体结构确定后，无论磁场强度还是发热电阻都可以使用数值仿真方法进行计算和比较，获得满意的结果。

4.3.2　纵向磁场杯状结构

杯状结构的触头如图 4-6 所示。触头像两只“杯子”对扣在一起，表面是开有防止涡流的径向槽的触头材料。当两个触头的杯壁上都开出同方向斜槽时，电流流向产生了环状方向，产生纵向磁场。这种结构十分简单，触头电阻小，有利于提升额定电流。但存在的问题是，磁场强度较弱，开断能力不足。这种结构不太适合应用于大容量的输电等级真空灭弧室。

图 4-6　纵向磁场杯状触头结构

4.3.3　纵向磁场马蹄铁结构

纵向磁场马蹄铁结构触头是一种独特的触头结构，它是在平板式触头的后背叠压上马蹄铁（U）形状的导磁材料，使得两个触头之间构成以铁磁材料为主的磁回路，增强间隙的磁场强度。图 4-7 所示为马蹄铁结构的纵向磁场结构。其中图 4-7a 所示结构两个电极后背的马蹄铁开口一致，在电极间形成的磁场是两极的，图 4-7b 所示结构两个电极后背的马蹄铁开口相互垂直，在电极间形成的磁场是四极的。这种触头的结构也相对简单，制造便捷。主要的缺点是：触头质量较大，分、合开关所需操作功大，容易引起弹跳等问题；磁场相对较弱，不利于大开距设计。

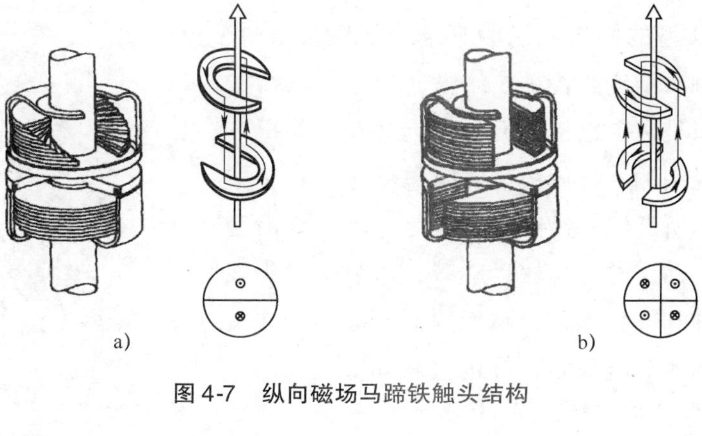

a)　　b)

图 4-7　纵向磁场马蹄铁触头结构

4.3.4　横向磁场螺旋线结构

横向磁场触头结构的基本原理是利用电流路径产生的磁场驱动电流快速在触

头表面移动，不使电弧在触头表面局部地区集聚和加热，减轻触头的熔化和汽化蒸发，从而提高开断能力。螺旋线触头结构是最早发明的横向磁场触头结构，其基本结构如图 4-8 所示。触头的主导电回路与杯状触头相似，触头外沿开有螺旋线形状的槽，使得整个触头看起来像风扇叶片。在触头开断电流打开时，由于电流路径的原因，会产生与弧柱电流垂直的横向磁场，驱动弧柱沿径向向外运动，当弧柱运动到带有螺旋槽的叶片上时，所产生的磁场会驱动弧柱做圆周运动。横向磁场触头结构在真空断路器发展的早期阶段，对提升开断容量发挥了重要作用，是一种曾经大规模使用的触头结构。随着纵向磁场结构的发明，大容量开关大多采用了纵向磁场触头结构。横向磁场螺旋线触头结构的接触电阻小，有利于提升额定电流，并且结构十分简单。它的主要缺点是，这种结构燃弧过程中存在阳极斑点，对触头的熔化作用较强，一旦螺旋槽之间发生熔焊短路，磁场效应将大大减弱。在实践中发现，较大电流电弧容易集中在螺旋槽边沿上燃烧。近年来随着触头材料性能的不断改进和提高，横向磁场螺旋线触头结构又被逐步重新采用，其开断能力也由原来的 25kA 左右提升至 40kA 甚至更高。

图 4-8　横向磁场螺旋槽触头结构

4.3.5　横向磁场杯状结构

另一种典型的横向磁场触头结构是杯状结构。这种类型的触头结构与图 4-6 的纵向磁场杯状结构十分相似，只是两个电极的开槽方向相反，使得产生的磁场是径向的。图 4-9 是横向磁场杯状触头结构。这种结构所产生的横向磁场也是驱动弧柱沿触头表面旋转运动，通过弧柱运动减轻电弧对触头表面局部的烧蚀和气化蒸发，从而提高开断能力。由于这种结构的触头电弧是在导电接触面上运动，不可避免地会对触头导电面产生烧蚀和形变，其结果是使得电接触状况变差，对绝缘击穿电压水平也会产生较大影响。因此这种结构的触头开断电流水平的提升比较困难。但这种结构的触头结构十分简

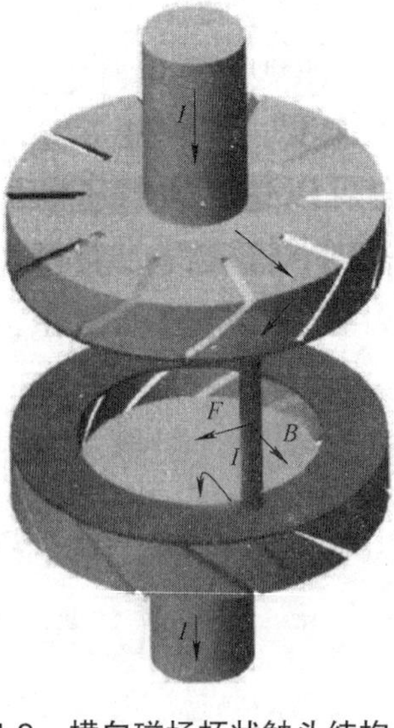

图 4-9　横向磁场杯状触头结构

单，接触电阻也容易降低，在小开断电流灭弧室如容性负荷开断的真空断路器中有一定应用。

4.4　触头材料的选择

真空灭弧室的触头材料既要承担正常和故障情况下的电流导通，还要在关合和开断过程中承受电弧的侵蚀，在打开状态下还要承受高电场的作用，因此真空灭弧室所用的材料要求较高。真空灭弧室触头材料的基本要求如下：

1）真空电弧依靠电极蒸发的金属蒸气维持，但金属蒸气过多则难以形成足够的弧后介质恢复强度，金属蒸气过少则又会在电流较小时不能维持电弧燃烧，造成电流截流，在系统中形成过电压。金属蒸气含量与材料熔点、沸点有关。

2）真空间隙的击穿电压与电极材料关系密切，一般来说，材料硬度越高，耐压水平相对越高，但同时沸点也会较高，不易产生足够的金属蒸气。

3）触头材料需要高导电性和高导热性，这样在导通额定电流时不至温升过高，导热性能好的材料有利于弧后介质恢复。

4）为了防止触头间发生熔焊而导致开断操作拒动，要求触头间熔焊层的强度比触头本体材料低，结构相对较脆，在一定拉力下很容易分开，并且断口相对光滑，没有较大的瘢痕。

5）从电寿命和抗电侵蚀能力角度考虑，要求材料具有一定强度和耐磨损能力。

综上所述，对真空灭弧室的触头材料要求的方面很多，从大多数方面能够满足要求的材料是铜。纯净的电解铜可以将含气量降到很低，它的导电、导热性也比较好，是比较理想的真空灭弧室触头材料。但铜最大的问题是容易发生熔焊，在真空环境下，洁净的铜即使没有电弧烧蚀，只是施加一定压力闭合都可能发生熔焊，当触头分开时会留下疤痕，对维持触头间的电介质强度非常不利。纯铜还有截流水平比较高的问题。

经过多年研究，国内外研发了多种真空灭弧室触头材料，主要是利用纯铜添加少量其他金属，形成合金材料，改善铜的一些性能。目前获得广泛应用的触头材料主要有 CuBi、CuTeSe 和 CuCr 三大系列材料。CuBi 和 CuTeSe 系列材料主要用于 10kV 及以下的中低压真空灭弧室中，CuCr 因其耐压水平较高、开断电流大而适用于高电压等级真空灭弧室。铬属于半难熔金属，与铜配合能够较大程度地改善触头性能，特别是晶格和表面微结构方面的特性。以铜和铬构成晶格细密、含气量低的材料并非一件容易的事情，早期研究阶段采用粉末冶金方法往往无法满足要求。近年来改进工艺后采用真空熔炼方法，可以获得高品质的触头材料。目前广泛使用的铜铬材料含铬量为25%～79%，CuCr25和CuCr50材料获得最为广泛的应用。试验研究证明，在铜材料中提高铬的含量能够增强触头硬度，提高抵御电弧侵蚀能力，提高开断电流水平，但当铬含量超过60%以后，其作用不再明显。为了有针对性地改善其他性能，还可以针对开关的特定用途添加少量其他材料。本课题组在研发126kV单断口真空断路器中综合比较了多种铜铬材料，分析了晶格结构差异的影响，最后选用了微晶结构的CuCr25材料，获得了满意的结果。

4.5 发热分析与设计

输电等级真空断路器的开发往往会遇到一个瓶颈问题，就是温升问题。这是由于真空灭弧室工作中，触头导电产生的热量主要通过导电杆向外传递，而灭弧室内的真空介质阻止了热量径向传导。输电等级真空灭弧室由于绝缘的要求，长度大大长于中压等级真空灭弧室，触头发热的热量传导就成为十分突出的问题。实际上在多年来的输电等级真空断路器研究开发上，额定电流的提升始终是一大难题，长期以来额定电流局限于1600～2000A水平，不能满足输电系统的实际需要。本课题组在研究中集中解决了这一难题，取得了初步进展，所开发的126kV单断口真空断路器达到了40kV开断电流下额定电流2500A水平，达到目前国际领先水平。

解决真空灭弧室额定电流提升问题主要从降低接触电阻和提升散热能力两方面入手。具体可以采取的措施有很多种，例如前面提到的新型触头结构就能够在磁场满足较强开断能力的前提下仍然具有较小的接触电阻。在具体结构和参数确定之后，发热分析可以通过数值仿真方法进行，发现局部过热点，进行必要的参数调整，使得不要存在局部过热。图4-10是一个126kV真空灭弧室发热仿真计算的结果，其中给出了各个部分的发热贡献。

上述仿真计算结果表明，该灭弧室的发热状况比较均衡，触头的接触电阻发热贡献为39%，导体间连接的接触电阻发热贡献为30%，导体自身的电阻发热贡献为31%。

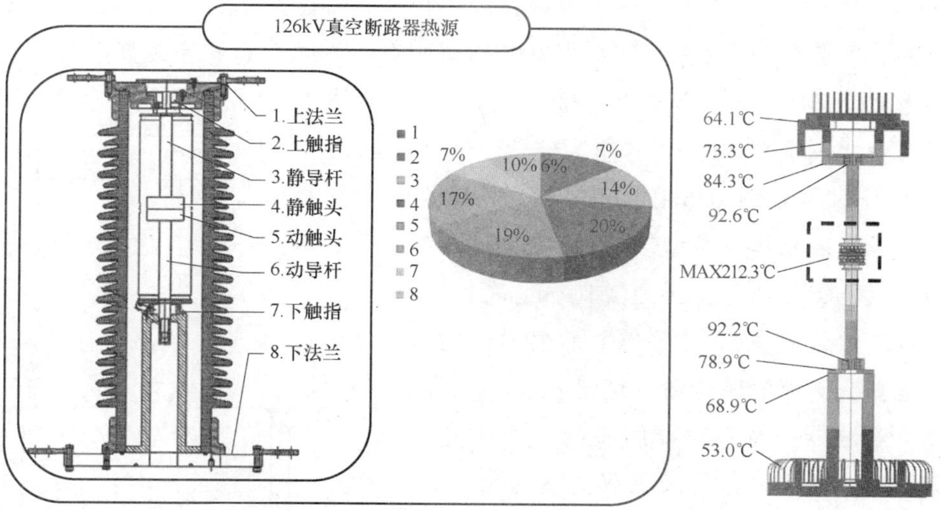

图 4-10　126kV 真空灭弧室发热仿真计算结果

4.6　波纹管与套管

波纹管是动触头能够运动并维持灭弧室内部真空度的关键部件。波纹管一般采用极薄的不锈钢制成，不锈钢厚度在 0.1 ~0.15mm 之间，主要有液压成型和焊接成型两大类。图 4-11 所示是两种波纹管的结构。液压波纹管采用薄管液压成型的工艺制成，主要优点是制造工艺简单，价格便宜，但运动行程较短，机械寿命也较短，不太适合用于大开距的输电等级真空灭弧室。焊接成型波纹管采用多片焊接的方式，制造工艺比较复杂，但它的运动行程长，机械寿命也相对较长，是设计输电等级真空灭弧室的首选。

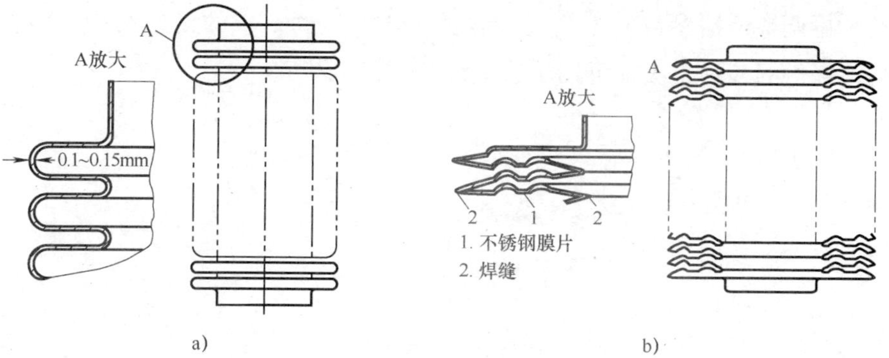

图 4-11　波纹管结构图

a）液压成型波纹管　b）焊接成型波纹管

套管的作用主要是维持动导电杆运动过程的轨迹始终平行，对中压真空灭弧室而言比较简单，但对输电等级真空断路器则有所不同。输电等级真空灭弧室的外绝缘比较复杂，一般需要特别考虑。目前经常使用的方法是在外绝缘套管和真空灭弧室之间充以 SF_6 气体作为绝缘介质，其压力一般为 0.3 ~ 0.5MPa。从环境友好角度考虑，如果充其他类型气体，例如干燥空气、二氧化碳气体等，压力要比 SF_6 高，这就对真空灭弧室的波纹管产生了很大压力，极大地影响了其机械寿命。这是发展输电等级真空断路器中特别需要解决的一个问题。目前解决的办法之一是采用双气室结构，即灭弧室外壳和波纹管承受的压力不同，通过气压隔绝办法，使得波纹管承受的气压比灭弧室外壳承受的低很多。可以采取的隔绝办法之一是采用一种磁流体滑动轴承技术制作套管，使得动导电杆在滑动过程中内部与外部是气密隔绝的，维持波纹管处于低压力状态。该结构在密封处安装有永磁体，滑动密封通过磁性液体实现，如图 4-12 所示。

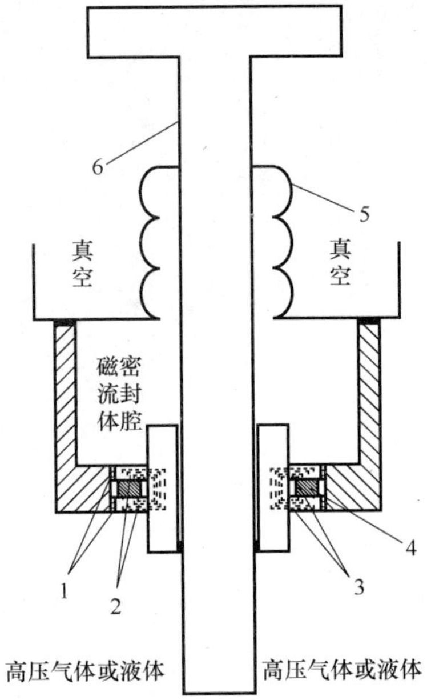

图 4-12　磁流体滑动轴承套管

1—非磁性密封底座　2—极靴　3—磁性液体　4—永磁体　5—波纹管　6—导电杆

总体来说，真空灭弧室的结构设计必须考虑几方面的主要约束，即绝缘耐压要求、开断能力要求和额定电流下的温升要求。目前没有成熟的设计方法可以一次性给出最终结构，必须通过设定设计结构和参数，进行数值仿真计算分析、实验对比，再调整结构参数的方法逐步收敛，最终达到要求的设计结构和参数。本书各章节提供的各种方法都可用于这一设计过程。

第5章

真空间隙弧后介质恢复过程理论研究

5.1 概述

真空断路器开断电流过程中的介质恢复过程最终决定其能否开断成功。真空断路器弧后恢复过程是一个由众多因素共同作用的复杂过程。电流过零后弧隙间存在诸如金属蒸气、残余等离子体、金属液滴等微粒，这些微粒在暂态恢复电压以及被电弧烧蚀后的触头表面共同作用下，逐渐扩散、衰减或电离，这就是所谓的介质恢复过程与暂态恢复电压之间的竞赛。如果介质恢复强度不能承受暂态恢复电压，弧隙将被击穿发生重燃，断路器开断电流失败；反之，如果介质恢复强度能够承受暂态恢复电压，触头间隙未重燃，则说明交流电流被成功开断。弧后间隙在暂态恢复电压的作用下是否会被击穿重燃，主要取决于电流过零后的弧隙中残余等离子体、金属蒸气、金属液滴以及触头表面状态的影响，下面分别进行叙述。

5.1.1 残余等离子体

在真空电弧电流过零后，触头两端会被施加负极性且上升率很高的暂态恢复电压（Transient Recovery Voltage，TRV），这样电流过零前的阴极成为弧后的新阳极，而阳极则成为弧后新阴极。在恢复电压的作用下，由于电子质量较离子质量小很多所以运动速度也快很多，这样触头间隙中的正负电荷被迅速分离。随着电子向新阳极运动，剩余的离子会在弧后的新阴极附近区域形成一个正离子层，这种正离子层被称为鞘层，如图 5-1 所示。由于鞘层外的空间仍保持为准中性等离子体，因而触头间的电压降全部由鞘层承担。鞘层发展的宏观表现是能够在电流过零之后测量到一个幅值不大的电流，称为“弧后电流”。

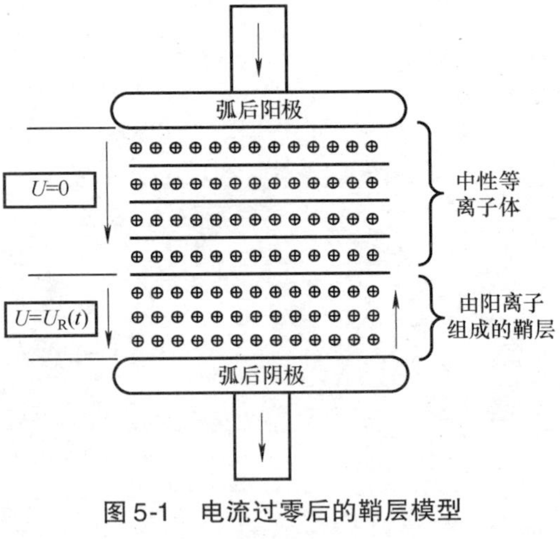

图 5-1 电流过零后的鞘层模型

TRV 主要施加在鞘层上，电场强度 $E=(\mathrm{d}U/\mathrm{d}t)/(\mathrm{d}s/\mathrm{d}t)=\mathrm{d}U/\mathrm{d}s$，而如果最开始的鞘层厚度变化较慢，TRV 上升过快的话，即使幅值很小的电压依然可能在新阴极附近产生很强的电场，从而造成阴极表面的场致发射并引起弧隙发生重击穿。一些文献认为如果在弧隙间施加电压后最初几微秒内的电场强度达到 2 ×

10^8V/m，则有可能发生重击穿。另一个可能引起重击穿的不利因素是弧后的新阴极是弧前的阳极。在开断大电流的情况下，集聚的电弧可能会对阳极造成严重烧蚀，这样不可避免地会破坏原来平整的触头表面，造成触头表面的变形，而这可能引起电场的局部集中，更易发生重击穿。

残留等离子体主导的鞘层发展过程的持续时间主要取决于离子在 TRV 作用下的扩散时间，时间一般为几微秒到几十微秒，如果燃弧期间出现集聚电弧，造成弧隙间存在过量的等离子体，则这一阶段有可能持续得稍微长一些。弧后的等离子体密度存在一个临界值，如果残余离子的密度高于这一临界值，即使在幅值较低的电压作用下也很容易发生击穿，据估计这个临界值为 $10^{19}/m^3$。等离子体密度超过这个临界值发生的击穿被称为“热击穿”。

残余等离子体对介质恢复的影响还体现在离子轰击新阴极所引起的二次发射，碰撞作用示意图如图 5-2 所示。

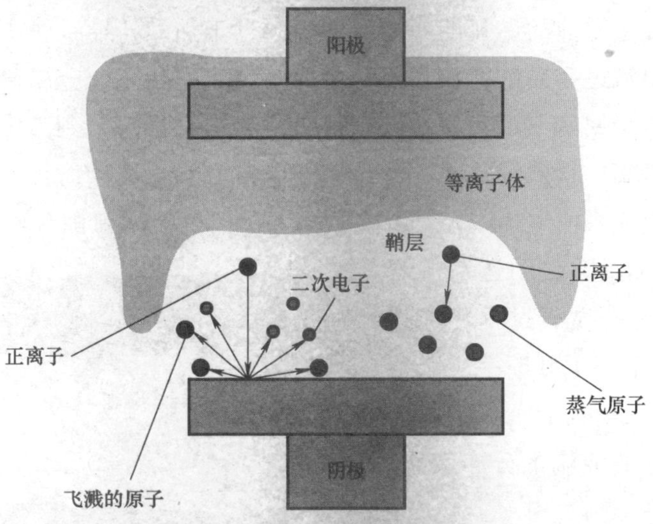

图 5-2　离子与触头表面、金属蒸气原子碰撞作用示意图

在鞘层不断发展的过程中，离子在鞘层电场的作用下向新阴极运动，并轰击阴极表面，使得金属蒸气和二次电子从阴极表面溅射出来。这一方面导致了弧后金属蒸气密度的增加，另一方面二次电子的发射增加了弧隙中的金属蒸气发生电离的可能性，同时在 TRV 的作用下二次电子也影响了弧后电流的波形。

此外，Schade 和 Dullni 曾在大电流情况下观察到所谓“慢离子”现象。如果按照一般的观点，电流开断之后的离子速度应该远高于所观察到的离子速度，所以人们用慢离子的概念去解释这个现象，并认为这种现象的产生源于快离子与较慢的中性金属蒸气原子碰撞发生电荷交换造成的，使得中性金属蒸气成为新的慢速离子。毫无疑问，一旦出现了慢离子，鞘层的发展将大大减缓，而如果 TRV 上升速度不变的话，那么出现击穿的概率也将增大。

为了描述鞘层的动态发展过程，众多研究者做出了大量的工作。其中 Andrews 和 Varey 结合了等离子体的 Child 定律和离子矩阵建立了鞘层发展的连续模型，并且被成功应用于解释弧后的鞘层发展。Child 和 Greenwood 发展了这个模型，将零区附近的弧后过程和弧前过程联立起来考虑，使得模型不再只针对鞘层的过程而是针对整个零区所发生的物理过程。Sarraih 等人基于麦克斯韦－玻尔兹曼方程建立了鞘层发展的一维模型，这个模型考虑了鞘层发展过程中存在的偏离平衡状态的问题，同时采用蒙特卡洛法模拟了中性金属蒸气和离子的碰撞过程。

5.1.2 金属液滴

如果在电流过零前的燃弧期间电弧的烧蚀过于强烈，导致触头表面的温度过高，则即使在电流过零后触头表面仍可能处于熔化的状态。金属原子从熔化的触头表面逸出形成金属蒸气，还有一部分触头材料被直接喷射到弧隙中，形成熔融态的液态金属液滴，直到最后重新凝结到触头表面或者屏蔽筒。

如果开断电流幅值继续增大，阳极更加活跃，可能向弧隙间喷溅出更多的金属液滴。通过对弧隙粒子运动的观测可以发现，这一喷溅过程将持续数毫秒。图 5-3呈现了开断一个峰值 10.9kA 的电流 1.4ms 后，弧隙间的直径大于 30μm 的液滴的分布状态。触头材料为 Cu。

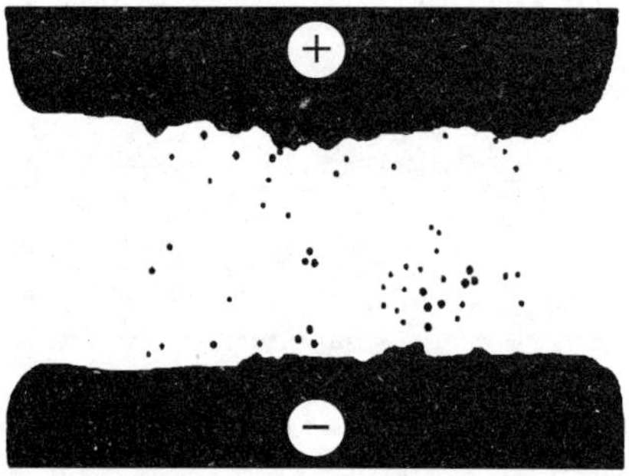

图 5-3　电流过零 1.4ms 后触头间隙金属液滴分布

弧隙间灼热的金属液滴冷却的唯一过程就是热电离，并且蒸发出金属蒸气。电弧在扩散态的情况下，金属蒸气主要来自于液滴的蒸发。在电场作用下，金属液滴的出现将很可能降低弧后触头间隙的击穿电压。Rowe 认为从表面喷溅出的金属液滴是一种特殊的微粒，在介质恢复初期这些微粒随着正离子一起向弧后阴极移动，但速度要明显低于正离子。弧后当带电微粒到达阴极时，由于带电粒子在阴极局部造成的电场强度极大，在恢复电压很低的情况下就造成了击穿。

但是需要指出的是，对于金属液滴的作用，研究者之间存在分歧。Schade 和

Dullni 等人研究发现在开断大电流过程中出现喷溅的金属液滴时，间隙却常常没有发生击穿，弧后电场仅仅改变了喷溅金属液滴的运动方向。所以他们认为液滴并不是最主要影响大电流开断性能的因素。

5.1.3　金属蒸气

当电流过零后，在触头间隙中依然存在的残余离子、电子、金属蒸气和金属液滴等，需要经过一段时间才能扩散出去。随着开断电流幅值的增大，微粒的初始含量也会不断增多，如图 5-4 所示。从图中可以看出，如果电流幅值超过临界值后，间隙中金属蒸气的含量出现跃变，这个临界电流值被认为与出现阳极斑点的临界电流值有关。

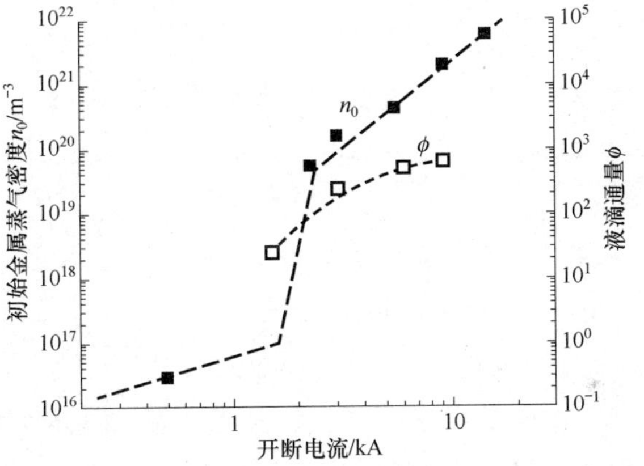

图 5-4　弧后初始蒸气密度、液滴通量与开断电流的关系

Lins 对小电流情况下的金属蒸气进行了测量。他发现开断电弧处于扩散态的小电流之后，触头间隙间的金属蒸气密度大约为 $10^{17}/m^3$，而这个密度条件下发生的击穿几乎等同于真空条件下发生的击穿。开断小电流时，金属蒸气主要来源于阴极斑点。而阴极斑点在阴极表面快速移动，不会造成局部过热，这样阴极表面在电流过零之前的温度就已经降至很低的水平，不会有过量的蒸气进入弧隙中，所以弧后介质恢复可能在几微秒内就可以完成。

Frind 对开断不同幅值电流后的介质恢复时间做了测量，如图 5-5 所示。他发现弧后介质恢复时间不但与电流的持续时间呈线性关系，并且存在一个转折点，而且巧合的是这个转折点与阳极斑点的出现有关。Frind 认为大电流情况下的介质恢复过程取决于蒸气的扩散情况。阳极斑点出现之后，因为电弧的烧蚀，介质恢复时间将要长很多，特别是当阳极斑点静止不动或运动缓慢时。

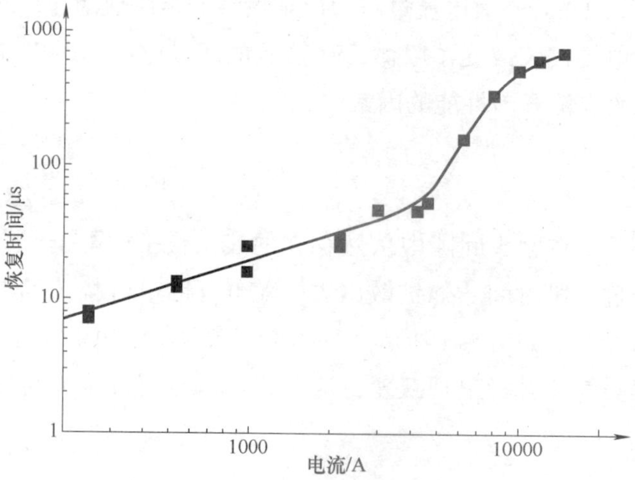

图 5-5 恢复时间与电流幅值的关系

和离子相同，如果金属蒸气密度高于临界密度，在 TRV 的作用下也会发生热击穿。Rowe 认为临界金属蒸气密度对应的气压在 1 ~ 10Pa 之间，临界金属密度为 $2.5\times10^{21}/m^3$。Schade 和 Dullni 认为这个临界金属蒸气密度为 $10^{22}/m^3$。

在理论研究金属蒸气蒸发以及衰减过程时，最经常采用 Rich - Farrall 公式进行计算。这个公式是 1964 年 Rich 和 Farrall 根据小电流实验结果所建立的用于描述真空灭弧室弧后介质恢复强度的一个理论模型提出的。这个模型包含两个部分：①描述了燃弧期间触头间隙的金属蒸气密度随着电流时间的变化规律；②描述了电流过零之后金属蒸气密度随着时间的衰减规律。该模型只考虑了中性金属蒸气而忽略了等离子体对介质恢复的影响，并认为弧后的介质击穿强度直接与金属蒸气密度相关。弧后的残留金属蒸气在暂态恢复电压 TRV 的作用下逐渐衰减，直到其密度低于临界密度使得电子的平均自由程大于或者等于触头间隙长度，即认为恢复过程结束。从这个时刻起，击穿不再与金属蒸气密度相关，而是属于真空击穿，由触头间隙以及表面状况共同决定是否击穿。

5.1.4 触头表面状态

1. 触头表面温度的影响

在电流开断过程中，随着真空灭弧室中触头的分离，在触头间隙产生一个灼热的电弧，触头表面在这个电弧的作用下被剧烈加热，从而蒸发出大量金属蒸气。尤其是开断大电流的情况下，集聚的电弧在阳极表面形成阳极斑点，使得阳极局部发生熔化甚至气化，造成更多的蒸气进入弧隙。甚至在电流过零之后，触头温度依然处于较高的水平，使得弧隙间的蒸气密度进一步增加，严重迟缓弧后介质恢复过程。

触头表面温度对介质恢复的影响主要通过金属蒸气实现，更高的温度意味着会蒸发出更多的金属蒸气，而温度的衰减也意味着弧隙间金属蒸气密度的衰减。从这个意义来说，弧后阳极表面温度的衰减可以指示弧后介质恢复过程的快慢，是决定开断能否成功的一个关键因素。此外，燃弧时的阳极在电流过零后变成弧后新阴极。如果弧后阴极表面出现局部温度过高的情况，则会出现热电子发射的情况。对于2200K的弧后阴极局部表面，每平方厘米的区域可以每秒钟发射10^{17}个电子，其电流密度可达$300A/m^2$。而当电极表面电流密度为$100A/m^2$左右时，触头两端的电场强度在$(3\sim5)\times10^6V/m$的范围内即可引起场致击穿。同时，一部分发射出的电子经过电场加速向弧后阳极轰击，同样能够造成电子的二次发射。

Schellekens和Schulman曾经测量过开断了真空电弧后的触头表面温度分布，发现无论是阴极还是阳极的最高温度都随着开断电流幅值的增加而增加。Niwa等人发现阳极触头的温度与触头材料有关，如果增加CuCr触头成分中的Cr的含量，则触头温度可能升高。Ide以及Watanabe等人发现阳极触头表面在电流过零之后的熔化时间与电弧电流的幅值以及触头材料都有关系。此外，Dullni等人也进行过触头表面温度的测量。

研究者不但对触头表面温度进行了测量，还建立了各种模型去预测触头尤其是阳极的表面温度。Jolly采用最简单的热传导模型，对阳极触头表面温度进行了预测，并由此讨论了阳极表面温度和出现阳极斑点的临界电流之间的关系。Gellert等人不但考虑了燃弧期间的传热问题，同时也考虑了灼热电弧可能造成的相变问题，建立了自由边界模型。王立军等人采用Enthalpy－Porosity方程去求解燃弧期间的相变问题，同时考虑了电弧等离子体所带来的能量输入。

2. *熔融触头在表面电场作用下的变形*

真空断路器在开断大电流后，由于燃弧期间电弧的烧蚀过于严重，触头表面即使在电流过零后仍然处于熔化的状态。这时如果有TRV施加到触头两端，会在局部产生一个强电场，而在电场应力的作用下会在触头表面拉伸出突起尖端，如图5-6所示。

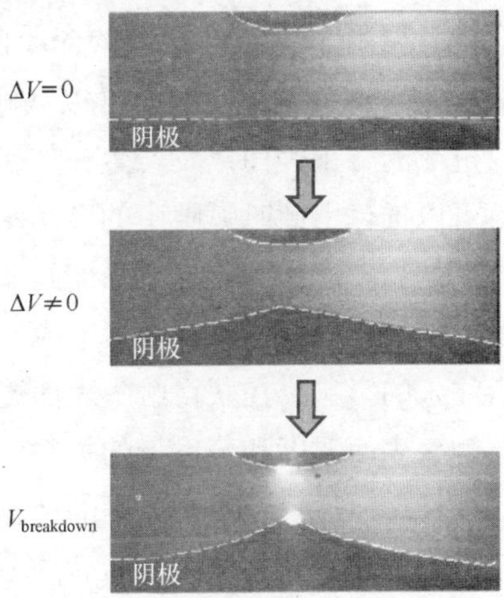

图5-6 在恢复电压作用下熔化的触头表面发生变形

研究者的工作表明在弧后触头表面凸起形成

过程中存在这样一个平衡，即电场应力与液体表面张力之和应等于液态所受的重力。因为首先由 Taylor 解释了凸起形成的机理，所以也称为“泰勒锥”。凸起的形成又反过来影响到电场的分布，局部电场得到了进一步的加强，当电场强度超过某个临界值，则在凸起的尖端处开始发射电子，从而引起弧后触头间隙的击穿。这个临界电场强度可表示为

$$E_{\text{crit}} = \frac{V_{\text{TRV}}}{d} = \sqrt{\frac{2}{\varepsilon_0}\sqrt{\rho\gamma g}} \tag{5-1}$$

式中 V_{TRV}——暂态恢复电压幅值（V）；

d——触头开距（m）；

ρ——液态金属的密度（kg/m^3）；

γ——表面张力（N）；

g——重力常数（kg/s^2）。

对于触头材料 Cu，E_{crit}大约为 8.5×10^6V/m。

5.2 真空灭弧室弧后中性金属蒸气密度的理论计算与分析

真空灭弧室因为燃弧期间电弧对触头表面的烧蚀，会蒸发产生大量中性金属蒸气，而这些金属蒸气在电流过零之后依然存在，将对弧后介质恢复过程产生重要的影响。尤其是开断大电流的情况，电弧收缩会在阳极表面形成阳极斑点，强烈烧蚀触头表面造成其熔化，即使电流过零后灼热的表面依然会有大量金属蒸气产生，降低了真空断路器的介质恢复强度，造成开断失败。

为了解决这个问题，可以从触头表面温度的角度加以研究，因为金属蒸气主要由过热的触头表面蒸发产生，如果知道了不同电流开断后的触头表面温度变化情况，就可以推算出此时弧隙中的金属蒸气密度以及衰减速率。触头表面的温度计算涉及多方面的物理过程，包括燃弧期间能量的注入，蒸发造成的能量损失，触头传热以及相变过程。此外，针对开断大电流的情况，还需要考虑阳极鞘层以及电流收缩对阳极能量注入的影响。在获得触头表面温度之后，为了计算金属蒸气的蒸发量，不但需要知道触头表面温度和蒸发量的关系，还需要考虑因为扩散、触头吸收等原因造成金属蒸气损耗。通过以上两个方面的计算，能够最终获得触头表面温度与金属蒸气密度的关系，并由此得到大电流开断后的金属蒸气变化规律。

本节首先建立了触头阳极的热传导模型，同时考虑触头材料从固态到液态相变对温度计算的影响，建立随着物态变化，固、液分界面也同时变化的自由边界

偏微分模型，采用有限差分法求解此自由边界问题。然后，通过分析阳极电流密度和阳极鞘层的关系，获得燃弧过程中输入触头的能量，同时考虑因为蒸发效应造成的触头温度降低。最后采用直接蒙特卡洛法（DSMC），获得不同温度条件下触头间隙的金属蒸气量以及衰减过程。此外，还讨论了触头温度与阳极形态的关系并对比研究了采用 Rich - Farrall 公式获得的金属蒸气衰减过程。

5.2.1　阳极表面温度计算

1. 计算模型

下面针对电弧对阳极表面的烧蚀，尤其是阳极出现阳极斑点（包括点状阳极斑点）的情况，计算阳极触头表面的温度变化和熔蚀规律。因为大电流电弧的烧蚀，触头表面会出现熔化的情况，这样就在触头上根据触头材料的物质状态形成两个区域：液态区域（熔化区域）和固态区域。随着电弧输入触头能量的增加，熔化区域会进一步扩大，固、液两相的分界面也随之发生变化。电弧烧蚀不但造成了触头材料物理状态的改变，同时也改变了触头材料的物理参数，例如，密度、热容、导热系数等，所以需要针对固态相和液态相分别建立传热偏微分方程，求解不同态情况的温度分布。与此同时，固、液两相的分界面随温度的移动还带来了一个问题，传热方程的边界也会随着温度的改变而移动，也就所谓的自由边界问题。这里将采用界面追赶法以及有限差分的数值计算网格，求解燃弧过程中电弧烧蚀造成的触头熔化的自由边界问题。

此温度模型基于以下的假设：

1）此模型只考虑一维半无限大的情况。

2）在一个时间步长之内，电弧输入触头的能量保持不变。

3）触头材料的密度、热容、导热系数等不随触头温度而变化。

4）只考虑热传导效应，不考虑对流、辐射等对温度的影响。

5）不考虑因为金属液滴溅射所造成的质量损失。

6）触头能量的损耗仅取决于触头表面的蒸发量。

图 5-7 所示的阳极触头温度模型给出了偏微分方程和边界条件。真空灭弧室在短暂的燃弧期间，基本处于绝热的状态，所以只需考虑热传导而不需要考虑对流传导的影响，并且辐射所损失的能量相对于

$$\frac{\partial T}{\partial t}=\frac{\lambda_1}{\rho_1 C_p}\frac{\partial^2 T}{\partial x^2}\qquad \frac{\partial T}{\partial t}=\frac{\lambda_s}{\rho_s C_p}\frac{\partial^2 T}{\partial x^2}$$

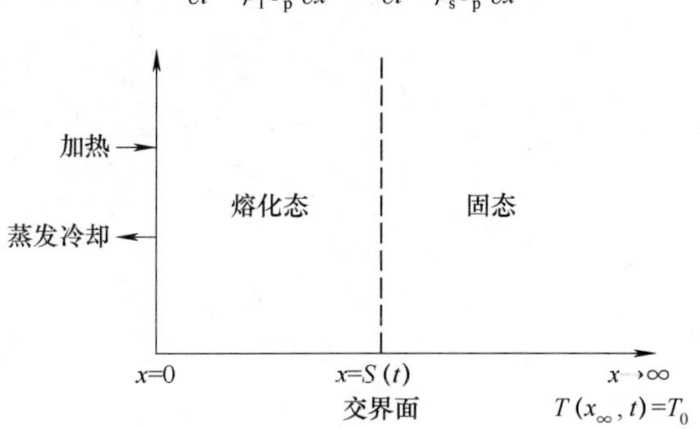

图 5-7　阳极温度计算模型

注入的能量基本可以忽略。同时在这段时间内，热量的传导距离有限，所以可以认为模型的求解区域为半无限大一维，即认为固相的边界温度恒为室温且处于无限远处。求解区域根据触头材料的物理状态（液相和固相）分别建立了相应的传热方程，并且固、液两相的分界面随着液相区域的变化而不断移动。燃弧期间电弧不断对触头表面输入能量，而同时表面高温蒸发出的金属蒸气也会带走部分热量。

（1）液相中的热传导方程

在液相中，即熔化区域，热传导方程为

$$\frac{\partial T}{\partial t} = -\frac{\lambda_1}{\rho_1 C_p}\frac{\partial^2 T}{\partial x^2} \tag{5-2}$$

式中 T——阳极触头液态温度（K）；

t——时间（s）；

x——距离触头表面位置（m）；

λ_1——液体金属铜导热率（$W \cdot K^{-1} \cdot m^{-1}$），触头材料铜处于液态，$\lambda_1 = 174W \cdot K^{-1} \cdot m^{-1}$；

ρ_1——液体金属铜密度（kg/m^3），触头材料铜处于液态，$\rho_1 = 8000kg/m^3$；

C_p——金属铜定压比热（$J \cdot kg^{-1} \cdot K^{-1}$），$C_p = 380J/(kg \cdot K)$。

（2）固相中的热传导方程

在固相中，即非熔化区域，热传导方程为

$$\frac{\partial T}{\partial t} = -\frac{\lambda_s}{\rho_s C_p}\frac{\partial^2 T}{\partial x^2} \tag{5-3}$$

式中 T——阳极触头固态温度（K）；

t——时间（s）；

x——距离触头表面位置（m）；

λ_s——固态金属铜导热率（$W \cdot K^{-1} \cdot m^{-1}$），触头材料铜处于固态，$\lambda_s = 372W \cdot K^{-1} \cdot m^{-1}$；

ρ_s——固态金属铜密度（kg/m^3），触头材料铜处于固态，$\rho_s = 8960kg \cdot m^{-3}$；

C_p——金属铜定压比热（$J \cdot kg^{-1} \cdot K^{-1}$），$C_p = 380J \cdot kg^{-1} \cdot K^{-1}$。

（3）固、液分界面方程

当触头材料铜发生相变，即由固相变为液相，需要从外界吸收能量，吸收的能量称为熔化焓。Stefan 根据冰融化的过程，给出固、液两相交界面变化的关系，称为 Stefan 条件。针对电弧加热铜触头的问题，可以给出如下的方程：

$$v_s = \frac{\partial s}{\partial t} = -\frac{\lambda_1}{\rho_1 \Delta_{melt} H}\frac{\partial T}{\partial x} + \frac{\lambda_s}{\rho_s \Delta_{melt} H}\frac{\partial T}{\partial x} \tag{5-4}$$

式中 v_s——触头材料熔化速度（m/s）；

s——固、液两相分界面位置（m）；

$\Delta_{melt}H$——Cu 熔化焓，$\Delta_{melt}H = 205\text{kJ/kg}$。

式（5-4）中的第一项代表从触头表面的热源传导到固、液分界面处的热量，第二项代表从分界面处向固态无限远处传导的热量。随着触头表面输入热量的变换，分界面也在不断地运动。当温度高于（或者低于）触头材料的熔点温度时，分界面就会向前移动（或者向后移动），就意味着熔化面积增大（或者减小）。铜的熔点温度为 $T_m = 1356\text{K}$，所以分界面处的温度始终处于$T_s = 1356\text{K}$。

（4）初始条件

假设触头的初始温度等于室温，即

$$T(x,0) = T_0 = 300\text{K} \tag{5-5}$$

（5）边界条件

触头表面温度的升高来自电弧对其的烧蚀，而蒸发可能带来温度的降低，所以在燃弧期间 $x=0$ 处输入触头表面的能量可以用下式表示：

$$Q = Q_H + Q_L = -\lambda \frac{\partial T}{\partial x} \tag{5-6}$$

式中 Q——输入触头的总能量（J）；

Q_H——电弧（J）；

Q_L——输入触头的总能量（J）；

λ——金属铜导热率（$\text{W} \cdot \text{K}^{-1} \cdot \text{m}^{-1}$）。

方程边界采用第二类边界条件，符合傅里叶热传导定律，意味着触头温度随位置的梯度的变化应该等于输入触头的能量的负值。负号代表温度从高温传导到低温。此时的导热率应该根据触头表面的物理状态决定，也就是说触头没有熔化前采用固态铜的热导率，而触头一旦开始熔化就采用液态铜的热导率。

考虑电弧电流过零后的情况，此时已经没有电弧加热触头表面，但是因为触头表面依然处于高温状态，所以依然有大量金属蒸气从触头表面蒸发带走部分热量，这样弧后 $x=0$ 边界条件为

$$Q = Q_L = -\lambda \frac{\partial T}{\partial x} \tag{5-7}$$

此外，还需要考虑一种特殊的情况，一旦触头表面达到沸点温度 $T_b = 2868\text{K}$，触头表面的温度将不会继续升高，此时需要采用第一类边界条件对触头表面 $x=0$ 处的温度加以限制，有

$$T(0,t) = T_b = 2868\text{K} \tag{5-8}$$

因为该计算模型采用一维半无限大模型，所以认为 $x=\infty$ 处的温度始终保持不变，即

$$T(\infty,t) = T_0 = 300\text{K}$$

2. 阳极能量输入

注入阳极的净输入能量由两部分组成：一部分是撞击阳极表面的电子和离子所释放出来的能量；另一部分是因为阳极蒸发所损失的能量。粒子撞击触头表面时所携带的能量包括热能、位能、逸出功和电离能等，其中热能与等离子体中的电子温度、离子温度有关，位能与阳极鞘层电位紧密相关，而逸出功和电离能与触头材料的物理特性有关。阳极温度的损失是因为阳极达到一定高温后，开始有大量的金属蒸气蒸发出触头表面，这些蒸气将携带一部分能量，所以有降温的作用。下面分别讨论这两个过程对阳极净输入能量的影响。

(1) 阳极鞘层电位

在高温等离子电弧烧蚀的阳极触头表面，存在一个几微米厚的空间电荷鞘层，这个鞘层维持着电子和离子的比例关系，使得流入阳极的电流与外电路电流守恒。阳极鞘层电位直接影响了撞击阳极触头表面电子和离子的能量，进而影响到输入阳极的能量。鞘层电压降受流入阳极的电流密度直接影响，下面将要分析两者之间的关系。

如果忽略阳极鞘层的径向变化，只考虑一个一维情况下鞘层沿轴向的变化，假设其中的电子速度分布满足麦克斯韦分布，则电子速度分布函数为

$$f_e(x,v_e) = \sqrt{\frac{m_e}{2\pi kT_e}}\exp\left(-\frac{m_e v_e^2}{2kT_e}\right) \tag{5-9}$$

式中 x——电子位置（m）；

m_e——电子质量（kg），$m_e = 9.109\times10^{-31}$kg；

v_e——电子速度（m/s）；

T_e——电子温度（eV）；

k——玻尔兹曼常数，$k = 1.3807\times10^{-23}\text{J}\cdot\text{K}^{-1}$。

进入鞘层的电子如果能够到达阳极表面，并且被阳极所吸收，则必须克服阳极鞘层电势的影响。这样就要求电子在进入鞘层前的初速度足够高，使得电子所具有的能量能够克服鞘层电场位垒。存在一个最小的速度，如果电子的速度高于这个速度，则电子所具有的能量足够克服势垒到达阳极表面。结合式（5-9），通过积分获得速度从 V_{min} 到无穷大的电子数量，可以获得流向阳极电子电流的表达式为

$$j_e = -en_e\int_{V_{min}}^{\infty} f_e v_e \,\mathrm{d}v_e \tag{5-10}$$

式中 V_{min}——电子进入阳极鞘层并能被阳极接受的最小速度（m/s）；

n_e——阳极触头表面附近电子密度（m^{-3}）；

e——电子电荷量（C），$e = 1.602 \times 10^{-19}$C。

根据能量守恒，使电子运动到阳极的最小速度为 $V_{min} = \sqrt{2e\phi_a/m_e}$，其中 ϕ_a 为鞘层电位。这样可以获得式（5-10）积分后的表达式，即

$$j_e = -en_e\frac{\bar{v}_e}{4}\exp\left(\frac{e\phi_a}{kT_e}\right) \tag{5-11}$$

式中 $\bar{v}_e = \sqrt{8kT_e/(\pi m_e)}$——电子的平均热速度（m/s）。

设离子的速度分布满足正态分布，则

$$f_i(x, v_i) = \frac{1}{\sqrt{2\pi}\sigma}\exp\left(\frac{(v_i - \bar{v}_i)^2}{2\sigma^2}\right) \tag{5-12}$$

式中 v_i——离子迁移速度（m/s）。

$\bar{v}_i$——离子平均迁移速度（m/s）；

σ——离子速度的方差。

同样离子进入阳极也会受到鞘层电场的影响，这样进入阳极的离子速度必须高于最小速度 $V_{min} = \sqrt{2e\phi_a/m_i}$，通过积分，可以获得离子电流密度为

$$j_i = en_i\int_{V_{min}}^{\infty} f_i v_i \mathrm{d}v_i \tag{5-13}$$

式中 V_{min}——离子进入阳极鞘层并能被阳极接受的最小速度（m/s）；

n_i——阳极触头表面附近离子密度（m^{-3}）。

将式（5-13）积分可以得到

$$j_i = e\bar{Z}\left\{\frac{1}{2\sqrt{2}}n_i\bar{v}_i[1 + \mathrm{erf}(x_1)] + \frac{\sigma n_i}{\sqrt{2\pi}}\exp\left(\frac{x_1^2}{2}\right)\right\} \tag{5-14}$$

式中 x_1——$x_1 = \bar{v}_i/\sigma$；

$\bar{Z}$——平均离子电荷数；

$\mathrm{erf}(x)$——误差函数，$\mathrm{erf}(x) = (2/\sqrt{\pi})\int_0^x e^{-\tau^2/2}\mathrm{d}\tau$。

这样将电子电流密度和离子电流密度相加，得到最后到达阳极表面的净电流密度为

$$j_a = j_e + j_i = e\bar{Z}\left\{\frac{1}{2\sqrt{2}}n_i\bar{v}_i[1 + \mathrm{erf}(x_1)] + \frac{\sigma n_i}{\sqrt{2\pi}}\exp\left(\frac{x_1^2}{2}\right)\right\} - en_e\frac{\bar{v}_e}{4}\exp\left(\frac{e\phi_a}{kT_e}\right) \tag{5-15}$$

为了计算阳极鞘层的电位，还必须知道等离子体的基本参数。需要获得的等离子基本参数包括电子温度 T_e、电子密度 n_e、离子密度 n_i、离子平均迁移速度 $\bar{v}_i$

和平均离子电荷数 $\bar{Z}$ 。

Kutzner 和 Glinkowski 测量获得触头材料为铜，电弧电流在 120A 时，电子温度约为 2.1eV，而当电弧电流为 230A 时，电子温度为 2.8 ~ 3.5eV；Schellenkens 的测量结果在 2 ~3.5eV 之间。结合以上研究者的实验结果，电弧电流的幅值会对电子温度产生影响，但是影响有限，同时考虑到实验误差的情况，可以近似地认为在电弧电流在一定范围内，电子温度保持稳定。综合以上，此处设燃弧期间的电子温度为 3eV。

王建华采用探针的方法测量了电子密度随电弧电流的变化情况，发现电子密度和阴极电流密度呈线性关系，并且根据测量结果给出了公式：

$$n_e = C_e \times j_c = 1.408 \times 10^{14} \times j_c \tag{5-16}$$

式中　j_c——阴极电流密度（A/m^2）。

Boxman 获得的 C_e 为（1.23 ~ 2.45）$\times 10^{14}$，而 Harris 获得的数据为（1.26 ~ 1.93）$\times 10^{14}$。此处采用式（5-16）给出的数据，并假设电流在阴极表面均匀分布，这样根据电弧电流幅值就可以获得阴极的电流密度，得到电弧中电子密度。

Kutzner 和 Miller 通过实验测定真空电弧中铜离子的组成成分是 Cu^+ 为 30%，Cu^{2+} 为 54%，Cu^{3+} 为 15%。这样可以得到离子的平均电荷数 $\bar{Z}$ 为 1.85。如果认为电弧等离子体处于电中性的状态，则 $n_e = \bar{Z} n_i$，这样就得到了电弧中离子密度。同时 Kutzner 和 Miller 测定的离子迁移速度为 10^4m/s。

将上述实验数据代入式（5-15）就可以获得鞘层电压和阳极电流密度之间的关系。但是为了简化计算，还需要对公式进行归一化处理。令 $\hat{j}_a = j_a / |J_e|$，其中 $J_e = 0.25 n_e e \bar{v}_e$ 为电子饱和电流，这样可以得到图 5-8 所示的关系曲线。

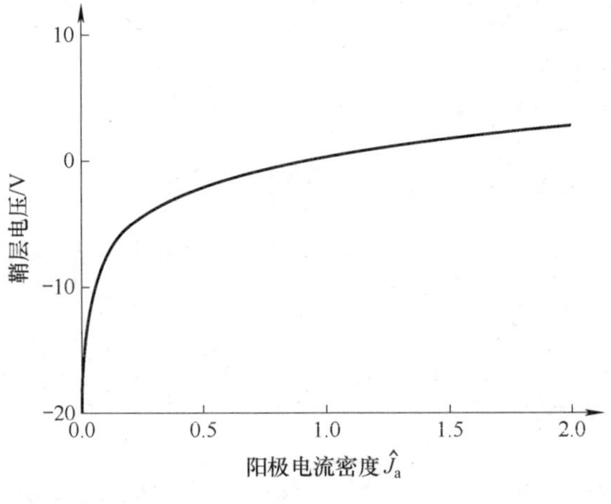

图 5-8　式（5-15）归一化后求得的鞘层电压与阳极电流密度关系

从图 5-8 中可以看到当 $\hat{j}_a$ 达到约 0.9 时，鞘层电位从负值变为正值，也就是说当阳极电流密度达到临界值时，阳极鞘层电位可能从负值变为正值。这也就意味着阳极鞘层从最开始，电弧电流较小时，阻碍电子进入阳极，到电流超过临界值后，加速电子进入阳极。阳极鞘层电位的翻转表明，对于电弧电流较大的情况，为了平衡外电路电流，需要有更多的电子进入阳极。因为 $\hat{j}_a = j_a / |J_e|$，所以可以得到鞘层电位翻转时阳极电流密度 $j_a = 0.9 \times 0.25 n_e e \bar{v}_e$，同时将式（5-16）电子密度和阴极电流密度关系带入，则可以得到 $j_a = 6.7 j_c$。这说明如果阳极附近的弧柱收缩，使得阳极表面的电流密度达到阴极表面的平均电流密度的 6.7 倍时，即可出现阳极鞘层的翻转。此时，电弧形态从扩散态向集聚态过渡，阳极开始出现明亮的亮斑，同时电弧电压也开始出现不稳定的状态，触头表面因为烧蚀，也开始出现熔化现象。

（2）进入阳极粒子所携带的能量

流入阳极的电子所携带的能量包括

1）位能。电子经过阳极鞘层，受到电场作用，获得位能。每个电子获得的位能为 $e\Phi_a$。

2）热能。电子的平均热能为（3/2）kT_e。

3）逸出功。电子从材料表面发射出来需要克服势垒的作用，但是当电子进入到材料中有需要释放出克服势垒所需的能量。每个电子所释放的逸出功为 $e\Phi_W$。对于触头材料铜，逸出功为 4.4eV。

综上所述可以得到进入阳极的电子所携带的能量为

$$Q_e = \Gamma_e\left(\frac{3}{2}kT_e + e\Phi_a + e\Phi_W\right) \tag{5-17}$$

式中　Γ_e——流向阳极的电子通量密度（$m^{-2} \cdot s^{-1}$），$\Gamma_e = j_e / e$。

流入阳极的离子所携带的能量包括

1）动能。因为离子的质量远高于电子的质量，所以必须考虑离子所携带动能，平均动能为（1/2）$m_i \bar{v}_i^2$。

2）热能。离子的平均热能为 $(3/2)kT_i$。

3）位能。离子经过阳极鞘层，受到电场作用，获得位能。每个电子获得的位能为 $-e\bar{Z}\Phi_a$。

4）逸出功。离子进入阳极表面时，受到势垒的作用，将吸收一部分能量，逸出功为 $-e\bar{Z}\Phi_W$。

5）电离能。电子和离子在阳极表面复合，会释放出电离能，不同价的铜离子复合时所释放的电离能不同。一价铜离子 Cu^+ 电离能为 745.5kJ/mol，二价铜离子

Cu^{2+}的电离能为1957.9kJ/mol，三价铜离子Cu^{3+}电离能为3555kJ/mol。考虑电弧等离子体中不同价的离子所占的比重，可以获得电离能为$e\bar{Z}\Phi_z$。

综上所述可以得到进入阳极的离子所携带的能量为

$$Q_i = \Gamma_i\left(\frac{3}{2}kT_i + \frac{1}{2}m_i\bar{v}_i^2 - e\bar{Z}\Phi_a - e\bar{Z}\Phi_W + e\bar{Z}\Phi_z\right) \tag{5-18}$$

式中　Γ_i——流向阳极的离子通量密度（$m^{-2}\cdot s^{-1}$），$\Gamma_i = j_i/e\bar{Z}$。

综合式（5-17）和式（5-18）可以得到，进入阳极的净能量为

$$Q = Q_e + Q_i = \Gamma_e\left(\frac{3}{2}kT_e + e\Phi_a + e\Phi_W\right) + \Gamma_i\left(\frac{3}{2}kT_i + \frac{1}{2}m_i\bar{v}_i^2 - e\bar{Z}\Phi_a - e\bar{Z}\Phi_W + e\bar{Z}\Phi_z\right) \tag{5-19}$$

（3）阳极蒸发损失的能量

同样假设从触头表面蒸发出来的金属原子速度符合麦克斯韦分布，如果以触头表面向外法线为正方向，则速度大于0的原子蒸发出表面，而速度小于0的原子又重新回到触头中。这样可以得到金属蒸气通量的表达式为

$$\Gamma_{evap} = \frac{n\bar{v}}{4} \tag{5-20}$$

式中　$\bar{v}$——金属原子的平均热速度（m/s），$\bar{v} = \sqrt{8kT/\pi m}$；

n——金属蒸气原子密度（m^{-3}）。

同时，如果假设蒸发出的蒸气符合理想气体特性，则$P = nkT$，带入式(5-20)，这样就可以得到Langmuir蒸发公式：

$$\Gamma_{evap} = \frac{P_s}{\sqrt{2\pi mkT}} \tag{5-21}$$

式中　P_s——饱和蒸气压（Pa）；

m——蒸发原子质量（kg）；

k——玻尔兹曼常数，$k = 1.3807\times10^{-23}$J/K；

T——触头表面温度（K）。

如果进一步整理式（5-21），考虑每一个原子蒸发可能带走的汽化热，这样可以得到蒸发所损失的热量与触头表面温度之间的关系：

$$\Gamma_{evap} = c\Delta_{vapor}H\frac{P_s(T)}{\sqrt{Tm}} \tag{5-22}$$

式中　c——常数，$c = 5.76\times10^9$；

$\Delta_{vapor}H$——蒸发焓，每个原子蒸发带走$\Delta_{vapor}H = 3.19$eV；

T——触头表面温度（K）。

式（5-22）中的饱和蒸气压与温度具有如下的关系：

$$\log(P_s) = \log(1.333 \times 10^{-3}) \times (-A/T + B + C\log(T)) \tag{5-23}$$

式中 A——固态时 $A = 17870$，液态时 $A = 17650$；

B——固态时 $B = 10.63$，液态时 $B = 13.39$；

C——固态时 $C = -0.236$，液态时 $C = -1.273$。

将式（5-22）和式（5-23）联立求解，就可以得到因为金属蒸气蒸发所造成的能量损失。

3. 阳极表面温度的数值计算方法

计算中采用界面追踪的方法，获得燃弧期间触头表面温度以及熔化深度的变化规律。将5.2.1节所列方程采用有限差分的格式进行离散。对于求解区域根据触头材料的不同物理状态，分为液相和固相。如图5-9所示，假设网格在 X_s 处分为两部分，X_j 之前的部分为液相，X_{j+1}之后的部分为固相，X_s 将 X_j 和 X_{j+1}之间的网格分为两部分。为了计算方便，设 $p_n\Delta X = X_s - X_j$，其中 ΔX 为网格长度，p_n 代表第 n 步时液相和固相在 X_j 和 X_{j+1}之间所占的比例。

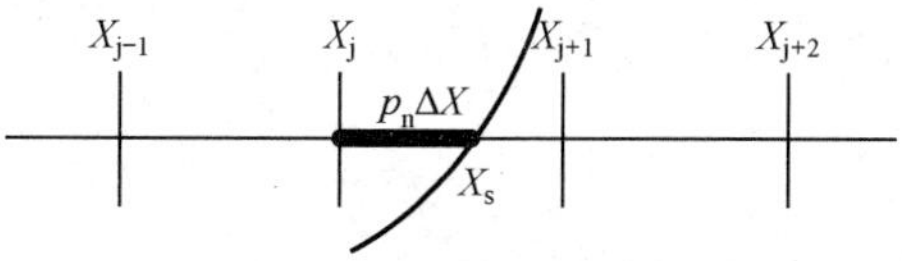

图5-9 固、液分界面附近网格图

设 T_m^n 代表坐标位于 m 点，n 时刻的温度值，对应坐标为 $X_m = m\Delta X$，在 $t = n \times \Delta t$ 时刻的温度值。ΔX 代表网格长度，Δt 代表时间步长。此外，下述方程中 $k_1 = \lambda_1/(\rho_1\Delta_{melt}H)$，$k_2 = \lambda_s/(\rho_s\Delta_{melt}H)$，称为Stefan数。$\theta = 0$，为显式有限差分；$\theta = 1$，为隐式有限差分；$\theta = 0.5$，为Crank－Nicolson法。

当 $m < j$ 时，所对应的热传导方程为式（5-2），代表温度在熔化区域的传导，可以离散为

$$\frac{T_m^{n+1} - T_m^n}{\Delta t} = \frac{k_1}{(\Delta x)^2}[(1-\theta)(T_{m+1}^n - 2T_m^n + T_{m-1}^n) + \theta(T_{m+1}^{n+1} - 2T_m^{n+1} + T_{m-1}^{n+1})] \tag{5-24}$$

当 $m = j$ 时，所对应的热传导方程为式（5-2），代表温度在熔化区域边界的传导，同时因为处于熔化区域的边界位置需要通过插值处理，可以离散为

$$\frac{T_j^{n+1} - T_j^n}{\Delta t} = \frac{k_1}{(\Delta x)^2}\left[(1-\theta)\left(\frac{2}{1+p_n}T_{j-1}^n - \frac{2}{p_n}T_j^n\right) + \theta\left(\frac{2}{1+p_{n+1}}T_{j-1}^{n+1} - \frac{2}{p_{n+1}}T_j^{n+1}\right)\right] \tag{5-25}$$

对 X_{j+1} 处的点需要特殊处理，需要考虑两种情况：①$n+1$ 时刻的固、液分界面没有越过 X_{j+1} 点；②$n+1$ 时刻的固、液分界面越过 X_{j+1} 点。下面分为两种情况来讨论。

如果 $p_{n+1}>1$，则有

$$T_{j+1}^{n+1}=\frac{1-p_{n+1}}{1+p_{n+1}}T_{j-1}^{n+1}-\frac{2(1-p_{n+1})}{p_{n+1}}T_{j}^{n+1} \tag{5-26}$$

如果 $p_{n+1}<1$，则有

$$T_{j+1}^{n+1}=\frac{2(1-p_{n+1})}{2-p_{n+1}}T_{j+2}^{n+1}-\frac{1-p_{n+1}}{3-p_{n+1}}T_{j+3}^{n+1} \tag{5-27}$$

当 $m=j+2$ 时，所对应的热传导方程为式（5-3），代表温度在未熔化区域边界的传导，同时因为处于固态区域的边界位置需要通过插值处理，可以离散为

$$\begin{aligned}\frac{T_{j+2}^{n+1}-T_{j+2}^{n}}{\Delta t}=\frac{k_2}{(\Delta x)^2}\Big[&(1-\theta)\Big(-\frac{2}{2-p_n}T_{j+2}^{n}+\frac{2}{3-p_n}T_{j+3}^{n}\Big)\\&+\theta\Big(-\frac{2}{2-p_{n+1}}T_{j+2}^{n+1}+\frac{2}{3-p_{n+1}}T_{j+3}^{n+1}\Big)\Big]\end{aligned} \tag{5-28}$$

当 $m\geqslant j+3$ 时，所对应的热传导方程为式（5-3），代表温度在固态区域的传导，可以离散为

$$\frac{T_{m}^{n+1}-T_{m}^{n}}{\Delta t}=\frac{k_2}{(\Delta x)^2}[(1-\theta)(T_{m+1}^{n}-2T_{m}^{n}+T_{m-1}^{n})+\theta(T_{m+1}^{n+1}-2T_{m}^{n+1}+T_{m-1}^{n+1})] \tag{5-29}$$

此外，自由边界问题还需要考虑，固、液分界面随时间的变化，也就是讨论 Xs 在不同时刻点的位置。根据 Stefan 条件式（5-4），离散可以得到

$$\begin{aligned}p_{n+1}-p_n=&-\frac{K_1}{H\rho_1}\frac{\Delta t}{(\Delta x)^2}\Big\{(1-\theta)\Big[\frac{p_n}{1+p_n}T_{j-1}^{n}-\frac{1+p_n}{p_n}T_{j}^{n}\Big]\\&+\theta\Big[\frac{p_{n+1}}{1+p_{n+1}}T_{j-1}^{n+1}-\frac{1+p_{n+1}}{p_{n+1}}T_{j}^{n+1}\Big]\Big\}\\&+\frac{K_2}{H\rho_2}\frac{\Delta t}{(\Delta x)^2}\Big\{(1-\theta)\Big[\frac{3-p_n}{2-p_n}T_{j+2}^{n}-\frac{2-p_n}{3-p_n}T_{j+3}^{n}\Big]\\&+\theta\Big[\frac{3-p_{n+1}}{2-p_{n+1}}T_{j+2}^{n+1}-\frac{2-p_{n+1}}{3-p_{n+1}}T_{j+3}^{n+1}\Big]\Big\}\end{aligned} \tag{5-30}$$

4. 阳极表面温度计算结果

由式（5-19）可知，注入阳极的能量与阳极电流密度和阳极鞘层等因素有关。

阳极鞘层和电流密度之间的关系可以由式（5-15）获得。假设阳极电流均匀分布在阳极表面，并且按照周期为 20ms 的正弦波变化，可以得到如图 5-10所示不同阳极电流密度条件下阳极表面温度随时间的变化规律。从图中可以看出，随着阳极电流密度峰值的增大，阳极表面温度的峰值也在不断增高，同时电流零点时刻的温度也在增高。在阳极表面的温度低于熔点温度时，对应着电流密度为 $1kA/cm^2$ 和 $2kA/cm^2$ 的两条曲线，温度波形类似于正弦波形。但是与 50Hz 正弦波不同的是，峰值温度并不是出现在 5ms 而是出现在 7ms 左右。这种热迟滞与触头材料的热容有关，使得触头温度并不会立即响应热源注入能量的变化，而会根据热容的大小存在一定时间的滞后。因为这两个电流密度下，表面温度并没有高于熔点温度，所以触头也并未出现熔蚀现象。当阳极电流密度达到 $3kA/cm^2$ 时，温度曲线在 6ms 之前依然按照正弦波形变化。但是 6ms 之后，可以看到表面温度的曲线不再平滑，也不按照正弦波的规律变化，此后表面温度稍有增加。6ms 时触头表面温度达到了熔点温度，表面也开始熔化，相变对温度的影响开始表现出来，从固态转变成液态会吸收热量也就限制了表面温度的增加。当阳极电流密度达到 $4kA/cm^2$ 时，熔化开始的时间提早到 4ms 左右，温度峰值 2000K 出现在 7ms 左右。当阳极电流密度达到 $5kA/cm^2$ 时，熔化开始的时间为 2ms 左右，但是对比 $4kA/cm^2$ 时的波形，可以看到 $5kA/cm^2$ 时有明显的削峰现象，3ms 后的温度基本保持不变，此时说明强烈的蒸发已经严重影响到了表面温度的增加，蒸发所散失的能量已经高于电弧所注入的能量。蒸发所带走的能量与表面温度直接相关，温度越高所带走的能量更多。图中所示也说明只有温度达到一定程度蒸发所带走的能量才能明显限制表面温度的增长。

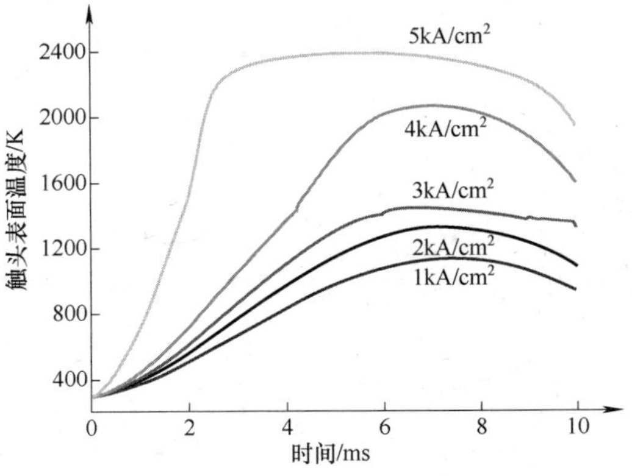

图 5-10　不同电流密度条件下燃弧期间阳极表面温度

图 5-11 表示了不同阳极电流密度条件，触头表面熔蚀深度随着时间的变化规

律。图中虚线用于标注电流零点时刻。从图中可以看出，触头熔蚀的持续时间以及熔蚀深度峰值随着阳极电流密度的增加而增加，并且熔化开始的时间随着阳极电流密度的增加而提前。$3kA/cm^2$ 持续时间约为 3ms，最大深度为 0.3mm；$4kA/cm^2$持续时间约为 10ms，最大深度为 3mm；$5kA/cm^2$ 持续时间约为 16ms，最大深度为 4.5mm。$3kA/cm^2$ 时，电流过零之前熔化过程已经结束，即又从液态恢复到固态。但是对于 $4kA/cm^2$ 和 $5kA/cm^2$ 的情况，即使在电流过零之后依然分别持续了 2ms 和 8ms。这就意味着，弧后的很长一段时间触头表面都处于熔化的状态，更有利于金属蒸气的蒸发，而不利于开断的成功。

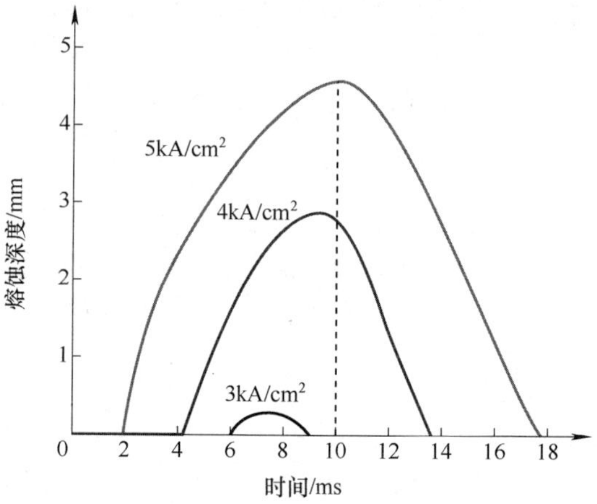

图 5-11　不同电流密度条件下阳极表面熔蚀深度

图 5-12 表示了不同电流密度条件下电流过零后的阳极表面温度衰减的情况。对于 $4kA/cm^2$ 和 $5kA/cm^2$ 的情况，电流过零后触头维持熔化，并有严重蒸发。

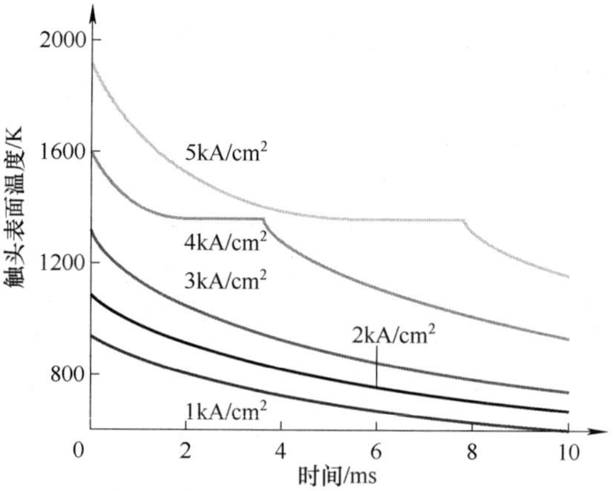

图 5-12　不同电流密度条件下弧后阳极表面温度的衰减

5.2.2　阳极表面金属蒸气蒸发计算

在真空断路器电流零点之前，也就是真空电弧燃烧期间，灼热的电弧强烈烧蚀触头，导致触头表面可能局部或者完全处于熔化状态。根据 5.2.1 节的计算结果可以看出，触头表面的烧蚀深度取决于电弧的强度和持续时间，触头表面温度随着电弧电流的幅值和持续时间而增加，并且一旦出现熔化现象，将极大地延长触头处于高温状态的时间，直至电流过零之后依然可能处于熔化状态。同时，随着触头表面温度的增加，从触头表面蒸发出来的金属蒸气量也在增加，也就意味着蒸发到触头间隙的金属蒸气密度在增加。王振兴采用直接模拟蒙特卡洛法仿真分析了不同触头表面温度条件下，金属蒸气的蒸发和凝结状况，定量分析了金属蒸气蒸发量、分布状态、弧后扩散时间等，并以此为基础分析金属蒸气对弧后鞘层发展的影响以及为计算金属蒸气导致的击穿提供基础数据。下面是仿真计算结果。

图 5-13 表示了不同阳极触头表面温度条件下，金属蒸气密度在触头间隙的稳定分布状况。此时阴极温度设定在 1400K，而阳极从 1400K 增长到 2000K。触头开距为 10mm，横坐标的左端为阳极，而右端为阴极。从图中可以看出，金属蒸气密度随着阳极温度的升高而不断升高。而对于同一种阳极温度，触头间隙的金属蒸气密度分布在阳极附近最高，随着位置远离阳极，密度逐渐下降，但是密度下降的并不明显。因此可以认为除去阳极附近的金属蒸气密度之外，金属蒸气在触头间隙的分布基本处于一个平均的状态。阳极附近金属蒸气密度的升高，被称为 Knudsen 层，通常这个层的厚度等于气体分子的平均自由程厚度的若干倍。Knudsen 层由从阳极蒸发出来的金属蒸气分子和从气隙间反射回来的分子共同组成，蒸发出来的气体分子因为剧烈的碰撞，无法及时扩散造成了气体分子密度梯度的升高，蒸气密度梯度的增高意味着将在阳极附近形成驱动分子扩散的压力，使气体分子逐渐向阴极扩散。对于阳极温度为 1400K 时，触头间隙的金属蒸气密度约为 $10^{19}/m^3$；对于阳极温度为 1600K 时，触头间隙的金属蒸气密度约为 $2\times10^{20}/m^3$；对于阳极温度为 1800K 时，触头间隙的金属蒸气密度约为 $3\times10^{21}/m^3$；对于阳极温度为 2000K 时，触头间隙的金属蒸气密度约为 $2\times10^{22}/m^3$。从上面的数据可以看到随着阳极温度的升高，金属蒸气密度的增加量在逐渐减小，但是此规律并不明显。

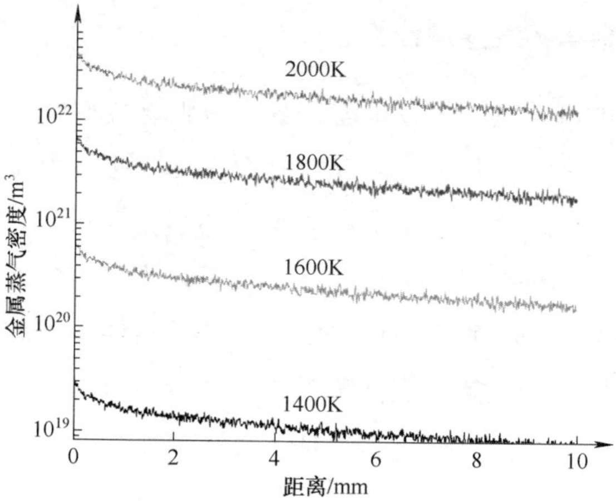

图 5-13　不同阳极温度条件下平衡状态金属蒸气密度分布

图 5-14 表示了不同阳极触头表面温度条件下，金属蒸气分子的速度在触头间隙的分布状况。此图中的曲线经过了滤波处理，将噪声杂波滤掉。此时阴极温度设定在 600K，而阳极从 1400K 增长到 2000K。触头开距为 10mm，横坐标的左端为阳极，而右端为阴极。从图中可以看出，金属蒸气分子的速度随着阳极触头表面温度的增加而不断降低。而对于同一种阳极温度，触头间隙蒸气的速度分布状况，速度在阳极最低，而随着位置远离阳极，速度在不断升高。对于阳极温度为 1400K 时，金属蒸气的速度从 725m/s 增加到 850m/s；对于阳极温度为 1600K 时，金属蒸气的速度从 670m/s 增加到 800m/s；对于阳极温度为 1800K 时，金属蒸气的速度从 650m/s 增加到 750m/s；对于阳极温度为 2000K 时，金属蒸气的速度从 620m/s 增加到 720m/s。金属蒸气分子的速度随着阳极表面温度的增高而不断降低是因为，随着阳极表面温度的增高，蒸发到触头间隙的蒸气密度也随之增加，如图 5-13 所示，这样分子之间的碰撞频率也就增高，降低了分子的运动速度。在阳极附近的速度最低而在阴极附近的速度最高，这也同样与触头间隙金属蒸气密度有关，因为较高的气体分子密度会降低气体分子的运动速度。随着金属蒸气分子远离阳极，蒸气密度也在不断降低，这样分子间的碰撞频率也将下降。在阴极附近并未形成 Knudsen 层，这也与阴极表面温度较低有关，阴极蒸发出来的气体分子数量有限，并未与阳极区域扩散过来的金属蒸气形成剧烈的碰撞，也就未在阴极附近形成较高的分子密度梯度的变化。从图中还可以看出，金属蒸气分子的速度在不同区域是有差异的，这也就意味着从阳极蒸发出来的金属蒸气分子所具有的能量与在间隙经历频繁碰撞之后的分子的能量有了一定差别，存在于间隙的分子的动能因为与从表面新蒸发出来的分子的撞击而不断加速，造成了这个速度差异。

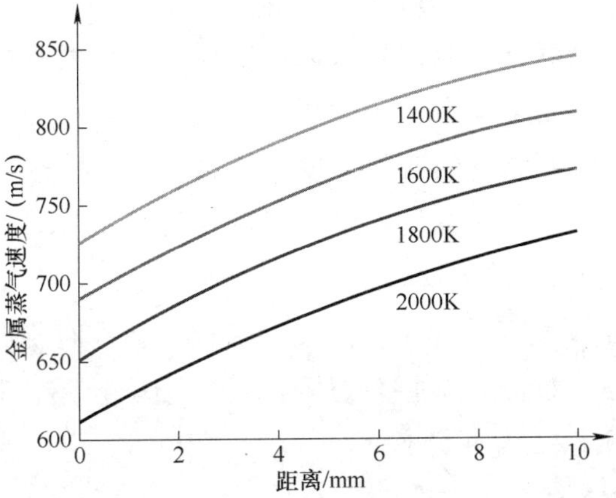

图 5-14　不同阳极温度条件下平衡状态金属蒸气速度分布

图 5-15 表示了阳极金属蒸气蒸发率的演变发展过程。其中阳极表面温度 1600K，阴极表面温度 600K。从阳极蒸发出来的分子净通量可以表示为

$$\Gamma_{net} = \Gamma_{evap} - \Gamma_{back} \tag{5-31}$$

式中　Γ_{evap}——从阳极蒸发出来的蒸气分子通量（$m^{-2} \cdot s^{-1}$）；

Γ_{back}——从触头间隙反射回阳极的蒸气分子通量（$m^{-2} \cdot s^{-1}$）。

这样就可以得到金属蒸气在阳极表面的反射系数为

$$\gamma = 1 - \Gamma_{net}/\Gamma_{evap} \tag{5-32}$$

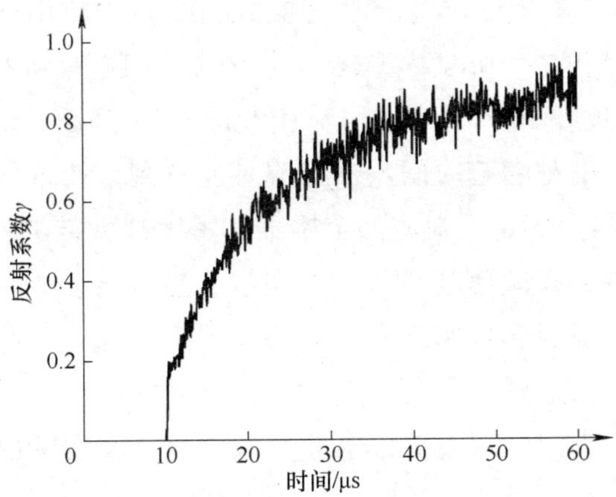

图 5-15　阳极温度 1600K 时触头表面金属蒸气蒸发反射系数变化过程

从图 5-15 中可以看到，从开始阶段到 10μs 时反射系数 $\gamma = 0$，这也就意味着在这一时间段内，金属蒸气从阳极触头表面蒸发，而几乎没有分子从触头间隙反射回来，因为此时触头间隙的分子密度还太小。当时间超过 10μs 后，反射系数 γ 开

始按照指数规律上升，在大概 60μs 后，γ 接近于 1 开始趋于饱和，这就意味着从阳极蒸发出来的金属蒸气几乎全部反射回阳极触头。反射系数的饱和也就说明金属蒸气的蒸发过程进入到了动态稳定阶段，蒸气密度将不会发生宏观变化。同时注意到，相对于触头表面温度的变化速度，金属蒸气密度达到稳定状态的时间要远远小于温度变化的时间，这也就是说蒸气密度的变化是随着触头表面温度的变化而实时变动，不存在明显的时延。

图 5-16 表示了金属蒸气随着时间的衰减过程。从零时刻起，触头表面将不再有金属蒸气蒸发出来，壁面作为纯吸收体存在，气体分子一旦与表面碰撞即被吸收。此时的密度采用触头开距之间的平均密度，不再区分触头轴向密度分布的区别。此时的温度值对应着将发射源取走之前的触头表面温度。从图 5-16 可以看出，对于不同的触头温度，其蒸发到间隙的金属蒸气量也有区别，这样取走发射源后的初始蒸气密度也就不同。对于 1400K，金属蒸气密度在 50μs 内从 $3.5\times10^{19}/m^3$ 减小到 $6.5\times10^{18}/m^3$；对于 1600K，金属蒸气密度在 50μs 内从 $8.3\times10^{20}/m^3$ 减小到 $6\times10^{19}/m^3$；对于 1800K，金属蒸气密度在 50μs 内从 $6.3\times10^{21}/m^3$ 减小到 $3.7\times10^{20}/m^3$；对于 2000K，金属蒸气密度在 50μs 内从 $3.4\times10^{22}/m^3$ 减小到 $2.3\times10^{21}/m^3$。对于每种情况下的金属蒸气密度都随着时间不断下降。注意到金属蒸气的衰减时间常数在微秒级别，经过 50μs 每种情况对应的金属蒸气密度都衰减了一个数量级。对比图 5-12 中弧后触头温度的衰减速度，可以发现触头温度的衰减时间常数处于毫秒级别，所以金属蒸气密度的衰减速度要远远快于温度的变化。此外，还需要说明的是，此模型计算出来的金属蒸气衰减速度应该比实际的更慢，因为只考虑了一维的情况，也就是说只有两个端面可以吸收金属蒸气。在实际的衰减过程中，不但触头表面吸收金属蒸气，同时金属蒸气也会向四周扩散。

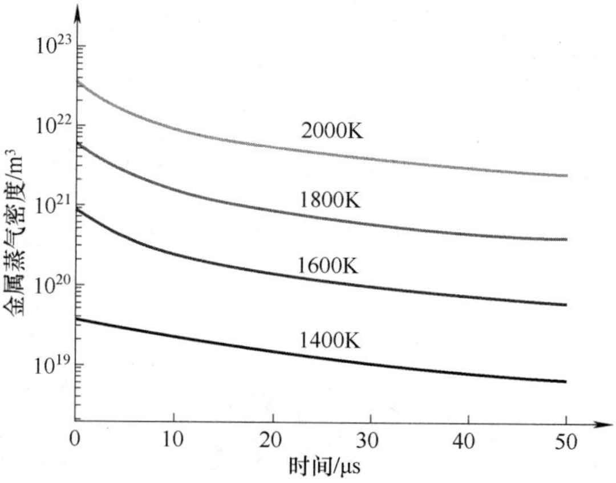

图 5-16　金属蒸气密度随时间的衰减

5.3　真空灭弧室弧后鞘层仿真计算

真空断路器开断电流之后，由于燃弧期间残留等离子体依然存在，在暂态恢复电压的作用下，构成等离子体的电子和离子开始分离，又因为电子的质量要远远小于离子的质量，所以会在弧后的新阴极表面形成一个由正离子组成的鞘层，称为弧后鞘层。这个物理过程是真空断路器开断之后所经历的第一个物理过程，深入研究其产生和发展机理，对于认识弧后介质恢复过程的初始阶段有着重要的意义。

针对鞘层发展阶段所广泛采用的 Andrews 鞘层模型并没有考虑等离子扩散过程中存在的离子与中性金属蒸气的碰撞问题，而在真空断路器开断大电流之后，弧隙间存在大量的金属蒸气，这些蒸气原子将阻碍鞘层的发展。所以这个模型并不完全适用于大电流开断的情况。Sarrailh 的模型考虑了离子 - 蒸气的碰撞问题，但是因为采用模拟计算方法，假设碰撞频率不发生变化，而随着离子的扩散和离子密度的降低，碰撞频率势必不断降低，所以这个假设并不符合实际物理过程。

为了深入了解弧后介质恢复过程的初始阶段，王振兴采用 Particle in Cell - Monte Carlo Collision（PIC - MCC）方法对真空断路器弧后鞘层的形成和发展进行了仿真和分析，并且建立了弧后鞘层发展过程的一维仿真模型，其中特别同时考虑了金属蒸气与铜离子间的弹性碰撞和电荷交换碰撞等物理过程。计算分析中，针对不同开距、恢复电压、初始离子密度、电子密度、初始粒子动能等因素进行了模拟仿真，分析了不同条件下鞘层厚度随时间变化情况以及电子、离子能量分布和扩散情况。最后，将采用 PIC - MCC 方法获得的仿真结果与采用传统 Andrews 公式获得的结果进行了对比研究，讨论了重离子与中性金属蒸气碰撞对弧后鞘层发展的影响。限于篇幅原因，本节对仿真计算的详细过程不加赘述，仅介绍仿真计算的结果，仿真计算详细过程可以参见 5.7 节。

5.3.1 电势分布及粒子分布随时间的变化

图 5-17 给出了电流过零后触头间隙电势随时间的演化规律。其中开距为 5mm；金属蒸气密度为 $10^{18}/m^3$；离子密度为 $10^{17}/m^3$；电子密度为 $2\times10^{17}/m^3$；TRV 斜率取 1kV/μs；电子、离子、原子初始能量分别取 3.5eV、2eV、0.2eV。由图中可以看出，弧后的 TRV 所带来的电场并不是均匀地分布在整个弧隙之间，是从弧后阴极逐渐向弧后阳极发展的，并且施加到弧隙间的电压降随着 TRV 的增长而增长。每一个时刻的电压降基本都为线性，表明 TRV 所影响的范围内电场均匀分布。弧后 1μs 后，TRV 已不再仅施加于弧隙的局部，而是施加到整个触头间隙。同时我们注意到，鞘层的发展是从弧后阴极向阳极发展的，电场也是首先在弧后阴极建立，而弧后阴极是弧前的阳极。从实验结果来看，大电流开断之后阳极触头会发生严重的烧蚀，表面会出现凸起、毛刺等情况。这时如果在电流过零之后很短的

时间内首先在其表面建立电场，则意味着在更大的场致增强系数的影响下更容易发生击穿现象，显然对开断不利。

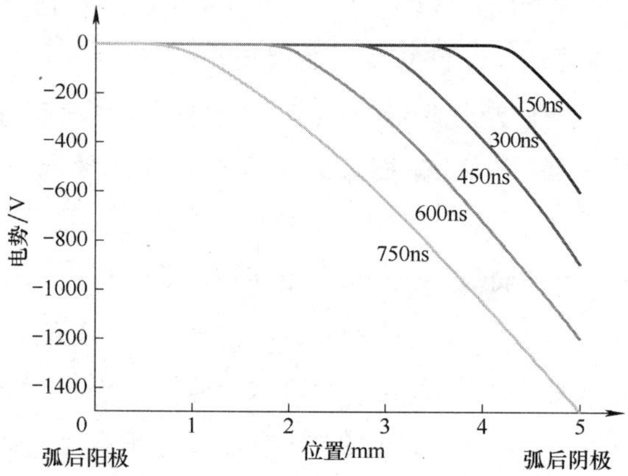

图 5-17　不同时刻触头间的电势分布

图 5-18 给出了不同时刻触头间的电子密度分布演化规律。其中开距为 5mm；金属蒸气密度为 $10^{18}/m^3$；离子密度为 $10^{17}/m^3$；电子密度为 $2\times10^{17}/m^3$；TRV 斜率为 1kV/μs；电子、离子、原子初始能量分别取 3.5eV、2eV、0.2eV。从图中可以看出，电流过零之后 150ns，弧后阳极前的电子密度较低，并且随着距离弧后阳极的增大电子密度也逐渐增大，直到弧隙的中间电子密度达到峰值 $2\times10^{17}/m^3$。此后，电子密度开始减小，在距离弧后阴极前大约 0.8mm 内的电子密度迅速降低，弧后阴极表面的电子已经完全扩散并被吸收。随着时间的增加，电子密度的峰值逐渐向弧后阳极推移，而弧后阴极前电子密度较低的区域进一步扩大，直到弧隙间电子将全部被触头吸收。

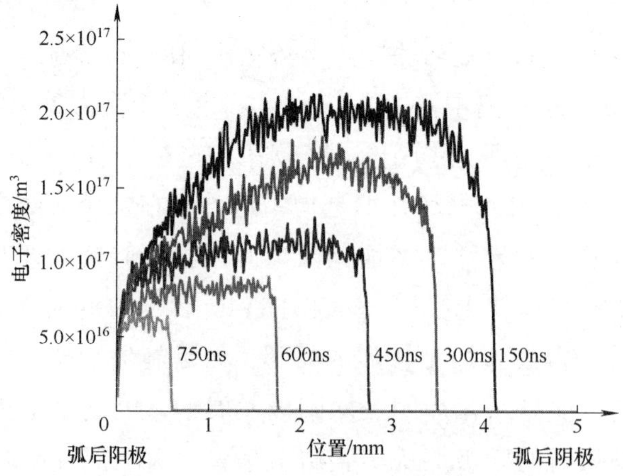

图 5-18　电子空间分布随时间的演化

图5-19给出了不同时刻触头间的离子密度分布演化规律。其中开距为5mm；金属蒸气密度为$10^{18}/m^3$；离子密度为$10^{17}/m^3$；电子密度为$2\times10^{17}/m^3$；TRV斜率为1kV/μs；电子、离子、原子初始能量分别为3.5eV、2eV、0.2eV。我们注意到，离子的衰减并不像电子的衰减那么迅速，这是因为离子的质量较大，运动速度相对电子也就较慢，电子已经扩散出这个区域而离子却仍然存在。随着时间的增加，离子密度的峰值逐渐向弧后阳极推移，而弧后阴极前离子密度较低的区域进一步扩大，直到弧隙间离子将全部被触头吸收。

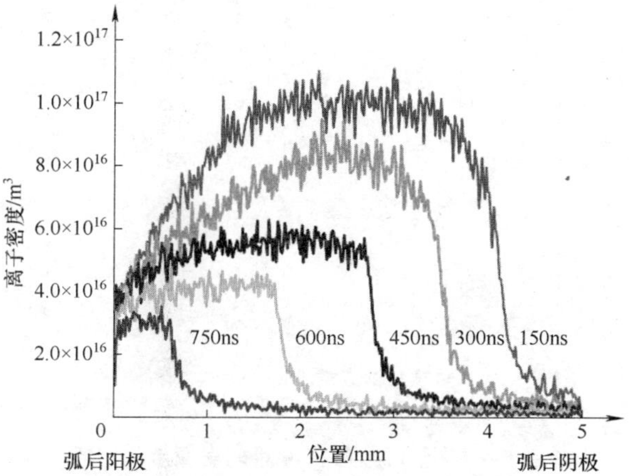

图5-19 离子空间分布随时间的演化

5.3.2 粒子密度对弧后鞘层的影响

电流过零后触头之间的粒子成分有金属蒸气和带电粒子，下面分述它们各自的影响。

1. 金属蒸气密度对弧后鞘层的影响

图5-20给出了金属蒸气密度为$10^{18}/m^3$、$10^{20}/m^3$、$10^{21}/m^3$、$10^{22}/m^3$时鞘层厚度随时间的变化情况。其中开距为5mm；离子密度为$10^{17}/m^3$；电子密度为$2\times10^{17}/m^3$；TRV斜率取1kV/μs；电子、离子、原子初始能量分别取3.5eV、2eV、0.2eV。当金属蒸气密度为$10^{18}/m^3$和$10^{20}/m^3$时，鞘层的发展规律基本一致，大约1.5μs鞘层过程结束。这表明在金属蒸气密度较小时，金属蒸气对鞘层厚度变化的影响不大。而在金属蒸气密度增大到$10^{21}/m^3$，鞘层运动速度开始减慢。金属蒸气密度增大到$10^{22}/m^3$时，鞘层发展速度降低的趋势更为明显。这是因为作为靶目标的金属蒸气密度较大时，离子与金属蒸气的碰撞频率也将增高，而模型中假设离子与金属蒸气存在两种碰撞类型：弹性碰撞和电荷交换碰撞。中性金属蒸气和离

子发生弹性碰撞之后，离子将损失一部分能量并散射出去，这样离子速度将降低，影响了扩散出间隙的速度；而如果发生电荷交换碰撞，速度较慢的金属蒸气粒子将电子传递给离子成为新离子，新产生的离子速度远远低于原来间隙的离子，这也将减慢扩散速度。以上结果表明，金属蒸气只有高于某个门限值时才会对鞘层产生明显影响，如果金属蒸气密度较低则不会对离子的扩散产生太大的影响。在本仿真条件下，这个门限值为 $10^{20}/m^3$。

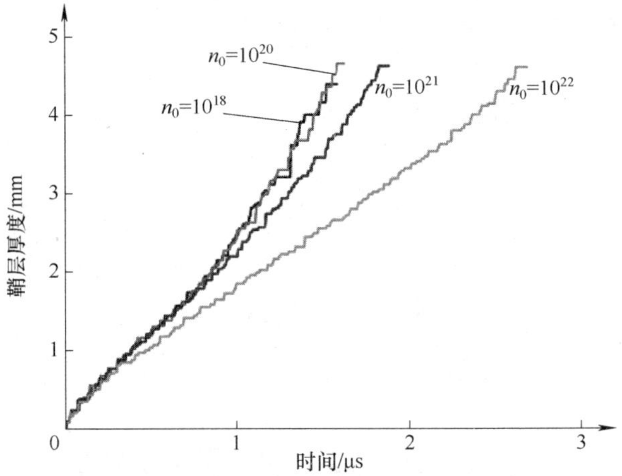

图 5-20 金属蒸气密度对鞘层厚度的影响

图 5-21 给出了金属蒸气密度分别为 $10^{18}/m^3$、$10^{20}/m^3$、$10^{21}/m^3$、$10^{22}/m^3$ 时离子随时间的衰减情况。其中开距为 5mm；离子密度为 $10^{17}/m^3$；电子密度为 $2\times10^{17}/m^3$；TRV 斜率为 1kV/μs；电子、离子、原子初始能量分别为 3.5eV、2eV、0.2eV。从图中可以看出，随着金属蒸气密度的升高，离子密度的衰减速度相应变慢。在金属蒸气密度小于 $10^{20}/m^3$ 时，离子数变化受金属蒸气密度变化影响不大，而在金属蒸气密度大于 $10^{21}/m^3$ 时离子数随时间的衰减明显随金属蒸气密度的升高而减慢。这个结果与上面得到的鞘层发展过程相一致，表明当中性金属蒸气密度超过某一门限值时，会影响到离子的运动和扩散。

2. 离子密度对弧后鞘层的影响

图 5-22 给出了离子密度分别为 $10^{16}/m^3$、$10^{17}/m^3$ 两种情况下的鞘层厚度随时间变化的情况。其中，电子密度分别为 $2\times10^{16}/m^3$、$2\times10^{17}/m^3$；开距为 5mm；金属蒸气密度为 $10^{18}/m^3$；TRV 斜率取 1kV/μs；电子、离子、原子初始能量分别为 3.5eV、2eV、0.2eV。从图中可以看出，当离子密度为 $10^{16}/m^3$ 时，鞘层的发展时间为 0.715μs，而当离子密度增加到 $10^{17}/m^3$ 时，鞘层的发展时间也增加到了 1.605μs。这说明离子密度的增加同样会影响到鞘层的发展，因为此时的中性金属蒸气密度为 $10^{18}/m^3$，从上面的结果可以看出，此时

的离子与中性金属蒸气的碰撞并不起主要作用，所以离子与离子之间的相互影响将主导此时离子的扩散。离子密度越高，则意味着离子 - 离子之间的影响越明显，离子需要更长的时间才能扩散出触头间隙。

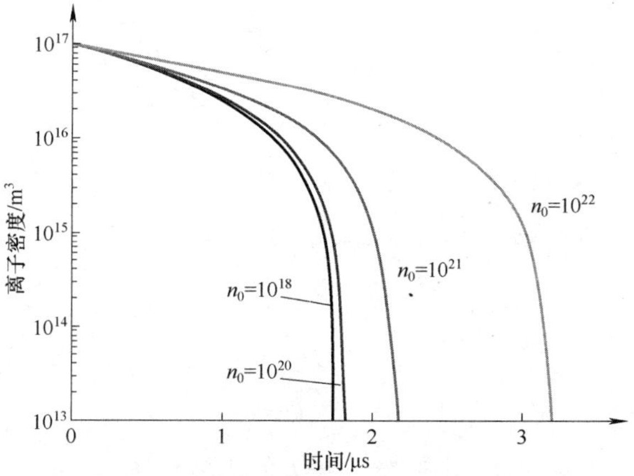

图 5-21　金属蒸气密度对离子衰减的影响

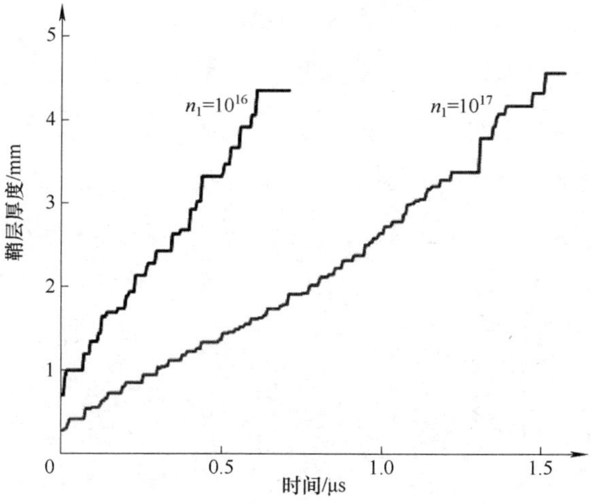

图 5-22　离子密度对鞘层厚度的影

5.3.3　粒子初始热运动情况对弧后鞘层的影响

1. 金属蒸气温度对弧后鞘层的影响

图 5-23 给出了鞘层厚度随金属蒸气初始热运动能量为 0.1eV、0.2eV 和 0.5eV 时鞘层厚度随时间的变化规律。其中开距为 5mm；金属蒸气密度为 $10^{18}/m^3$；离子密度为 $10^{17}/m^3$；电子密度为 $2\times10^{17}/m^3$；TRV 斜率为 1kV/μs；电子、离子初始能

量分别取 3. 5eV、2eV。从图中可以看出，金属蒸气初始运动能量对鞘层厚度的影响不大，无法区分各个条件下鞘层的变化曲线。

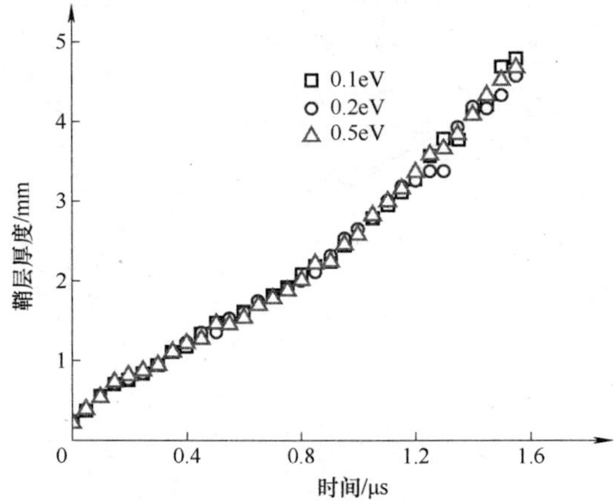

图 5-23　金属蒸气初始能量对鞘层厚度的影响

2. 离子温度对弧后鞘层的影响

图 5-24 给出了离子初始能量为 1eV、2eV、5eV、10eV、20eV 时鞘层厚度随时间的变化规律。其中开距为 5mm；金属蒸气密度为 $10^{18}/m^3$；离子密度为 $10^{17}/m^3$；电子密度为 $2\times10^{17}/m^3$；TRV 斜率为 1kV/μs；电子、原子初始能量分别取 3. 5eV、0. 2eV。从图中可以看出，在离子初始能量较小时，对鞘层发展影响不大；而在离子初始能量较大时，随着离子初始能量的升高，鞘层运动速度也变快。这是由于在离子能量较大时，离子与原子发生碰撞的碰撞截面变小，因此发生碰撞的概率变小，离子在运动过程中不容易损失能量，因此鞘层运动速度较快。

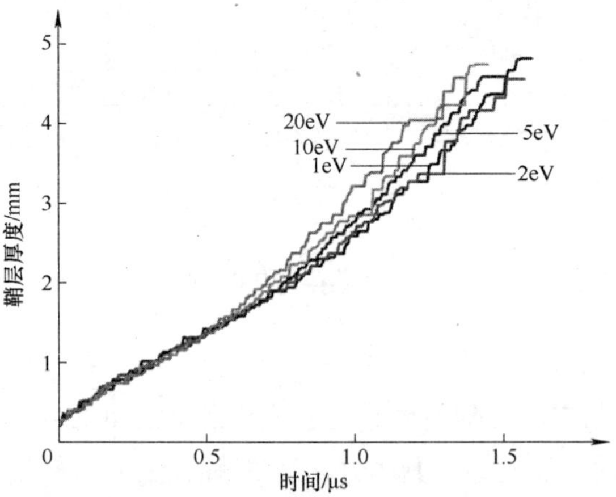

图 5-24　离子初始能量对鞘层厚度的影响

表 5-1 给出了不同离子初始能量下鞘层发展至全部开距（即 5mm）所需时间。

表 5-1　不同离子初始能量下的鞘层发展时间

离子热运动能量/eV	1	2	5	10	20
鞘层发展时间/μs	4.24	2.13	1.575	1.15	1.27

5.3.4　瞬态恢复电压上升率对弧后鞘层的影响

在仿真过程中，我们对瞬态恢复电压 TRV 的波形进行了简化，认为瞬态恢复电压 TRV 的上升率为固定常数，这在我们关心的较短时间段内与实际情况较为一致。这种简化，对仿真结果影响不大。仿真中，我们取了四组不同的瞬态恢复电压 TRV 上升斜率 0.1kV/μs、0.5kV/μs、1kV/μs、2kV/μs，针对这些值对鞘层厚度的影响做了分析。

图 5-25 给出了不同 TRV 上升斜率下的鞘层厚度随时间变化情况。其中开距为 5mm；金属蒸气密度为 $10^{18}/m^3$；离子密度为 $10^{17}/m^3$；电子密度为 $2\times10^{17}/m^3$；电子、离子、原子初始能量分别为 3.5eV、2eV、0.2eV。从图中可以看出，鞘层的运动速度随瞬态恢复电压 TRV 上升斜率的增大而增大，这是因为当瞬态恢复电压 TRV 增大时，触头间的电场强度也随之增大，离子、电子所受的电场力较大，运动速度较快，电子、离子可以在较短的时间内分离，进而形成离子鞘层。

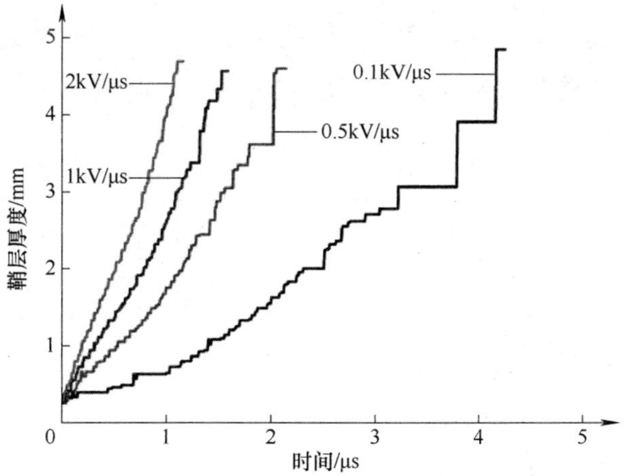

图 5-25　TRV 对鞘层厚度的影响

表 5-2 给出了不同瞬态恢复电压下的鞘层发展的时间。从表中可以看出，当瞬态恢复电压 TRV 较小时，鞘层发展时间受瞬态恢复电压 TRV 变化影响较大；而当瞬态恢复电压较大时，鞘层发展时间受瞬态恢复电压 TRV 的影响相对较小。这是

由于，当瞬态恢复电压 TRV 较小时，随着 TRV 的增大，带电粒子所受的电场力明显增大，因此运动速度变大；而当瞬态恢复电压 TRV 较高时，尽管带电粒子所受电场力增加，但是由于离子会与中性原子发生碰撞，并不能在电场中充分地加速。也就是说如果粒子的速度高于某个值，速度将会受到限制，并不能无限的加速，所以鞘层运动速度的增加并不如瞬态恢复电压 TRV 较小时明显。

表 5-2　不同 TRV 下的鞘层发展时间

TRV 上升斜率/（kV/s）	0.1	0.5	1	2
鞘层发展时间/μs	4.24	2.13	1.575	1.15

5.3.5　不同开距下的弧后鞘层的发展过程

图 5-26 给出了开距为 2mm、3mm、5mm、10mm 时鞘层厚度随时间变化情况。其中金属蒸气密度为 $10^{18}/m^3$；离子密度为 $10^{17}/m^3$；TRV 斜率为 1kV/μs；电子密度为 $2\times10^{17}/m^3$；电子、离子、原子初始能量分别为 3.5eV、2eV、0.2eV。从图中可以看出，随着开距的增大，鞘层过程完成的时间变长。表 5-3 给出了不同开距下鞘层发展至整个触头空间所需的时间。由表中数据可以看出，鞘层发展时间和触头开距并不是呈严格的正比例关系。如果将鞘层发展时间做归一化处理，即开距除以鞘层完成的时间，并定义为鞘层速度，就会发现开距越大鞘层速度越慢。这可能是因为开距越大，弧隙间的等离子体的密度虽然一样但是数量更大，这样离子要扩散出弧隙就会受到等离子体中其他粒子的更多阻挠，所以并不是单纯地随着开距线性增长。

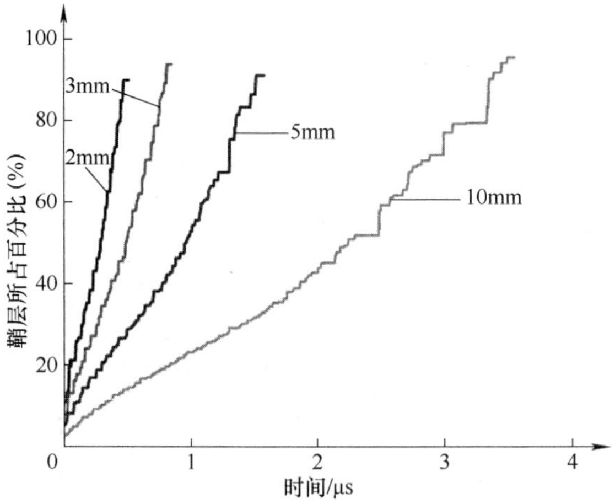

图 5-26　不同开距下的鞘层厚度占开距的百分比

表 5-3　不同开距下的鞘层发展时间

开距/mm	2	3	5	10
鞘层发展时间/μs	0.52	0.85	1.575	3.545

5.3.6　电子、离子能量分布的仿真结果

在弧后鞘层的发展过程中，电子、离子的能量分布和弧后早期是否发生重击穿有着直接的联系。因此，研究弧后鞘层中的电子、离子能量对了解鞘层过程对重击穿现象的影响具有重要意义。由于弧后鞘层中粒子处于非平衡状态且速度分布不满足麦克斯韦分布，因此了解弧后粒子的能量分布对完善基础理论有指导意义。

1. 金属蒸气密度为 $10^{18}/m^3$ 时的电子能量、离子能量分布

图 5-27 给出了金属蒸气密度为 $10^{18}/m^3$，电流过零后 0μs、0.5μs、1μs、1.5μs 时的粒子能量分布情况。其中开距为 5mm；金属蒸气密度为 $10^{18}/m^3$；离子密度为 $10^{17}/m^3$；电子密度为 $2\times10^{17}/m^3$；TRV 斜率为 1kV/μs；电子、离子、原子初始能量分别取 3.5eV、2eV、0.2eV。

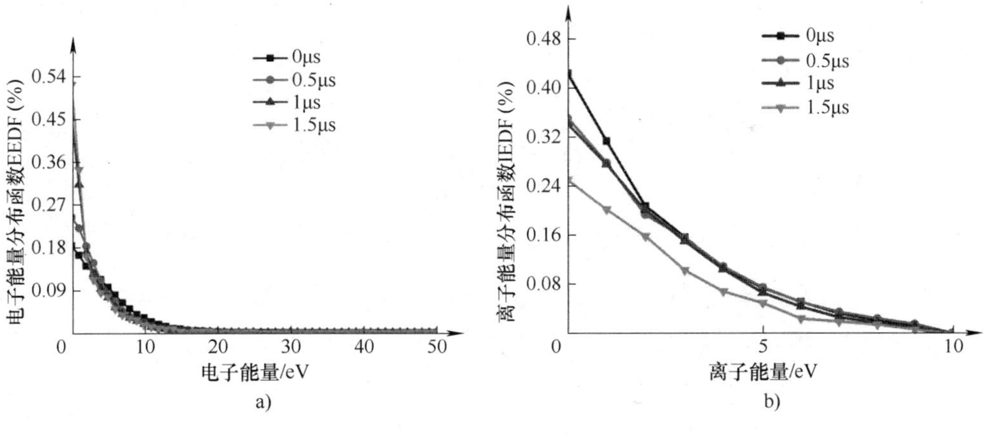

图 5-27　金属蒸气密度为 $10^{18}/m^3$ 时的粒子能量分布函数

a）电子能量分布　b）离子能量分布

由图 5-27a 可以看出，电子的能量分布随着时间的推移，电子的总体能量逐渐变小，高能量的电子数量逐渐减少。这是由于，电子的运动速度较高，在电流过零后，运动速度较高的电子迅速运动至触头表面，被触头吸收，而不能在电场中充分地加速。

由图 5-27b 可以看出，与电子相同，离子的能量分布同样不满足麦克斯韦分布。然而，与电子的情况相反，离子的能量随着时间的增加而相应增加，高能离

子的数量随着时间而增长。这是由于，和电子相比，离子的运动速度较低，不会在很短的时间内被触头大量吸收，因此，离子可以在电场中充分地加速，因而，其能量会随着时间而增加。

2. 金属蒸气密度为 $10^{22}/m^3$ 时的电子能量、离子能量分布

图5-28 给出了金属蒸气密度为 $10^{22}/m^3$，电流过零后 0μs、0.5μs、1μs、1.5μs 时的粒子能量分布情况。其中开距为 5mm；金属蒸气密度为 $10^{18}/m^3$；离子密度为 $10^{17}/m^3$；电子密度为 $2\times10^{17}/m^3$；TRV 斜率为 1kV/μs；电子、离子、原子初始能量分别取 3.5eV、2eV、0.2eV。

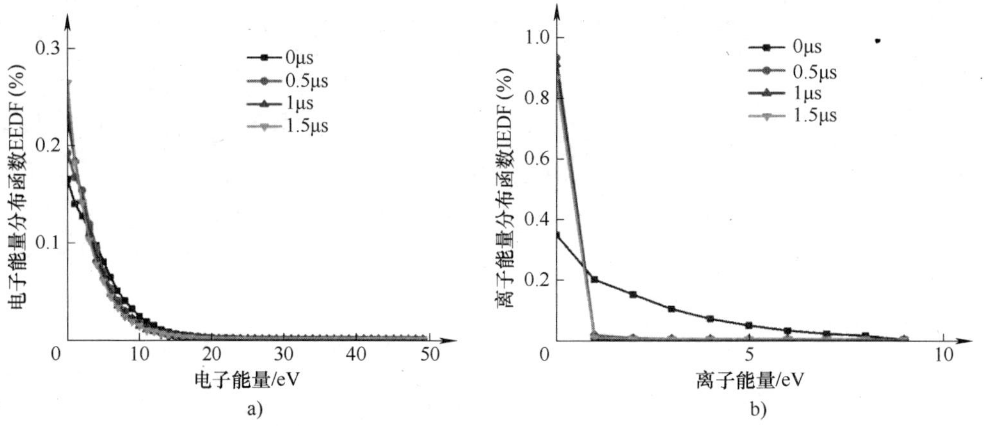

图5-28 金属蒸气密度为 $10^{22}/m^3$ 时的粒子能量分布函数

a) 电子能量分布 b) 离子能量分布

由图5-28a 中可以看出，金属蒸气密度较高时电子能量的变化趋势与金属蒸气密度较低时一致，但由于此时碰撞产生的离子密度较高，电子受到离子电场力、库仑碰撞的作用增强，因而运动速度减慢。因此，高能电子需要更长的时间才能被吸收。

由图5-28b 中可以看出，金属蒸气密度较高时离子能量的分布与金属蒸气密度较低时呈现出明显的不同。当金属蒸气密度为 $10^{22}/m^3$ 时，在 0.5μs 内，大多数离子的能量降到了 1eV 以下。这是由于，当金属蒸气密度较低时，离子的自由程较长，离子可以在电场中较充分地加速；而当金属蒸气密度较高时，离子的自由程明显变短，离子与原子碰撞的概率大大增加，在这种碰撞过程中，离子损失了大量能量。

5.4 真空灭弧室弧后介质恢复过程的实验对比

本节基于纳秒级高压脉冲电源进行真空灭弧室的弧后介质恢复实验。采用在

电流过零若干微秒后施加电压脉冲的方式，这样能够更清楚地了解电流过零后不同时刻弧隙间粒子的状态，进而获得完整的介质恢复过程。但是因为介质恢复时间本身的时间尺度在微秒级别，所以就要求电压脉冲具有足够快前沿上升速率。相对于传统的雷电冲击波，本节将介绍采用前沿上升率达到纳秒级的高压脉冲，测量弧后介质恢复强度。由于纳秒级脉冲加到真空间隙上的时间很短，大大降低了慢过程（迁移过程、扩散过程、机械过程、吸附过程等）对击穿前弧隙状态的影响。可以提高观测的时间分辨率，对击穿发展的时间特性，尤其是小电流情况进行了定量化研究。

5. 4. 1 小电流时的弧后介质恢复特性

图 5-29 呈现了真空灭弧室开断 2. 1kA 电流后的自由介质恢复过程。在峰值为 2. 1kA 电流条件下弧隙间的电弧处于扩散态，电弧电压维持在稳定的状态。使用高压脉冲在不同时刻反复多次施加到开断电流后的真空灭弧室触头两端，这样可获得被测真空灭弧室的自由介质恢复强度。

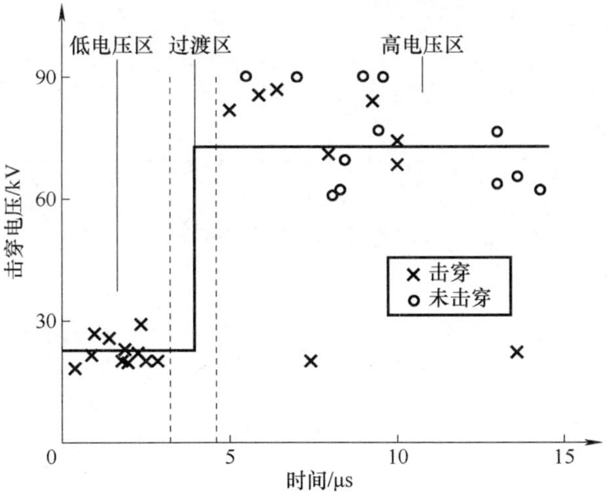

图 5-29 触头材料 Cu，开断电流峰值 2. 1kA 时介质恢复特性

图 5-29 所呈现的介质恢复过程表明在开断扩散态小电流时，零点之后击穿电压并不是连续的上升，而是表现出阶跃的特性。如果采用不同触头材料进行实验可以发现，在电流过零后的 3μs 时，击穿电压从 28kV 阶跃到 70kV。每种触头材料的特性有区别，但是都反映出了阶跃的性质。介质恢复特性可以分为三个区域：低电压区、过渡区和高电压区。

5.4.2 大电流时弧后介质恢复特性

在开断电流大于一定值时，触头会出现阳极斑点。与小电流情况不同，因为弧隙间的粒子密度更高，在过零后不同点施加电压脉冲，击穿电压幅值相对于小电流变化的更为平缓，能够观察到一个逐渐上升的过程。而当介质恢复过程结束后，击穿电压的幅值处于基本稳定的状态如图 5-30 所示。如果认为当击穿电压经历了逐渐上升的过程达到稳定后，就意味着介质恢复过程的完成，那么可以定义介质强度从电流过零时刻开始逐渐增加到稳定值这段时间为介质恢复时间。图 5-31 表示触头材料为 Cu 的真空灭弧室开断不同幅值电流后的弧后介质恢复时间。

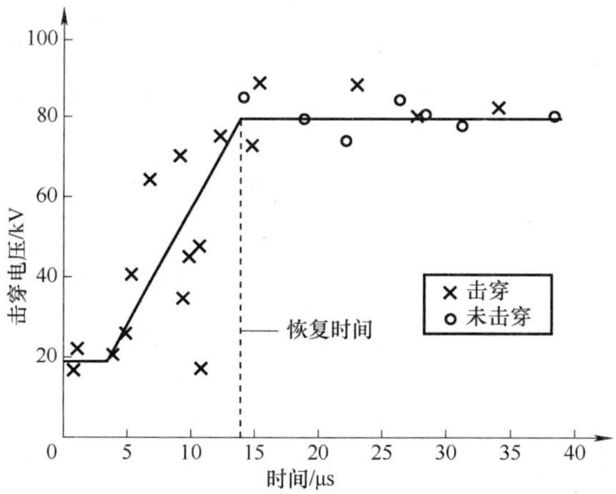

图 5-30　大电流开断后介质恢复时间的测量

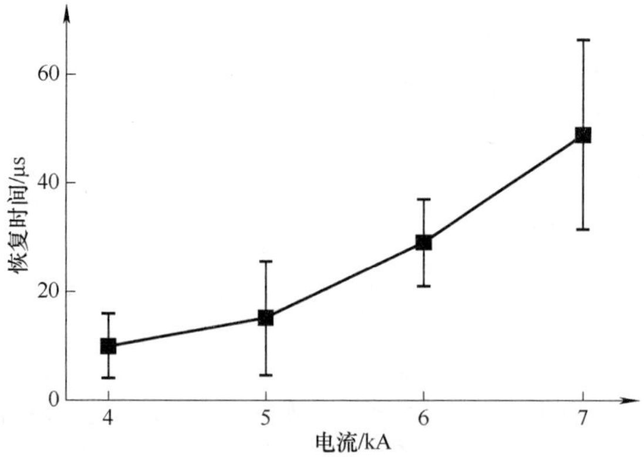

图 5-31　触头材料为 Cu 时开断不同电流条件弧后介质恢复时间

由实验结果可以得知，在电流较小电弧处于扩散态时，弧后介质恢复过程是阶跃式的；而当电流增大后，弧后介质恢复时间随电流幅值增加而增加。

5.4.3 计算结果与实验结果的对比

小电流实验结果表明，弧后恢复电压反映出了阶跃的性质，其过程可以分为三个区域：低电压区，过渡区和高电压区。低电压区大约为 3μs。我们认为这个阶跃的存在与离子的扩散相关。离子的存在降低了击穿电压，而如果离子的密度低于一个门限值，因为开断扩散态电弧后弧隙间的金属蒸气密度较低，可以认为此时的击穿电压已经等同于真空击穿的电压。在电流过零后 3μs 内，正好是鞘层的发展时间，离子的扩散过程就等同于鞘层的发展过程。鞘层发展完成意味着离子已经基本扩散到门限值之下，不会对击穿电压产生重要的影响。小电流开断的主要物理过程是鞘层的发展，所以开断小电流只要保证在离子依然存在的阶段电压上升速度不要过快，就可以成功开断。通过计算可以发现，鞘层的完成时间一般并不超过 5μs，根据实验数据估算，上升速度不超过 6kV/μs 就能保证不会发生击穿，而这个电压上升速率非常高，电力系统一般不存在这么高上升率的暂态恢复电压，所以真空断路器开断扩散态小电流相对容易。

鞘层的发展并不能解释弧后介质恢复的全部过程。大电流开断后的弧后介质恢复时间随着电流的增加而增长，最长结束时间可达 50μs，这个时间远大于鞘层的发展时间。弧隙间的离子在电流过零后 50μs 内早已扩散和被触头吸收，因此不能用鞘层解释这个现象。实际上触头表面的温度与从触头表面蒸发出来的金属蒸气是影响大电流开断后介质恢复的主要因素。总之，大电流开断后鞘层的发展并不是主要的物理过程，而金属蒸气和触头表面温度对弧后介质恢复过程的影响更大。

5.5 真空灭弧室弧后金属蒸气的击穿

真空灭弧室开断电流之后，首先经历鞘层的发展过程，随着弧隙中电子和离子的扩散和衰减，鞘层最终占据了整个触头间隙，也就意味着鞘层发展的结束。但是，鞘层发展的结束并不意味着整个介质恢复过程的结束，弧隙间依然存在大量的金属蒸气，在暂态恢复电压的作用下，可能发生击穿造成开断失败。相对于短暂的鞘层发展过程，金属蒸气的扩散过程时间更长，尤其是大电流开断之后，甚至可以持续几十个微秒。而在这段时间内，暂态恢复电压已经上升到峰值，如果大电流烧蚀后的触头表面存在凸起和毛刺，非常容易发生击穿。一般认为，金属蒸气的扩散过程发生的击穿决定了真空断路器的开断性能，有必要对这个阶段进行深入的分析。

本节将介绍在 Townsend 放电理论的基础上采用 PIC - MCC 方法对真空断路器

弧后金属蒸气阶段发生的击穿现象进行仿真分析的结果。关于采用 PIC – MCC 方法的具体过程参见 5.7 节。该项研究中建立了弧后金属蒸气击穿一维仿真模型，并且考虑电子所造成的电离和激发现象和壁面因为离子碰撞所造成的二次电子发射等物理过程。针对不同金属蒸气密度，不同电压等因素的模拟仿真，分析了不同条件下击穿发生的过程，并且给出了不同金属蒸气密度条件下的电压击穿边界。在此基础上讨论仿真所获得电压击穿边界和真空断路器开断极限之间的关系。

在仿真计算中，带入不同的金属蒸气密度，即可计算得出电极间电子分布状态随时间的变化。图 5-32 是一个例子，其中金属蒸气密度为 $10^{22}/m^3$，电极开距为 5mm，电压幅值取 10kV，金属蒸气初始能量取 0.2eV。

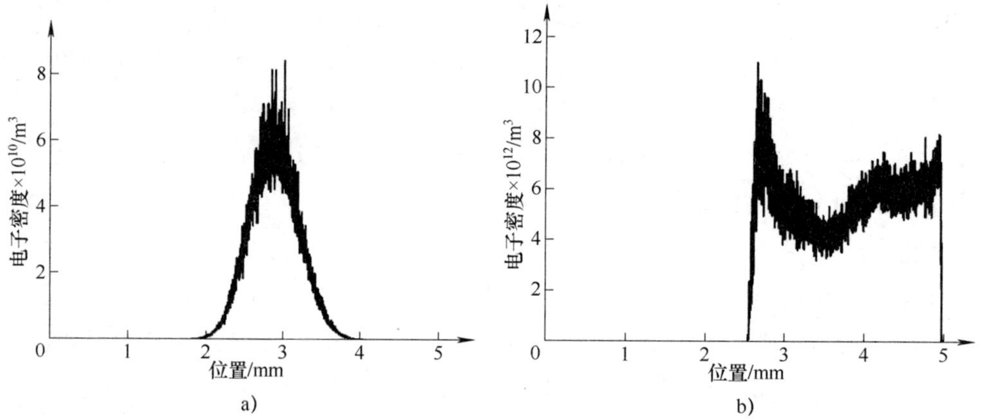

图 5-32　采用 PIC – MCC 方法仿真计算的计算图例

a) $t=0.25$ns　b) $t=1$ns

通过系列仿真计算和分析可以得知，随着时间的推移，电子密度首先在阴极附近出现峰值，这表明从阴极表面发射出去的电子与阴极区域附近的中性金属蒸气发生电离碰撞，α 过程开始。但是此时的放电处于非自持状态，如果阴极不再发射电子电离过程就将结束。随着电压持续施加，电子密度峰值位置向阳极移动，表明电离过程已经不再完全由阴极表面的发射电子控制，开始出现电子雪崩过程。随着时间推移，电子密度的峰值进一步向阳极靠近，同时出现平台状，这表明电子数量的增加受到某种程度的抑制。这是因为电子的雪崩过程存在限制，随着雪崩过程的发展，电极间的粒子密度越来越大，相互作用也越来越大，电子的能量也开始下降，将中性金属蒸气电离的难度也在增加，所以电子密度不会无限制的增加。离子分布随时间推移的变化与电子十分类似。

图 5-33 是电子能量分布和离子能量分布的仿真结果。从图中可以看出，在初始阶段，电子能量均匀分布，电子主要由阴极表面发射产生。随着时间推移，电

子能量开始降低，表明此时因为电离产生的粒子已经开始阻碍电子运动，并降低电子的电离概率。

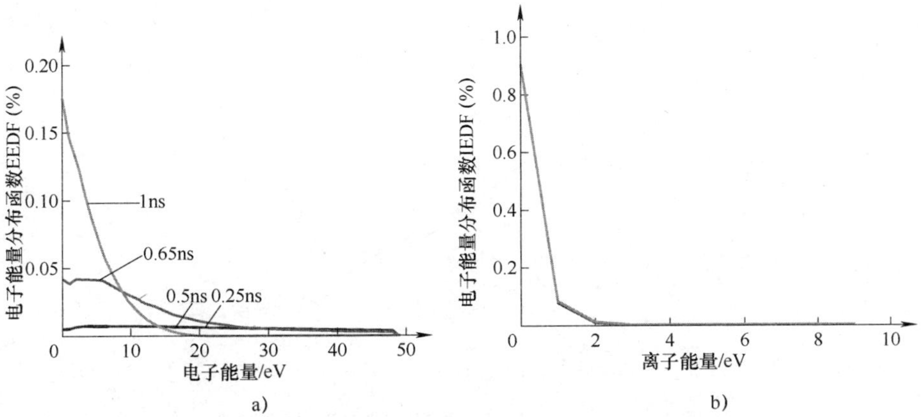

图 5-33 金属蒸气密度为 $10^{22}/m^3$ 时的粒子能量分布函数

a）电子能量分布 b）离子能量分布

当仿真计算时采用不同中性金属蒸气密度可以得到该参数对电子数量随时间变化的状况。图 5-34 是一个计算实例。从图中可以看出，金属蒸气密度越大，则电子数量的上升越快，并且经过一段时间上升后趋于饱和。一旦电压超过一定限值，则雪崩过程加剧，电子数量出现跳变，放电模式也从非自持放电变为自持放电，此时的电压即为击穿电压。图 5-35 是金属蒸气密度对击穿电压的影响规律关系曲线。从图中可以看出，随着金属蒸气密度的升高，击穿电压迅速降低。如果电极两端的电压高于临界电压，则经过几纳秒后形成自持放电。

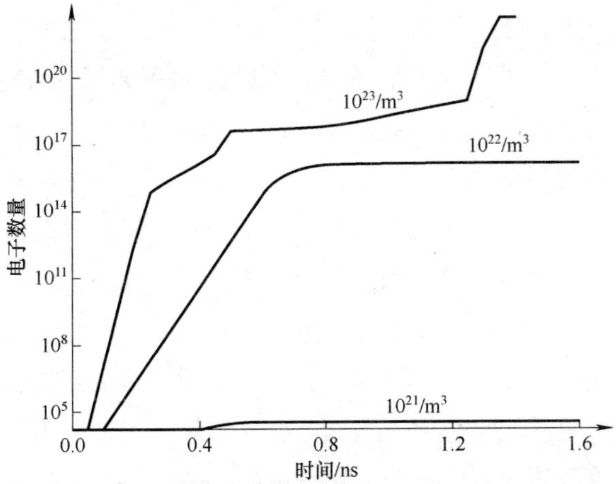

图 5-34 中性金属蒸气密度对电子数量演化的影响（施加电压：10kV）

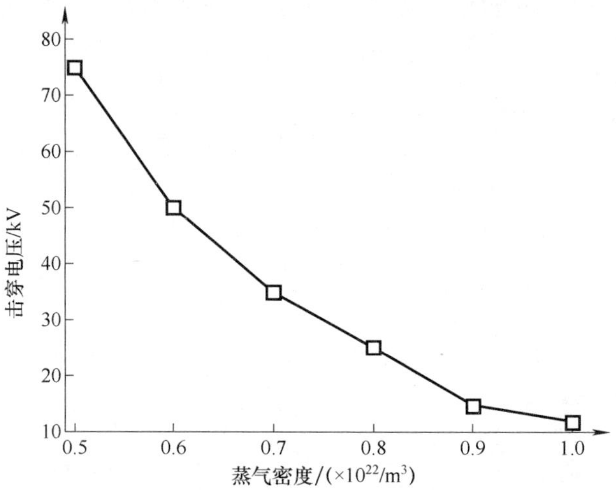

图 5-35　击穿电压随金属蒸气密度的变化规律

需要说明的是，如果金属蒸气密度进一步降低，仿真中即使电极两端的电压继续升高也无法将其击穿。这是因为蒸气密度过低，造成电子 - 蒸气的碰撞频率过低，电子的雪崩过程也就无法启动。在实际中，即使电极间处于真空状态也可能出现击穿现象，这属于长间隙真空击穿，不属于本模型考虑的范围。

5.6　关于真空灭弧室弧后击穿的讨论

真空断路器的开断能力是断路器设计中最重要的一个指标，也是诸多研究者关注的热点问题。通过前面对金属蒸气的计算和对鞘层发展的计算，可以发现金属蒸气的持续时间要远远长于鞘层的发展时间。一般而言，在鞘层的发展阶段暂态恢复电压的幅值处于较低水平。如果出现极端情况，弧隙间的等离子密度超过 $10^{19}/m^3$，则很小的电压就可以导致弧隙发生重击穿现象，这也称作“热击穿”。这时电流已远远超过了断路器的开断极限，单纯讨论鞘层阶段的击穿问题无法了解和认识断路器的真正开断能力。真空断路器的开断能力更大程度是由金属蒸气扩散阶段的电压耐受能力决定的。在鞘层发展结束之后，弧隙间已经没有等离子体存在，但依然存在大量的金属蒸气，甚至灼热的触头继续向外释放金属蒸气，而因为金属蒸气扩散持续时间较长，暂态恢复电压有可能上升到峰值。此时，断路器能否开断成功就由弧隙间隙金属蒸气密度和恢复电压的幅值共同来决定。虽然，金属蒸气是一种较为特殊的介质，但是依然符合气体放电理论。研究者们经常使用所谓的 Paschen 曲线来描述气体介质的绝缘耐压能力。Paschen 曲线是 Townsend 击穿理论的一个结果和推理。非自持放电向自持

放电的转化条件经过简化可以得到

$$\frac{1}{\gamma} = e^{\alpha d} \tag{5-33}$$

如果认为γ是一个常数，同时电极间的电场为均匀电场，那么经过变化可以得到击穿电压为

$$V_s = \frac{BPd}{\ln(APd/\ln(1/\gamma))} \tag{5-34}$$

式中　A，B——常数，与气体介质相关；

P——气体压强（Pa）；

d——电极间隙（m）。

用 Paschen 曲线描述气体断路器是成功的，但是研究者却发现采用 Paschen 曲线描述真空断路器的开断极限并不总能获得满意的结果。Schade 和 Dullni 也注意到了真空断路器与气体断路器的开断极限的区别。他们发现真空断路器金属蒸气的扩散阶段存在两种类型的击穿：立即击穿和延迟击穿，如图 5-36 所示。如果金属蒸气密度超过了临界值，在一定实验条件下为$(n_0d)_{\text{critical}} = 3\times10^{19}/\text{m}^3$，则真空灭弧室的耐压能力非常有限，只要有一个很小的电压就可能发生击穿，此时可以用 Paschen 曲线来描述击穿电压，并且击穿特性类似于气体断路器。但是，如果n_0d的值小于临界值则存在一个区域，如图 5-36 中阴影所示，在这个区域内击穿并不是确定发生的事件而是一个概率事件。如果n_0d的值接近于临界值则发生击穿的概率就大，反之则小。如果n_0d的值超出这个区域，击穿的特性就表现出真空击穿的特性，此时介质恢复过程已经完成，触头间隙击穿已经从气体击穿转变为真空击穿。

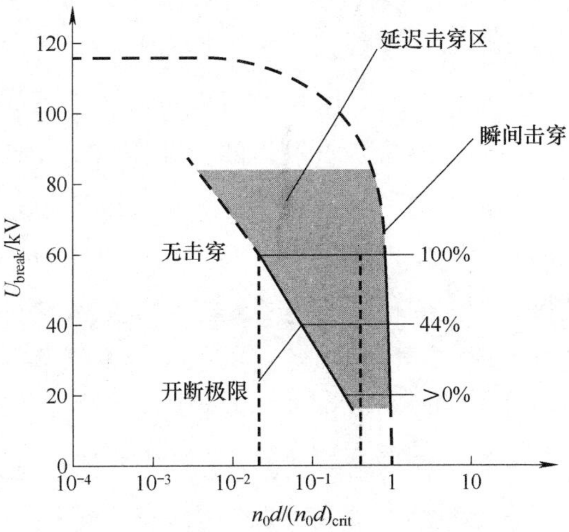

图 5-36　真空断路器开断极限示意图

延迟击穿才是真正的真空断路器的开断极限所在。具体造成延迟击穿的因素并不是特别清楚，但是可以肯定的是，延迟击穿与触头表面状态、触头温度以及电流过零之后的弧隙的金属蒸气密度是直接相关的。延迟击穿区域的击穿电压比 Paschen 曲线所描述的击穿电压要低，按照 Townsend 理论是无法完全解释的。Paschen 曲线采用 $Pd-V_s$ 描述气体介质的耐压能力，击穿电压除了和气体介质的性质相关外，同时还与气体的气压和电极的开距相关。我们注意到，该描述并未考虑到一些微观过程，例如微凸起导致的局部电场集中，而是假设了电极间存在一个均匀电场。从本实验中可以看到，大电流开断之后的表面因为电弧的烧蚀，存在严重的变形，不可避免地造成了触头表面的不平整，局部微凸起现象十分严重。此外，电流过零之后，电极电位出现了翻转，原来的阴极成为新阳极，原来阳极成为新阴极。大电流开断之后，阳极斑点的形成，极大地加剧了阳极触头表面的变形，而弧后弧前的阳极却正好成为发射电子的新阴极，这无疑会提高电子的发射概率，使得击穿电压降低。还可以从 Richardson - Dushman 方程来分析这个问题。方程中可能影响阴极表面发射的因素包括：电场 E 和场致增强系数 β。阳极的烧蚀导致的触头表面的微凸起既会提高触头局部的电场 E，同时也会提高场致增强系数 β。这就意味着阴极发射出更多的电子导致更快形成雪崩过程，进而引起击穿。还应该注意到，方程中存在另一个变量温度 T。由触头表面温度计算分析可知，大电流开断之后触头表面可能依然处于熔化的状态达几微秒，同时出现熔化状态不但可能蒸发出更多的金属蒸气，在暂态恢复电压的作用下还可能出现所谓的 Taylor Cone，在表面形成更大的凸起，这又加剧了触头局部电场的不均匀性。如果触头表面出现熔化的状态，从计算中可以获知，触头表面温度的下降可能非常缓慢，因为固化过程本身是一个不断放热的过程，这无疑阻碍了触头表面恢复到初始阶段。上述微观过程 Townsend 理论都未考虑，这些因素在密度较大的气体放电中并不重要，但是对于低密度气体放电问题就可能带来一些随机现象，延迟击穿可能就是在这些因素综合作用下出现的一种现象。

真空断路器提高开断能力的核心问题是控制触头表面温度。触头表面温度决定了金属蒸气量，也就间接的决定了断路器的开断能力。为了提高真空断路器的开断能力首先就必须保证在电流过零时刻的触头表面的温度足够低。Slade 认为如果要可靠地开断一个电流，就必须保证电流过零之前的 1 ~ 2ms 内电弧已经从集聚态回归到扩散态，这样才能够给予触头充分的时间从灼热的状态冷却。同时纵向磁场和横向磁场电弧控制技术也对成功开断非常关键，这两种技术都保证了电弧能均匀的烧蚀触头表面，不至于造成局部过热的状况。所以弧后的介质恢复过程从某种程度上说是弧前电弧燃烧过程的一个结果，对于特定触头直径的真空灭弧室，想要控制或者优化弧后介质恢复过程，就是要控制燃弧期间触头能量的注入。

本节针对真空电弧弧后介质恢复过程中的金属蒸气扩散阶段的电压击穿问题

采用 PIC－MCC 方法进行了仿真，仿真中考虑了阴极表面的电子发射以及因为重离子轰击所造成的二次电子发射，同时考虑了电子与金属蒸气的弹性碰撞、电离碰撞和激发碰撞等因素所造成的电子雪崩过程。通过此方法分析了不同金属蒸气密度条件下，电子和离子的分布状态以及能量分布，进而获得金属蒸气击穿的完整演化过程。本节的内容可以总结如下：

1）通过仿真分析，定量地描述了直流电压作用下，弧后金属蒸气的击穿过程，给出了击穿过程中电子和离子的分布状态，以及电子和离子的能量分布演化过程。电子密度峰值开始从阴极逐渐向阳极移动，最后峰值基本保持稳定，并又从阳极向阴极移动。电子能量分布随着放电过程的发展而逐渐趋于能量较小的范围，离子能量分布在整个过程中基本保持不变。

2）电压对击穿有着重要的影响。相同的金属蒸气密度条件下，所施加的电压幅值越高，则击穿的概率越大。如果电压幅值低于临界值，则放电过程无法进行。非自持放电向自持放电转换，必须保证所施加的电压高于临界值。

3）给出金属蒸气密度与击穿电压之间的定量关系。结果表明金属蒸气密度对击穿有决定性的影响。击穿电压随着金属蒸气密度的降低而升高，当金属蒸气密度低于临界值时，即使电压升高，也无法获得击穿电压。

4）结合延迟击穿现象，分析得出断路器的开断能力应该是由触头表面温度，表面状态以及金属蒸气密度共同决定的结果，无法单纯地使用 Townsend 理论解释延迟击穿现象，必须将诸多随机过程共同考虑才能获得合理的解释。同时，提高真空断路器开断能力的关键在于控制燃弧阶段的触头表面的能量注入和表面温度。只有在电流过零时保证触头表面温度足够低，才能保证开断的成功。

5.7　PIC－MCC 方法介绍

20 世纪 60 年代，Buneman、Dawson 和 Eldridge 等人提出了一种在计算机上易于实现的等离子体模拟方法，即利用计算机跟踪大量微观粒子的运动，并对这些微观粒子进行统计分析，从而获得由微观粒子组成的宏观等离子体的运动规律和物质特性。但是由于微观粒子之间存在近程库仑力，因此静电噪声大大增加，使得这种方法难以推广。直到 1969 年，Birdsall 等人在原有方法基础上提出了有限粒子模型，有效解决了微观粒子间库仑碰撞问题，使得等离子体粒子模拟仿真方法得到广泛的应用，这也就是著名的粒子云网格方法（Particle in Cell，PIC）。这种方法是从第一原则出发建立的模拟仿真方法，仅需要较少的唯象参数，所以比较适合用来深入研究等离子体物理的机理。

PIC 方法与等离子体流体模拟方法有着根本的不同。等离子体流体模拟是对 Vlasov 方程速度空间进行平均的结果，必须适当地假定局部输运系数和速度空间分布函数，这样就无法分析某些非区域效应。在真空断路器开断之后的弧后介质恢复过程所涉及的物理现象的电子分布会显著偏离麦克斯韦分布，包括局部电荷分离效应（例如鞘层过程），中性金属蒸气的击穿过程。这些过程都是等离子体流体模拟所无法观察和模拟的，通常都需要采用 PIC 方法去建模分析。从理论上来说，只要模型的空间网格足够细，并且每个网格中的粒子数目足够多，那么 PIC 模拟就与直接求解 Vlasov 方程完全等同。

但是 PIC 方法并不是针对所有情况都是有效的。在一定条件下，PIC 模拟与直接求解 Vlasov 方程等效，而 Vlasov 方程仅考虑了弱碰撞以及无碰撞的条件，所以需要修改 PIC 的基本物理框架，以使得 PIC 方法能够研究一些特殊的物理效应。为了能够模拟放电过程中的碰撞、激发、电离、复合等问题，PIC 方法引入了蒙特卡洛法模拟解决粒子 - 粒子间的短程耦合。这种用 PIC 方法描述粒子的运动，并且采用蒙特卡洛方法模拟粒子间的近距离碰撞的方法称为 PIC - MCC 模拟。

下面将详细介绍 PIC - MCC 方法。

5.7.1 PIC 方法

经典和相对论力学都使用力或者力场来描述物质间的相互作用。对于等离子体来说，带正电的离子和负电的电子之间的相互作用是通过电场和磁场来实现的。这样如果我们知道粒子 p 的电荷 q_{p}、位置 $\vec{x}_{\mathrm{p}}$、速度 $\vec{v}_{\mathrm{p}}$，通过计算电场和磁场在位置 $\vec{x}_{\mathrm{p}}$ 的值，就可以获得施加到粒子 p 的电场力和洛伦兹力为

$$\vec{F}_{\mathrm{p}} = q_{\mathrm{p}}[\vec{E}(\vec{x}_{\mathrm{p}}) + \vec{v}_{\mathrm{p}} \times \vec{B}_{\mathrm{p}}(\vec{x}_{\mathrm{p}})] \tag{5-35}$$

电场和磁场由等离子体本身以及等离子体外部的源产生，可以通过求解麦克斯韦方程获得。这样看来似乎等离子体问题的求解并不存在特别的困难，只要知道等离子体中每个带电粒子的初始位置，由式（5-35）决定的运动控制方程和麦克斯韦方程就可以确定带电粒子的运动规律，进而可以通过预测粒子的运动得到等离子体的宏观规律。

但是等离子体由大量带电粒子组成并且数量庞大，通过预测每一个带电粒子的运动规律获得等离子体的宏观特性在理论上存在可能，实际却面临无法解决的问题，粒子的数目已经远远超过了现阶段计算机的计算能力。采用这种方法计算等离子体，无法在一个有效的时间内获得结果。为了解决这个问题，超粒子的概

念被引入等离子体模拟计算中。所谓超粒子就是用一个粒子来描述等离子体分布函数相空间中的一点（$\vec{x}$，$\vec{v}$）周围的所有粒子。因为这点附近的粒子对等离子体中的其他粒子的作用力以及电磁场的贡献基本相同，由式（5-35）可知这些粒子的运动规律也基本相同，所以不需要跟踪此点附近的所有粒子，只需要计算一个粒子的运动特性就可以代表相空间中一点附近所有粒子的特性。这种特性与德拜长度所表征的等离子屏蔽效应是一致的。这样，超粒子的引入使得计算机处理包含大量带电粒子的等离子体的计算成为可能。

虽然超粒子的引入使得计算成为可能，但是依然存在一个严重的问题，阻碍了模型的进一步推广。因为超粒子被处理成为一个点电荷，当两个超粒子距离较远时，点电荷之间的相互作用力符合库仑定律，为库仑力。但是如果两个超粒子的距离逐渐靠近的话，因为超粒子被处理成为点电荷，所以按照库仑定律力会逐渐趋于无穷，这与实际是不相符合的。事实上这个效应是因为将分布在空间中数量众多的带电粒子处理成仅为空间一点的超粒子所带来的近碰撞效应。当两团等离子体相互重合时，它们之间的库仑力会逐渐减小，直至完全重合归为零。超粒子的引入带来了近碰撞效应，从根本上扭曲了等离子体集体运动特性，也不能适应等离子体模拟的要求。

为了解决近碰撞效应的问题，Birdsall 等人提出了有限大小粒子。如图 5-37 所示，当距离较远时有限大小粒子表现出点电荷的特性；而当两个有限大小的粒子靠近时，则作用力逐渐减小直到降为零。有限大小粒子的方法可以有效降低近碰撞效应所带来的影响，最大限度的保留下等离子体集体运动的特性。

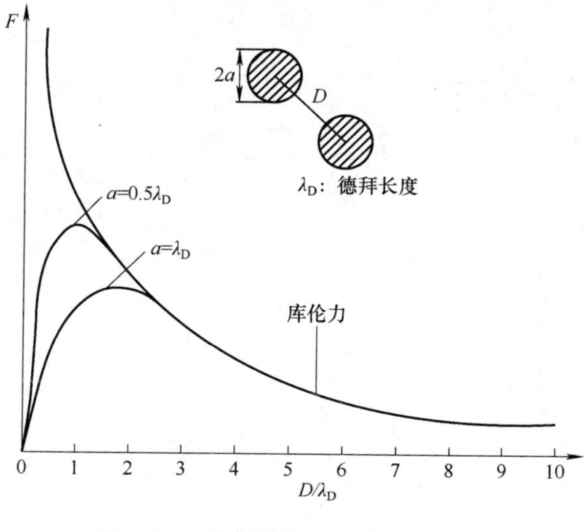

图 5-37　有限粒子之间的相互作用

为了进一步说明 PIC 方法，结合本书所研究的弧后鞘层问题，考虑一个一维静电场等离子体问题。等离子中的电子和离子的相空间分布函数为$f_s(x,v,t)$，代表一个相空间中某个相点（x，v）附近 dxdv 范围内可能发现的粒子数目，其中 s 代表不同的带电粒子。其中等离子体的控制方程为 Vlasov 方程，可以表示为

$$\frac{\partial f_s}{\partial t} + v\frac{\partial f_s}{\partial x} + \frac{q_s E}{m_s}\frac{\partial f_s}{\partial v} = 0 \tag{5-36}$$

式中　q_s——粒子电荷量（C）；

m_s——粒子质量（kg）。

分布函数$f_s(x,v,t)$是一个连续的表达式，计算机处理时需要对其进行离散和截断。PIC 方法认为相空间中的分布函数可以由若干个单元的分布函数组成$f_p(x,v,t)$，每一个单元都代表了相空间中某点附近的大量粒子，也就是上面提到过的有限大小粒子。可以表示为

$$f_s(x,v,t) = \sum_p f_p(x,v,t) \tag{5-37}$$

PIC 方法还需要给每一个有限大小粒子的分布函数指定型函数，以确定其中的分布状态。通常相空间中每一维都有一个型函数去构造其分布函数，对于我们的问题，可以表示为

$$f_p(x,v,t) = N_p S_x(x - x_p(t)) S_v(v - v_p(t)) \tag{5-38}$$

式中　N_p——一个有限大小粒子中的粒子数量；

x_p——有限大小粒子在相空间中的坐标位置（m）；

v_p——有限大小粒子在相空间中的速度位置（m/s）；

S_x——坐标空间的型函数；

S_v——速度空间的型函数。

对于型函数 S 必须满足归一化条件，即$\int_{-\infty}^{+\infty} S(x - x_p)\mathrm{d}x = 1$，并且应该令$S(x) \neq 0$的范围足够小，且$S(x) = S(-x)$。满足这些条件的函数非常多，通常使用多项式的样条插值来实现。

将式（5-37）和式（5-38）代入式（5-36）并且在速度空间和坐标空间积分，可以得到完整的 Vlasov 演化方程为

$$\frac{\mathrm{d}N_p}{\mathrm{d}t} = 0$$

$$\frac{\mathrm{d}x_p}{\mathrm{d}t} = v_p$$

$$\frac{dv_p}{dt} = \frac{q_s}{m_s}E_p \tag{5-39}$$

式中 $E_p = \int S_x(x - x_p)E(x)dx$。

根据分布函数为 $f_s(x,v,t)$ 的定义式（5-37）以及式（5-38），空间中的粒子电荷密度分布可以表示为

$$\rho_s(x,t) = \sum_s q_s \int f_s(x,v,t)dv = \sum_p q_s N_p S_x(x - x_p(t)) \tag{5-40}$$

在静电模型中认为粒子的运动主要由静电场决定，可以忽略感应电磁场，因此只需要求解 Possion 方程。静电模型适用于包括等离子体鞘层问题在内的一类特征时间较长的问题。这样电势可以表示为

$$\nabla^2\varphi = -\frac{\rho}{\varepsilon_0} \tag{5-41}$$

式中 ρ——粒子电荷密度（C/m^3）；

ε_0——真空中介电常数（F/m）。

这样式（5-39）~式（5-41）就构成了 PIC 计算的完整方程组，可以求解 Vlasov - Maxwell 系统所确定的等离子体问题。

5.7.2 MCC 方法

在真空电弧弧后鞘层的仿真中需要引入带电重粒子与中性粒子的碰撞过程以使仿真结果与实际物理过程更为接近。这时就需要引入蒙特卡洛碰撞（Monte Carlo Collision，MCC）法，来对粒子间的近距离碰撞过程进行仿真。

假设一个粒子与靶目标之间可能有若干种碰撞类型，则发生第 i 种类型碰撞的频率为

$$\nu_i = n(x)\sigma_i V \tag{5-42}$$

式中 $n(x)$——靶目标的粒子数密度（m^{-3}）；

σ_i——第 i 种碰撞类型的碰撞截面（m^2）；

V——入射粒子相对于靶目标的速度（m/s）。

将所有碰撞类型的碰撞截面累加，还可以得到总碰撞截面为

$$\sigma(\varepsilon) = \sum_i \sigma_i(\varepsilon) \tag{5-43}$$

式中 ε——入射粒子的动能（eV）。

这样就可以得到单位时间 Δt 内，发生所有类型碰撞的总的概率为

$$P = 1 - \exp[-V\Delta t\sigma(\varepsilon)n(x)] \tag{5-44}$$

原则上可以对模型中的所有宏粒子进行遍历，并且生成一个随机数 R，如果 $R<P$，就根据碰撞参数模拟碰撞。但是，采用这种方法模拟碰撞过程可能会对计算机造成巨大的负担，因为遍历所有宏粒子并模拟碰撞所开销的时间通常非常大，尤其是当模型中的宏粒子数量庞大时，甚至无法完成计算。为了提高计算效率，通常采用空碰撞的方法模拟带电粒子和中性粒子之间的碰撞。空碰撞方法首先需要设置最大碰撞概率，即

$$\nu_{\max} = \max[n(x)]\max\left[\sigma(\varepsilon)\sqrt{\frac{2\varepsilon}{m}}\right] \tag{5-45}$$

这样就可以得到单位时间 Δt 内，发生空碰撞的概率为

$$P_{\text{null}} = 1 - \exp(-\nu_{\max}\Delta t) \tag{5-46}$$

假设总的模拟粒子数为 N，则单位时间 Δt 内发生的最大可能碰撞数为

$$N_{\text{null}} = NP_{\text{null}} = N[1 - \exp(-\nu_{\max}\Delta t)] \tag{5-47}$$

然后从总的模拟粒子数 N 中抽取 N_{null} 个粒子，再遍历抽取出的粒子，对每一个抽取出的粒子生成一个随机数 R，再执行以下操作，实现不同类型的碰撞。

$$\begin{array}{ll}
R < \dfrac{\nu_1(\varepsilon)}{\nu_{\max}} & \text{执行第一类型碰撞} \\
\dfrac{\nu_1(\varepsilon)}{\nu_{\max}} < R < \dfrac{\nu_1(\varepsilon) + \nu_2(\varepsilon)}{\nu_{\max}} & \text{执行第二类型碰撞} \\
\cdots & \cdots \\
\dfrac{\sum\limits_{i=1}^{N}\nu_{\text{i}}(\varepsilon)}{\nu_{\max}} < R & \text{无操作}
\end{array} \tag{5-48}$$

由于离子的质量较大，能量交换效率相对电子要低很多，所以一般不考虑离子可能造成的中性金属蒸气的激发和电离。对于离子与中性金属蒸气的碰撞主要有电荷交换碰撞和弹性碰撞两种。电荷交换碰撞的主要作用是，使得电子从中性金属蒸气转移到离子，并且两者的速度相互交换。而弹性碰撞则假设离子和中性金属蒸气原子的碰撞与刚性小球碰撞过程类似。碰撞结束后，离子能量具有如下关系：

$$\varepsilon_{\text{scat}} = (1 - \alpha_{\text{L}})\varepsilon_{\text{inc}} \tag{5-49}$$

式中 $\varepsilon_{\text{scat}}$——离子散射能量（eV）；

ε_{inc}——离子入射能量（eV）；

α_{L}——能量损失因数。

假设离子和中性金属分子的质量分别为 m_1 和 m_2，能量损失因数 α_{L} 可以表示为

$$\alpha_L = \frac{2m_1m_2}{(m_1+m_2)^2}(1-\cos\theta) \tag{5-50}$$

式中　θ——质心坐标的散射角。

当 $m_1 = m_2$ 时，$\theta = 2\chi$，χ 为实验坐标的散射角。这时式（5-49）就可以变为

$$\varepsilon_{scat} = \varepsilon_{inc}\cos^2\chi \tag{5-51}$$

假设在质心坐标中的散射是各向均匀同性的，就可以得到

$$\cos\theta = 1 - 2R \tag{5-52}$$

$$\cos\chi = \sqrt{1-R} \tag{5-53}$$

式中　R——0 ~ 1 的随机数。

5.7.3　PIC – MCC 方法的计算流程

前面两节分别介绍了 PIC 方法和 MCC 方法，下面将两种方法在完整的程序框架中进行整合。图 5-38 呈现了完整的 PIC – MCC 模拟仿真流程图。首先必须定义模型中的网格并且预置宏粒子，然后执行循环操作：

1）将网格中的宏粒子所带电荷分配到网格的节点处，获得电荷或者电流的分布状况。

2）基于网格节点电荷或者电流的分布求解电磁场方程，求解宏粒子之间的电磁场力。

3）在得到电磁场与宏粒子之间的相互作用关系后，利用经典或者相对论力学原理求解宏粒子的运动状态。

4）基于蒙特卡洛法模拟宏粒子之间的碰撞。

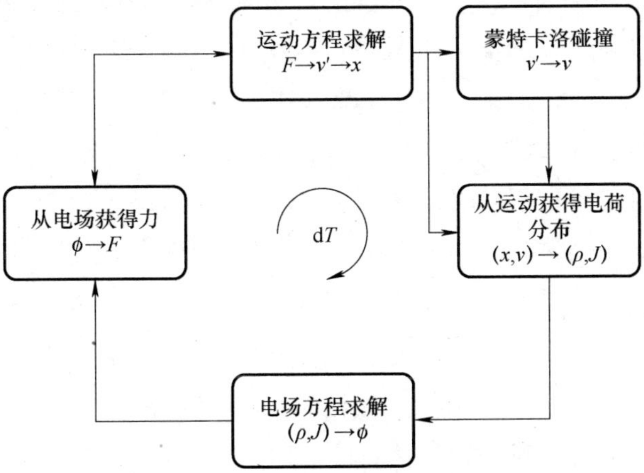

图 5-38　PIC – MCC 模拟仿真流程图

1. 仿真设置

此处针对鞘层的仿真采用 1d3v 的 PIC－MCC 模型，即在相空间中坐标空间为一维而速度空间为三维。这种仿真模型可以较好地反映出鞘层的运动情况，最大限度地保留各种粒子的信息，同时由于采用一维位置空间，可以有效地控制计算量，节省计算时间，对于定性分析平板触头间的弧后等离子体现象具有较好的效果。

2. PIC 模拟中参数的选取

为了保证 PIC 模拟过程中的数值计算稳定性，保证结果的收敛和可信，同时能够分辨出物理过程的细微变化，需要时间步长、网格尺寸满足如下条件：

$$\Delta x < \lambda_D$$

$$\Delta t < 2/\omega_p$$

$$\Delta t < \Delta x/c$$

式中 Δx——网格宽度（m）；

Δt——仿真时间步长（s）；

λ_D——等离子体德拜长度（m）；

ω_p——等离子体振荡频率（rad/s）；

c——真空中的光速（m/s）。

对于静电模拟问题，可以消除上述时间步长和网格尺寸的约束，但是由于存在等离子体扩散问题，需要增加一个限制条件：

$$\Delta t < \Delta x/v_{thermal}$$

式中 $v_{thermal}$——电子的平均热速度（m/s）。

此外，在使用 PIC－MCC 方法进行仿真，用蒙特卡洛碰撞方法模拟粒子间的碰撞时，还应控制时间步长以保证每个时间步长 Δt 内不发生太多次碰撞，即

$$\nu\Delta t \ll 1$$

式中 ν——碰撞发生的概率。

网格宽度、时间步长等仿真参数的选择对仿真结果的收敛性、计算速度等有很大的影响。例如，如果 Δx 的设置远远大于德拜长度，则可能出现因为数值振荡导致所谓的“自加热”现象。在本节的仿真中，我们取网格宽度为以满足相应的约束条件，并留有一定的裕度。经过一定的尝试，根据仿真模型尺寸的不同，我们取时间步长为 10^{-12}s，这样设定满足上文中的限制条件，同时也可以满足我们对运算速度的要求。同时，我们设定仿真的总时间为 5μs，此时间长度可以完整地观察真空电弧弧后等离子体鞘层发展过程。

3. 粒子初始条件

在仿真开始时，粒子被初始化，仿真中均设定铜原子、铜离子、电子在初始时刻均匀地分布于触头间隙之间，并具有一定的热运动速度。电子温度和离子温度选取标准的讨论参见5.2节，金属蒸气温度认为接近于触头表面温度，假设Cu金属蒸气温度为0.2eV。为了简化起见，仿真中认为全部铜离子均为正二价。

初始时刻的铜原子、铜离子、电子密度分别用n_0、n_i、n_e表示，为了满足初始时刻的等离子体电中性条件，粒子密度存在如下关系

$$n_e = 2n_i \tag{5-54}$$

另外我们将粒子边界条件设置为：当粒子运动至电极区域时即被电极吸收。

4. 电磁场求解设置

由于我们所关心的物理问题中，电磁场的演化速度远小于等离子体特征时间，因此可以忽略感应磁场，采用静电场模型计算电场力，在每一时间步长内只需要求解Possion方程。采用此方法可以节省计算时间，提高计算效率。

仿真中电场的边界条件为Dirichlet型边界条件，即给定边界处的电势值。其中，左侧为阳极，给定电势为0；右侧为阴极，其电势为按固定斜率下降的瞬态恢复电压TRV。

5. MCC碰撞设置

在建立鞘层发展模型时，仅考虑铜离子与中性铜原子的碰撞，而不考虑电子的影响。因为电子相对于离子质量较小，鞘层的发展取决于离子的扩散速度，所以此处将电子的影响忽略。但是如果需要讨论鞘层发展阶段击穿等现象则需要把电子可能引起的激发和电离加以考虑。在我们的仿真模型中，考虑了铜离子与铜原子之间的电荷交换及弹性碰撞。

电荷交换碰撞：

$$Cu + Cu^{2+} \rightarrow Cu^{2+} + Cu \tag{5-55}$$

弹性碰撞：

$$Cu + Cu^{2+} \rightarrow Cu + Cu^{2+} \tag{5-56}$$

电荷交换碰撞和弹性碰撞的碰撞截面如图5-39所示。

铜离子与铜原子弹性碰撞截面σ_{ex}为

$$\sigma_{ex} = (7.0 - 0.38\ln\varepsilon)^2 \times 10^{-20} \tag{5-57}$$

铜离子与铜原子电荷交换碰撞截面σ_{mx}为

$$\sigma_{mx} = (6.45 - 0.365\ln\varepsilon)^2 \times 10^{-20} \tag{5-58}$$

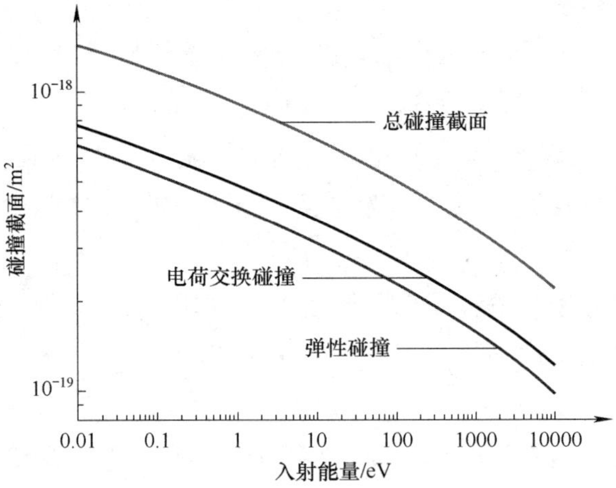

图 5-39　Cu 离子碰撞截面数据

6. 后处理——鞘层边界位置的判定

通过仿真，我们可以得到触头间隙间的电势分布，电子、离子数量，电子、离子密度分布等参数随时间变化情况。然而要得到鞘层厚度随时间的变化情况还需根据仿真得到的电子、离子密度分布情况进行一定的后处理。在后处理过程中，我们认为，如果某一网格后的所有网格中的离子数均多于电子数，而此网格前一网格中离子数少于电子数，则此网格所在位置即为离子鞘层的边界，此网格到弧后阴极的距离即为鞘层厚度。通过后处理过程可以得到鞘层厚度随时间变化的情况，便于我们对不同参数下的鞘层厚度变化情况进行比较，并得到相应的鞘层变化规律。

第 6 章

输电等级真空断路器的关合过程及其优化控制

输电等级真空断路器由于触头开距大、行程长、质量重，在关合过程中操作功要比配电等级真空断路器大许多，在关合过程中会遇到一系列问题。首先，为了保持一定的关合速度，可能引起触头的弹跳，从而导致触头间发生燃弧，引起触头熔焊。额外的燃弧也会侵蚀触头材料，缩短断路器的电寿命。其次，过大的关合速度造成的强烈冲击也会破坏机械结构强度，缩短断路器机械寿命。因此在输电等级真空断路器的机构设计中，必须对关合过程进行深入分析，提出优化设计准则，从而指导断路器开发。

本章针对具体的126kV 真空断路器机构，通过实验分析获得真空灭弧室预击穿和机械弹跳的数据，以最小预击穿和弹跳燃弧时间为优化目标，获得最佳合闸速度。本章还对其他影响合闸过程的因素进行了分析。

6.1 输电等级真空断路器合闸速度的优化

6.1.1 触头间的动熔焊特性

在真空断路器处于静止合闸状态下，如果有足够大的电流流过触头，会因接触电阻发热使导电斑点及其附近金属熔化，当它冷却后会产生熔焊，这种熔焊通常称为静熔焊。在真空断路器合闸过程中出现的熔焊现象被称为动熔焊。在关合载荷线路时，真空灭弧室在触头闭合过程中都会发生一定程度的动熔焊现象。当动静触头接近到一定程度时会发生预击穿，触头碰撞后会发生弹开，这些都会在触头间产生电弧，进而加热触头表面，引起触头熔焊。在实际运行的真空断路器中，如果电路在短路状态下执行关合操作，则最容易发生动熔焊。如果所产生的动熔焊机械强度过大，真空断路器将无法正常执行后续的分闸操作，从而导致断路器失效，产生十分严重的后果。

实践证明，影响真空灭弧室动熔焊性能的主要因素取决于触头材料和电弧能量。Slade 给出了真空灭弧室触头发生动熔焊时熔焊力 F_W 的公式，即

$$F_W = KW_C^{2/3} \tag{6-1}$$

式中 K——与触头材料特性有关的系数（机械特性和热特性）；

W_C——输入到熔化接触区的能量。

如果假设燃弧过程中所有的能量都作用于熔焊，则 W_C 应为

$$W_C = \int_{t_a} U_C I \mathrm{d}t \tag{6-2}$$

式中　t_a——燃弧时间（s）；

U_C——电弧电压（V）；

I——电弧电流（A）。

由式（6-2）可知，合闸过程中，电弧电压、电弧电流和燃弧时间都会影响动熔焊性能。电弧电压和电弧电流越大，燃弧时间越长，电弧能量 W_C 就越大，熔焊力也就越强。

6.1.2　减轻输电等级真空断路器动熔焊效应的合闸速度优化理论

上节中的分析表明，熔焊力与合闸过程中的燃弧能量相关。在电压和电流一定的条件下，燃弧时间决定了熔焊力的大小。燃弧时间由预击穿燃弧和弹跳燃弧两部分构成。实践表明，合闸速度会在很大程度上影响预击穿和和弹跳过程。

图6-1所示是真空断路器进行合闸操作时触头间产生电弧的示意图。从图中可以看到，合闸燃弧过程可以分为两部分，即预击穿过程和弹开过程。一旦在合闸过程中产生预击穿，电弧就会在触头之间产生，并流过主回路电流，直至触头完全接触，预击穿电弧熄灭。相比中低压等级真空断路器，输电等级真空断路器在关合过程中触头间承受的电压更高，会在较大的开距下发生预击穿，并且预击穿电弧的燃弧时间也会大大增加，对动熔焊的影响不可忽视。因此，仅从预击穿过程来看，高电压等级真空断路器应当适当增大触头合闸速度，减小因预击穿效应产生的动熔焊。

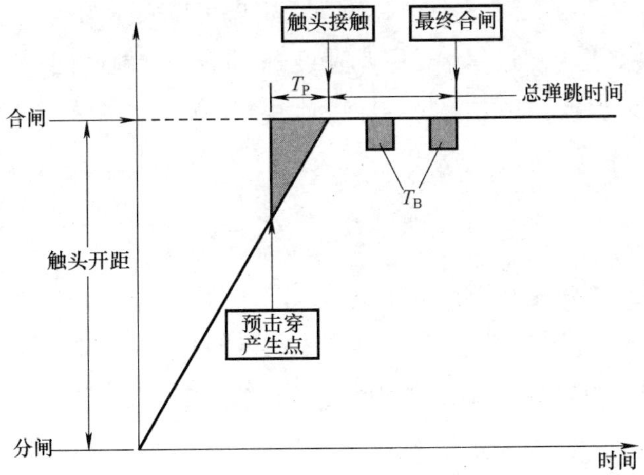

图6-1　触头合闸过程示意图

但是从另一方面来看，机构的合闸速度越快，动触头在碰撞前所具备的动能也就越大，从而在触头碰撞后造成的触头弹跳的持续时间就越长，真空断路器的操作机构产生的振动也越严重。在高电压等级真空断路器中，这一现象比中压断路器更为严重。

在弹跳过程中，触头之间同样会有电弧产生，电弧同样也会熔蚀触头。弹跳时间越长，触头间燃弧能量也越大，同样也会增大触头间发生熔焊的可能性。

因此，对于高电压等级真空断路器需要找到适当的合闸速度，使预击穿时间和弹跳发生时的燃弧时间总体最短，触头的熔焊程度最低。这也就是合闸速度优化计算的目标。研究过程有如下几点假设：

1）一旦触头之间发生预击穿，假设击穿瞬间即刻产生电弧，并且电流开始流过。在此假设下预击穿过程的燃弧时间就是发生预击穿时的触头开距除以触头平均合闸速度。

2）弹跳时间定义为合闸过程中触头弹开时间的总和，即弹跳过程中触头的总弹开拉弧时间。

3）触头假设为绝热的，合闸过程中产生的全部电弧能量都用来熔焊触头。因此总的熔焊时间为预击穿燃弧时间和弹跳燃弧时间之和。

4）针对可能会发生动熔焊的最严酷情况进行研究。即预击穿时间与弹跳时间均为可能发生最长的情况。

在以上假设条件下，对动触头在预击穿开距内的平均合闸速度 v_P 进行优化，其目标是将预击穿燃弧时间 T_P 和弹跳燃弧时间 T_B 之和即总的燃弧时间 T_W 最小。对于预击穿过程，两触头间的预击穿燃弧时间 T_P 可以表示为 $T_P = d/v_P$ 。对于弹跳过程，通过试验测量合闸过程中的平均速度 v_P 与合闸弹跳时间 T_B 的关系为：$T_B = T(v_P)$ 。综上可以得到，真空断路器合闸时触头合闸过程中的燃弧时间 T_W 与优化合闸速度 v_P 的关系为

$$T_W = T_P + T_B = \frac{d}{v_P} + T(v_P) \tag{6-3}$$

式中 d——真空灭弧室在工作电压下的预击穿开距；

v_P——真空断路器预击穿发生到触头刚碰的平均合闸速度；

$T(v_P)$——真空断路器合闸过程中触头的弹跳时间与平均合闸速度 v_P 的函数关系。

对此函数可以找到使得燃弧时间 T_W 最短的速度 v_P。因为具体参数都需要和实际断路器结合。首先，通过实际测量断路器灭弧室的静态工频击穿特性获得击穿电压与开距的关系，从而得到关合额定工作电压时的预击穿开距；然后，通过对断路器进行空载关合试验，得到不同合闸速度与弹开时间的关系；最后通过这些实测数据，得到

实际真空断路器不同合闸速度下合闸过程中所产生的燃弧时间函数关系。

6.2 输电等级真空断路器触头预击穿开距与弹跳的实验测量

本节以所开发的 126kV 真空断路器机构为对象，介绍通过实验直接测量触头在关合过程中的预击穿开距和关合中碰撞弹跳的时间。

6.2.1 预击穿实验

图 6-2 所示为试验的电路图。通过测量额定工作电压下触头发生击穿的开距来获得预击穿开距。

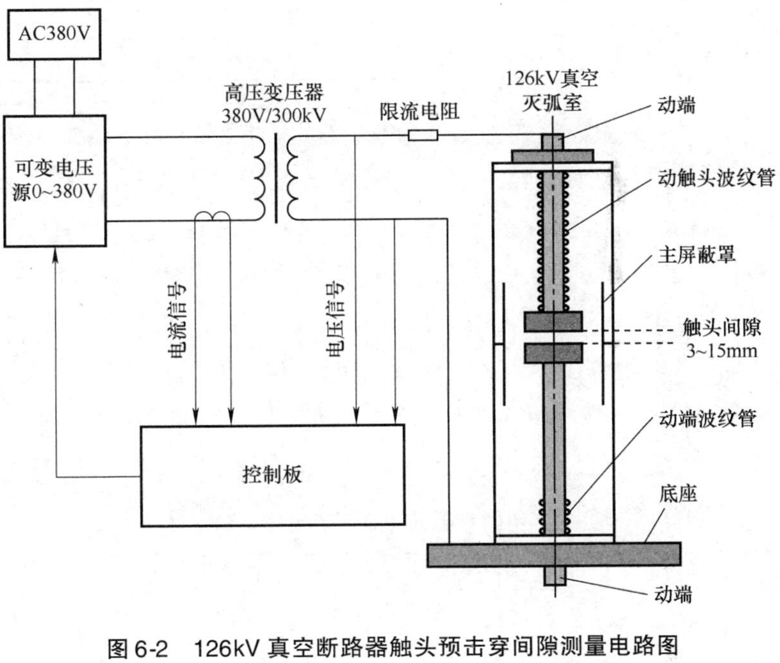

图 6-2 126kV 真空断路器触头预击穿间隙测量电路图

实验中采用了 2 支 126 kV 真空灭弧室。灭弧室的触头材料为 CuCr50（Cu：50% wt，Cr：50% wt），触头结构采用的是纵向磁场设计方式，触头直径为 100 mm。为了保证实验数据的稳定，灭弧室均经过老炼。具体老炼程序如下：

1）电流老炼：在 120A 直流电流下对触头进行分闸操作，每次分闸时间为 2 ms。两种触头极性各进行 15 次分闸操作。

2）冲击电压老炼：在 60 mm 的触头开距下对触头施加 550kV 冲击电压，两种触头极性分别各进行 15 次。

3）工频耐压老炼：分别在触头开距为5 mm、10 mm、15 mm和60 mm的情况下，在灭弧室两端施加50Hz交流电压，各种开距下电压等级见表6-1，通电时间大于等于1min。

表6-1 触头样本的老炼参数

电流老炼	直流电流	触头间隙	燃弧时间
	120A	8 ~ 10 mm	2 ms
冲击电压老炼	电压峰值	触头间隙	操作次数
	550kV	60 mm	±15
交流电压老炼（50Hz）	触头间隙	耐受电压	耐受时间
	5 mm	90 ~ 95kV	1min
	10 mm	150 ~ 160kV	1min
	15 mm	180 ~ 200kV	1min
	60 mm	200 ~ 240kV	1min

表6-1所列为灭弧室老炼的详细参数与程序。对触头进行老炼最主要的是使触头表面光滑，清除触头表面吸附的气体，使得灭弧室击穿电压处于稳定状态。

测量触头预击穿间隙时的实验程序如下：将真空灭弧室试品垂直放置于试品台上，静端朝下固定，动端通过螺母调节灭弧室触头的开距，范围为3 ~15 mm。首先固定一触头开距，在触头两端施加50Hz的工频电压，然后逐步增加触头间隙上的工频电压。当工频电压上升到击穿水平时，触头间发生预击穿现象，电路中流过的电流超过20A。发生击穿瞬间的电压值即为该开距下的工频击穿电压。表6-2为各个真空灭弧室在不同触头开距下的实验次数。

表6-2 不同触头开距下工频击穿试验次数

真空灭弧室编号	不同开距下的试验次数							
	3.5 mm	5.0 mm	6.5 mm	7.25 mm	8.0 mm	9.0 mm	10 mm	15 mm
1	5	3	3	3	1	1	5	4
2	1	4	4	1	4	3	5	1

按照上面步骤，测得不同触头开距下击穿电压，得到一系列不同触头开距下的击穿电压数据。将这些数据进行拟合，可以得到触头预击穿开距d与击穿电压U_P的函数关系：$d=f(U_P)$。将126kV真空断路器的正常工作时触头两端电压值代入上面的函数，即可得到126kV真空断路器合闸过程的预击穿开距。

对试验中测量的数据进行整理，可以得到如下击穿电压与触头间隙的关系图，如图6-3所示。触头间工频击穿电压U_P（有效值）随着触头开距d的增大而增大，

其增大趋势符合指数函数分布。对实验数据进行拟合，触头工频击穿电压 U_P 与触头开距 d 的函数关系为

$$U_P = 30.7d^{0.623} \tag{6-4}$$

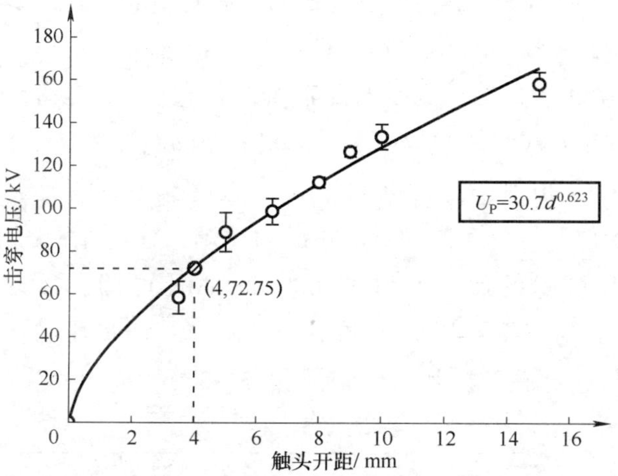

图 6-3　126 kV 真空灭弧室工频击穿电压与触头间隙的关系

考虑到 126 kV 真空断路器用于最严酷的三相接地点接地系统，加在真空灭弧室两端的工频电压值 U_P 的有效值为

$$U_P = 126/\sqrt{3}\text{kV} = 72.75\text{kV}$$

将 $U_P = 72.75(\text{kV})$ 带入式（6-4），可以得到 126 kV 真空断路器正常工作时发生预击穿时的触头开距为

$$U_P = 72.75\text{kV} = 30.7 \times d^{0.623} \tag{6-5}$$

解方程可得

$$d \approx 4.0\text{mm}$$

因此，可以认为 126kV 真空断路器在工作电压下合闸过程中，当触头开距达到 4.0mm 时会有很大的概率发生预击穿现象。

6.2.2　空载关合弹跳特性实验

为了得到在 126 kV 真空断路器中预击穿阶段内平均合闸速度与弹开间的函数关系，对 126 kV 真空断路器样机进行空载关合试验。通过该实验记录合闸过程中的合闸运动曲线与弹开时间。由上节得知，126 kV 真空灭弧室的预击穿开距为 4.0 mm，因此需要优化的合闸速度为触头在合闸碰撞前 4.0 mm 开距内的平均速度 v_P。

在真空断路器合闸过程中，关于触头的弹跳时间如何定义目前有两种不同的

方法。一种是触头的弹跳时间，即合闸过程中，从动静触头接触开始，到触头完全闭合不运动为止，这一段时间称为触头的弹跳时间。另一种是触头的弹开时间，即在触头合闸弹跳的过程中触头处于弹开状态的时间的总和。由于触头合闸碰撞的弹开时间与触头间的电弧能量直接相关，且对触头熔焊性能的影响更大，因此，将主要研究触头合闸弹跳过程中的弹开时间。

图 6-4 所示为测量 126kV 真空断路器合闸位移曲线以及合闸弹跳的示意图。断路器为所研发的 126kV/2500A/40kA 单断口真空断路器，三个真空灭弧室并列安装。操动机构采用 CT20 弹簧操动机构。在合闸过程中，通过合闸弹簧驱动真空灭弧室中触头合闸到位。分、合闸弹簧的预压力可调，分闸弹簧的预压力为 12000～20000N 可调，合闸弹簧的预压力为 27000～38000N 可调，触头弹簧的预压力为 5500N。动触头的合闸速度可以通过调节分合闸弹簧的预压力实现调节，在合前 20mm 开距内的平均合闸速度的调节范围为 0.7～2.0m/s。

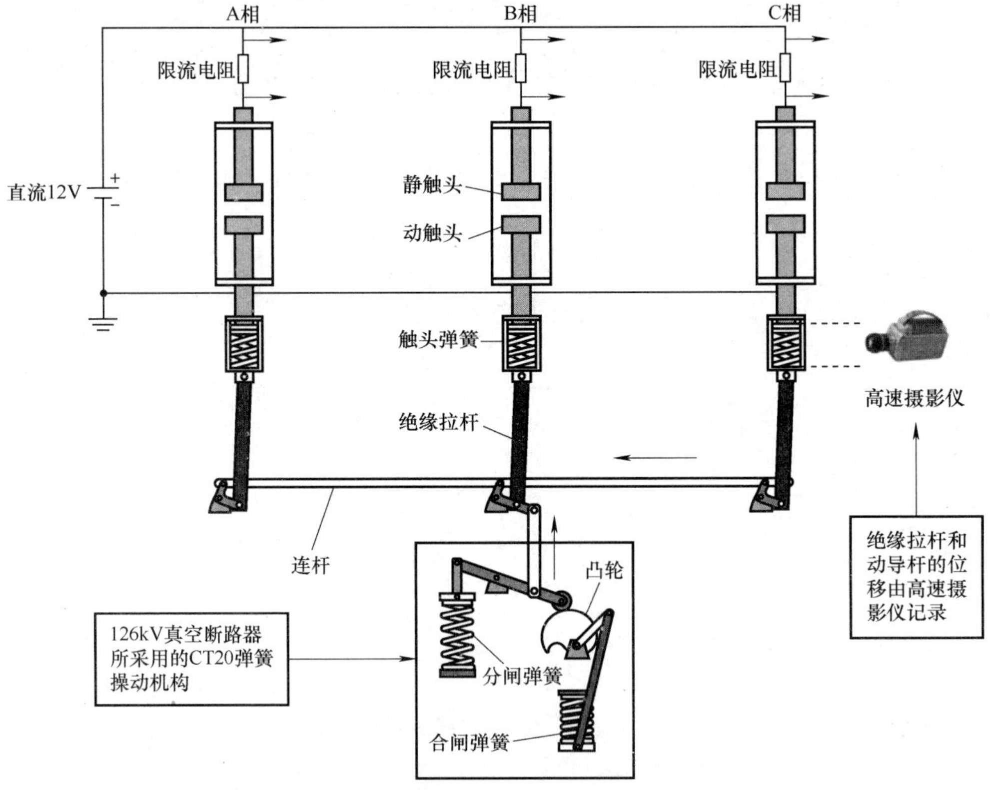

图 6-4　126 kV 真空断路器合闸过程弹跳特性实验示意图

在试验中，采用高速摄影仪（Phantom V10）记录其中一相的触头弹簧在关合过程中的运动情况。由于触头弹簧的上端与动触头相连，底端与绝缘拉杆相连。

因此，通过对触头弹簧上下两端位移的记录，高速摄影仪既可以记录动触头在合闸过程中的位移，又可以记录机构在合闸时的行程。图 6-5 126 kV 真空断路器所处的三个典型状态，其中包括分闸状态、触头刚合状态以及最终合闸状态。图 6-6 所示为通过高速摄影仪记录的合闸过程图片与每张图片间隔时间所画出的真空断路器在一次合闸过程中的行程曲线。其中的虚线为弹簧操动机构 CT20 的合闸位移曲线，实线为动触头的合闸位移曲线。从图中可以清楚地看出，在触头碰撞前，机构和触头具有相同的合闸速度。

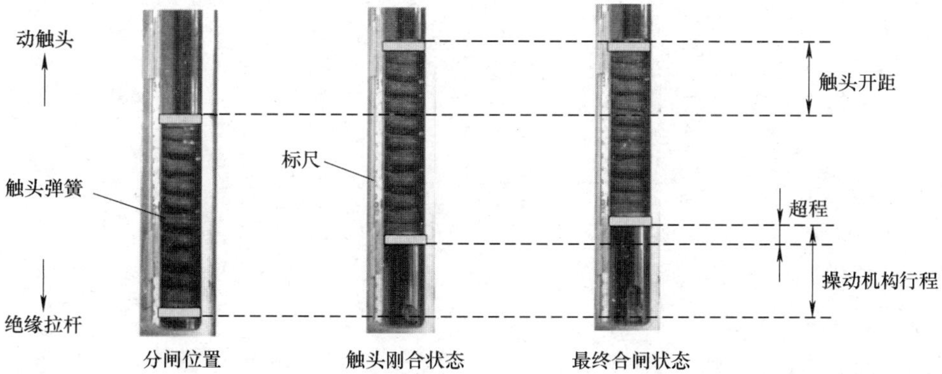

图 6-5　高速摄影仪拍摄断路器触头弹簧运动特性

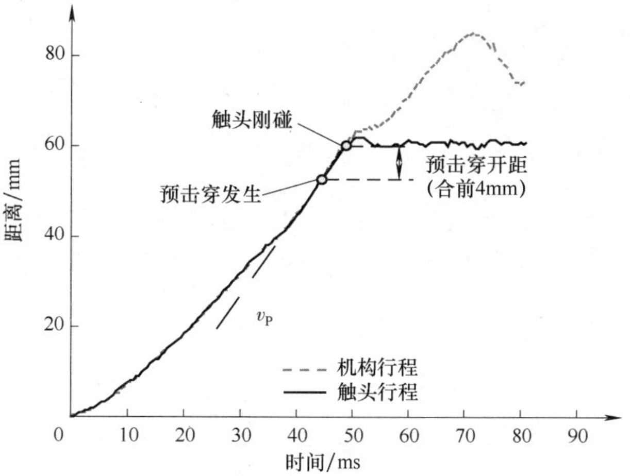

图 6-6　典型的合闸位移曲线

图 6-7 所示为 126 kV 真空断路器在一次关合 12V 直流电源时的典型的电气连续性的示意图。由图中的例子可以读出此次关合过程中，断路器各相在合闸弹跳过程中的弹开时间。如图中所示在触头碰撞后，A 相有 2 个 1ms 和 1 个 2ms 的弹开时间，燃弧时间总共为 4ms；B 相有 1 个 1ms 和 1 个 1. 7ms 的弹开时间，燃弧时间

总共为 2.7ms；C 相有 2 个 1ms 的弹开时间，燃弧时间总共为 2ms。其他试验结果均用此方法读出记录。

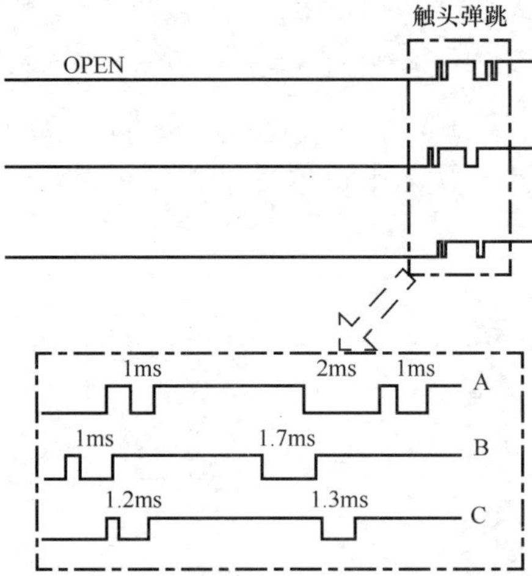

图 6-7　126 kV 真空断路器一次弹跳试验结果典型图

按照上述试验数据读取方法，对 126 kV 真空断路器进行多次合闸操作，最终可以得到若干组预击穿阶段平均合闸速度和弹开时间的对应数据。以各组的合闸速度作为横坐标，弹开时间做纵坐标，可以得到图 6-8。

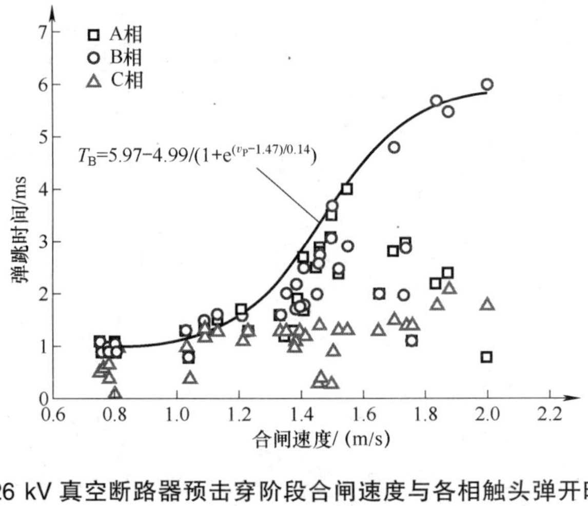

图 6-8　126 kV 真空断路器预击穿阶段合闸速度与各相触头弹开时间关系图

实验结果表明，各相触头弹开时间分布具有一定离散性，但总的趋势是随着合闸速度的增大，最大弹开时间也会增大。图中的曲线为触头弹开时间最大值与平均合闸速度的拟合函数关系。

$$T_B = 5.97 - 4.99/(1 + e^{(v_P - 1.47)/0.14}) \tag{6-6}$$

式中　T_B——真空断路器三相弹开时间中最大的弹开时间（ms）；

v_P——动触头在预击穿开距内的平均速度（m/s）。

6.3　126 kV 真空断路器合闸速度的优化

至此，式（6-3）中的所有参数包括预击穿开距 d、弹开时间与合闸速度 v_P 的关系都已经得到。将所得参数带入（6-3）可得在合闸过程中，触头的总燃弧时间 T_W 为

$$T_W = 4/v_P + 5.97 - 4.99/(1 + e^{(v_P - 1.47)/0.14}) \tag{6-7}$$

式中　T_W——126 kV 真空断路器的总燃弧时间（ms）；

v_P——动触头在预击穿开距内的平均速度（m/s）。

图 6-9 为式（6-7）的函数曲线，在预击穿速度为 0.7 ~ 2.1m/s 的范围内，随着预击穿速度的不断增大，燃弧时间开始是不断下降的；当燃弧时间下降到 4.91ms，对应的合闸速度为 1.15m/s 时，燃弧时间又开始随着合闸速度的增大而增大。正是由于这样的特性，使得合闸的燃弧时间存在一个最小值 T_{Wmin}，此时对应的速度为 v_{opt}，为优化后的预击穿速度，可以尽量降低触头的熔焊性能。因此，在 126kV 真空断路器中，优化后的合闸速度（触头接触前 4mm 内的平均合闸速度）为 1.15m/s。在此速度下，合闸过程中的燃弧时间最短（4.91ms），使得真空断路器产生的动熔焊最小。

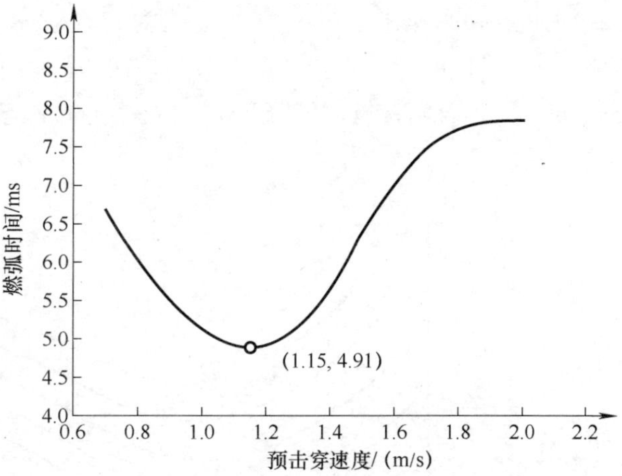

图 6-9　合闸燃弧时间与预击穿阶段合闸速度的函数关系

6.4　关于合闸过程优化设计的分析

6.4.1　预击穿距离的分散性与优化合闸速度

目前，断路器在开断和关合电力设备的瞬间，系统电压的初始相位角通常都

是随机的，并且传统的操动机构由于复杂的传动机械系统导致运动时间分散性比较大，而真空间隙的击穿现象也是一个概率的物理过程，因此预击穿距离的数值也存在着很大的分散性，无法保证任意一次合闸过程中发生预击穿时的触头开距（即预击穿距离）是一个固定值。本章实验中得到的126kV真空断路器的预击穿距离也是分析断路器工作电压下发生预击穿情况时的概率较大情况的距离。

为了研究预击穿距离的分散性对该合闸速度优化方法的影响，本章同时也研究了在不同预击穿开距下动熔焊时间与预击穿阶段合闸速度的关系，如图6-10所示。在图6-10中，预击穿开距从3 ~7 mm变化，可以看到在不同预击穿开距下，每条曲线都存在一个燃弧时间最低点，而对应的优化预击穿速度随着预击穿开距的增加，从1.12 m/s增加至1.21 m/s。这说明当预击穿距离较大时，预击穿时间对动熔焊影响较大，应增加合闸速度减小预击穿时间；反之当预击穿距离较小的情况，应稍微降低合闸速度来减小触头弹跳，从而降低燃弧时间。因此，在设计合闸曲线时，在触头刚碰前的一段时间内，触头的速度应该是减速运动。比如对于126 kV真空断路器来说，最优的动触头合闸特性应该是在7 mm内的平均速度应为1.21 m/s，而到3 mm时，平均合闸速度应该降到1.12 m/s的减速运动，加速度为 -0.02 m/s。

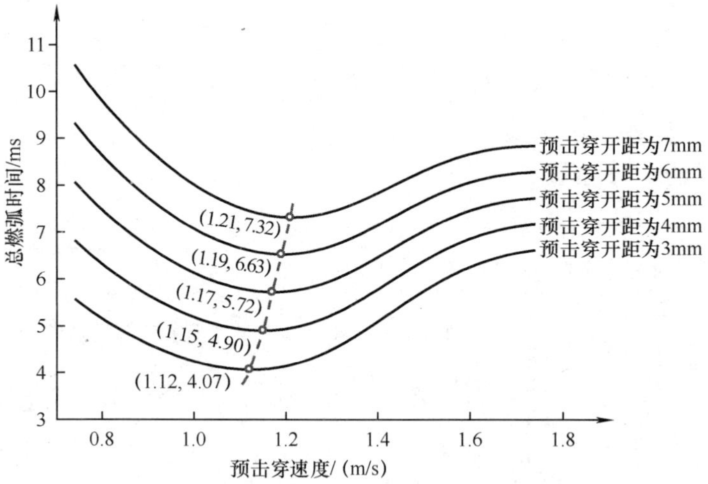

图6-10 预击穿的分散性对优化预击穿速度的影响

6.4.2 126 kV真空断路器同步关合的合闸速度

同步关合技术是电器开关领域的一项前沿课题。所谓的同步关合技术是指断路器动、静触头在控制系统的控制下，在系统电压波形的指定相位角处关合。采用同步关合可以有效地减小在关合空载变压器、电容器组以及空载长线时产生的涌流幅值和限制过电压，从而提高电力设备的寿命和系统的稳定性。

同步关合速度的选择是与断路器的预击穿特性有关的，如图 6-11 所示。由于在关合时，断口间隙上承受的是断口两侧的电压差，在系统交流电压下，断口间隙击穿特性不会受电压极性的影响，因此可以用系统电压的绝对值来考虑击穿特性。同时，断口耐受电压与合闸位移成正比，较低的合闸速度会使断口耐受电压对时间的特性曲线的斜率较低，如图中的 V_1 所示，断口会在预定的合闸点前发生预击穿导通，还是会产生较大的瞬态电压，同步关合失去了意义。只有当合闸速度足够高时，如 V_3，才可能实现同步关合，在电流过零时关合触头就不产生预击穿。如果在电压过零点时触头的耐受电压的变化率等于系统电源电压的变化率时，此时的速度 V_2 即为能够实现同步关合的临界速度。

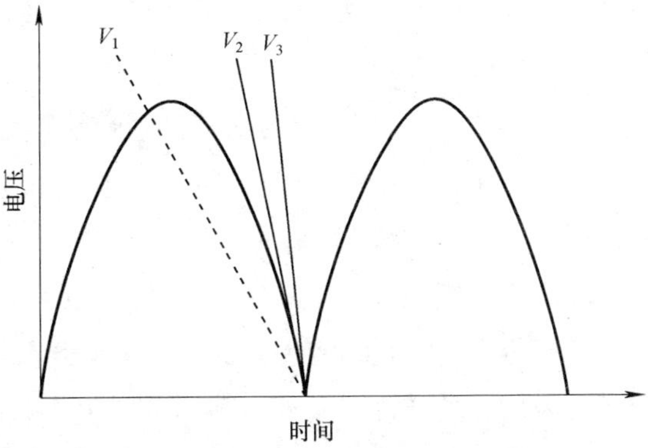

图 6-11　选相合闸速度与预击穿特性的关系

在 126kV 系统中，电源的电压为

$$U = U_m \sin \omega t \tag{6-8}$$

电压过零点时电压的变化率为

$$\left.\frac{dU}{dx}\right|_{t=0} = U_m \omega \tag{6-9}$$

触头间耐受电压变化率可以表示为

$$\frac{dU}{dt} = \frac{dU}{dS}\frac{dS}{dt} \tag{6-10}$$

将式（6-8）带入式（6-10）得触头间耐受电压变化率为

$$\frac{dU}{dt} = \frac{dU}{dS}\frac{dS}{dt} = 19126.1 S^{-0.377} v \big|_{S=0} = 19126.1 v \tag{6-11}$$

式中　U ——系统电压的瞬时值（kV）；

U_m ——系统电压的峰值（kV）；

ω ——系统电压的角频率；

S ——触头之间的距离（mm）；

v ——断路器触头的关合速度（m/s）。

游一民等人提出，实现断路器同步关合的合闸速度应当满足触头间耐受电压的变化率至少大于系统电源电压在过零点时变化率的 10%。对于 126kV 三相接地系统，应有以下关系成立：

$$19126.1v > 1.1U_{m}\omega = 1.1 \times \frac{126}{\sqrt{3}} \times \sqrt{2} \times 314 \tag{6-12}$$

即 $v > 1.69\ \mathrm{m/s}$。

对于126kV三相接地系统，当触头在关合瞬间的合闸速度大于1.69m/s时，触头间耐受电压的变化率大于系统电源电压在过零点时的变化率的10%，可以认为 $v = 1.69\mathrm{m/s}$ 是它的能够实现同步关合操作的临界速度。

但是假设在关合前4mm内，动触头以1.69m/s匀速运动，从式（6-7）可得，此时发生的最大的弹开时间为5.1ms，即如果实现同步关合，预击穿时间为0ms，仍然还有大于5ms的弹跳引起的燃弧时间，并且随着速度的增大，弹开时间还会继续增大。因此，在实现126kV真空断路器同步关合时，还应当考虑触头弹跳与操作功的影响，应适当地使用合闸缓冲或加大触头弹簧力来减小在高速撞击下的触头弹跳。

6.4.3 合闸速度对触头冲击力的影响

合闸过程中触头的动态冲击力显著高于静态的触头压力，而且对于触头表面的变形有较大影响。而触头碰撞时的冲击力又与合闸的速度有很大的关系。因此，我们对126kV真空断路器合闸过程中的冲击现象也进行了研究。图6-12所示为126kV真空灭弧室触头撞击力试验图。图中静触头固定在地上，触头面向上，动触头以一定速度垂直向下撞击静触头，位移传感器用来测量动触头刚碰前的速度。使用标定好的PVDF压电传感器放在静触头的撞击面上可以直接测量触头的撞击力。试验结果表明，对126kV真空断路器在合闸速度为1.5m/s时，动静触头间冲击力峰值为97995N。另外，通过ANSYS/LS－DYNA仿真软件对126kV真空断路器触头撞击过程进行仿真。当合闸速度为1.5m/s时，触头冲击力峰值的仿真结果为103664N。仿真结果与试验结果的误差为5.8%。通过修改仿真模型不同的运动速度，最终可以得到在126kV真空灭弧室触头合闸过程中，最大冲击力 F_{N} 与合闸速度 v 的关系为

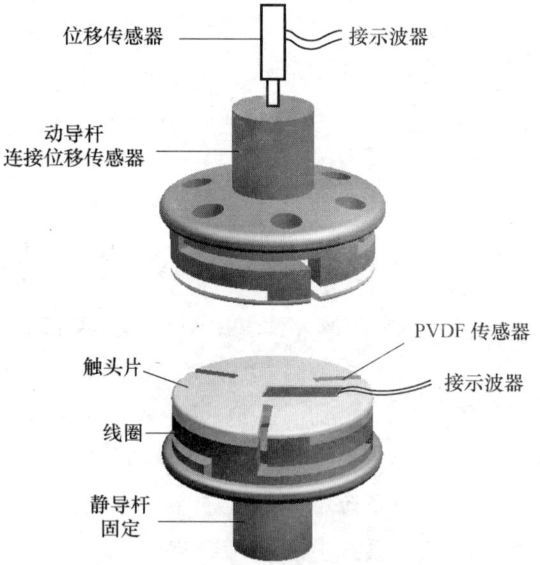

图6-12　126 kV触头撞击力试验图

$$F_N = 65117.0v + F_0 \tag{6-13}$$

式中 F_N——触头最大冲击力（N）；

v——触头的冲击速度（m/s）；

F_0——触头弹簧的初始压力，在126 kV真空断路器中为5500N。

由此可以计算出，126kV真空断路器以优化后的触头速度1.15m/s合闸，最大触头撞击力为80385N，而在能够实现同步合闸操作的最小速度1.69m/s下，合闸触头的最大冲击力为115548N，增大了43.7%。因此合闸速度的提高尽管能够满足高电压等级真空断路器的选相合闸要求，但是会引起过大的触头冲击力，会造成真空灭弧室或机构部件承受超过强度极限的瞬时力产生弯曲或断裂。在多次合闸操作之后还可能造成部件的疲劳破坏；过大的冲击力还可能引起触头弹跳，造成触头熔焊等。

6.4.4 关合电流对预击穿和弹跳燃弧时间的影响

本节的实验结果都是基于没有电流流过时的机械弹跳得到的数据。在实际电路中，预击穿电弧和弹跳电弧均可以流过主回路电流，往往能达到几十千安。在这种情况下，回路电流产生的作用就变得不可忽略。

对带载触头合闸运动很重要的因素是电动力。Barkan指出，即使触头在无载关合情况下，触头没有弹跳出现，但是通过测量触头间的动态压力发现，触头合闸的保持力在许多时间段非常低，如果电流引起的电动斥力大于这些低的保持力时，将会形成新的弹跳。另外，电动斥力将会阻碍触头的关合运动，从而增加了触头弹开的时间。下述关系式是Holm提出的电动斥力公式：

$$F_R = \frac{\mu_0}{4\pi}I^2\ln\frac{b}{a} = \frac{\mu_0}{4\pi}I^2\ln\sqrt{\frac{\xi H\pi b^2}{F}} \tag{6-14}$$

式中 F_R——接触处产生的电动斥力（N）；

μ_0——真空的磁导率（H/m）；

I——通过触头的电流（A）；

b——圆柱形触头的半径（mm）；

a——接触点的半径（mm）；

ξ——与接触面状况相关的系数，其范围在0.3~1之间；

H——材料的布氏硬度（N/mm^2）；

F——接触力（N）。

对于本节所研究的126kV真空灭弧室触头，短路电流为40kA，触头材料为CuCr50，硬度为90N/mm^2，ξ取最大值1，动触头半径为50mm，触头在刚碰时触头压力为5500N，可以计算出触头刚碰时受到的最大电动斥力约为388.5N。

在126kV真空断路器中，由于灭弧室触头是纵向磁场结构，在发生预击穿情况下，短路电流通过线圈时产生的磁场力也会对触头的运动速度产生影响，图6-12所示的126kV真空断路器触头线圈结构为2/3匝线圈。通过40kA短路电流时，这两个线圈可以等效为两个圆环，圆环之间的距离由开距、线圈厚度以及触头片厚度组成，通过每个线圈的电流为26.67kA。根据电磁力计算关系可得，该两圆环之间的电动吸力的大小为

$$F_{\mathrm{A}} = \mu_0 I^2 \left(\frac{R + r}{2D}\right) \tag{6-15}$$

式中 F_{A}——电动吸力（N）；

μ_0——真空中的磁导率（H/m）；

I——线圈通过的电流（A）；

R——线圈的外径（m）；

r——线圈的内径（m）；

D——线圈的间距（m）。

其中，线圈外径为50mm，内径为35mm，线圈的间距D由触头片厚度（6mm），线圈厚度（22mm）以及触头开距组成。当灭弧室在开距为4mm处发生预击穿，短路电流40kA下通过触头时，线圈产生的电动吸力为1000N。电动吸力随着开距的减小逐渐增大，在触头接触时电动吸力增加到1117N。因此，考虑电动吸力与电动斥力的合力，带载情况下合闸速度将会提高，合闸后的弹跳会对本节中图6-8以及图6-9中的数据会产生一定的影响。

在预击穿阶段，预击穿电弧的产生远远比我们假设的复杂。Kharin等人发现预击穿电弧需要由稳定燃烧的阴极斑点来维持。而在预击穿过程中很多击穿现象都不能够形成预击穿电弧。Slade还提出，真空断路器在操作很多次以后，触头表面会发生变化，从而导致预击穿开距的增加。因此，预击穿开距以及预击穿电弧的持续时间很难在带载情况下确定。

另外，如果预击穿电弧在触头闭合前产生，一方面，燃弧过程中产生的蒸气压会造成触头震动以及触头电动斥力，从而增加预击穿时间；另一方面，由于电弧会加热触头表面使得触头变软，因此在碰撞过程中触头表面将吸收更多多余的动能，因此会减小触头弹跳的时间。

我们还对126kV真空断路器进行了全电压关合对称短路电流试验。图6-13所示为126kV真空断路器试验中通过40kA断路电流合闸曲线与空载合闸曲线的比较。从图中可以看到，触头的运动特性与空载情况区别不明显。但是由于全电压关合试验仅仅在其中一相进行试验，短路电流对断路器负载产生的影响都不显著，因此有载情况下的优化合闸曲线需要进一步的研究。但是，126kV真空断路器样机

在试验后能够正常分合闸操作，说明在该设计的合闸特性下，动熔焊没有导致分闸失败。因此从无载关合操作推导出的优化的合闸特性仍然具有非常重要的意义，它能够给配合 126kV 真空断路器动熔焊特性的机械特性设计提供参考，从而指导真空断路器操动机构的设计。

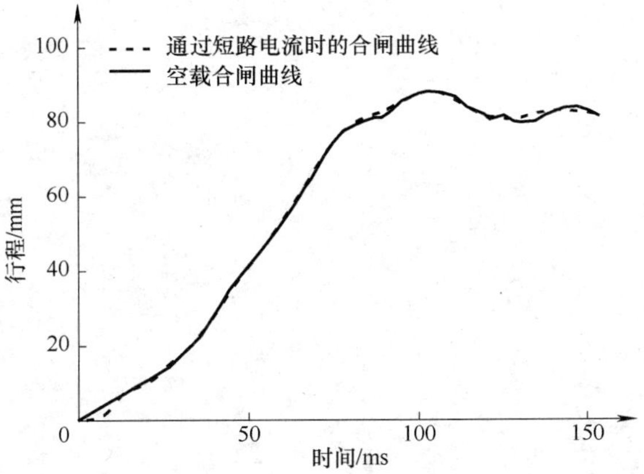

图 6-13　126kV 真空断路器全电压关合试验合闸曲线与空载合闸曲线

第 7 章

输电等级真空断路器操动机构的设计方法

7.1 真空断路器操动机构概述

操动机构是真空断路器的核心部件之一，是真空断路器的驱动元件，其性能的好坏直接决定了真空断路器的总体性能指标，是影响断路器各重要性能参数的主要因素。高压断路器常用的操动机构有电磁操动机构、弹簧操动机构、液压操动机构、气动操动机构、永磁操动机构等。其中，电磁操动机构、弹簧操动机构和永磁操动机构是目前中低压真空断路器中主要使用的操动机构。

电磁操动机构最早用于油断路器中，后来在真空断路器发展初期得到了广泛应用。电磁操动机构由一个电磁线圈和铁心、分闸弹簧和必要的机械锁扣系统构成。在合闸过程中，电磁操动机构通过直流螺管线圈或电动机将弹簧储能；分闸时，由储能弹簧释放其势能实现断路器的分闸。电磁操动机构结构相对简单、零部件少（约120个），具有高可靠性、低成本等优点。但是合闸时间长、操作电流大、对大功率直流电源要求高等缺点限制了其在高电压等级断路器中的应用。

弹簧操动机构主要由合闸弹簧、分闸弹簧、储能电动机、合闸锁扣和分闸脱扣装置等组成。弹簧操动机构通过对凸轮轮廓的合理设计，改变弹簧的出力特性使之与真空断路器的反力特性很好地匹配。弹簧操动机构对电源要求低、机构运动速度快、可实现交流操作、工作稳定性好，是目前在高压断路器中应用比较广泛的一种操动机构。但是，弹簧操动机构完全依靠机械传动，零部件多（约200多个），因此存在结构复杂、制造工艺要求高、可靠性低、分散性大等缺点。

电机操动机构是近年来出现的一种新型机构。它从原理上对目前常见的传统操动机构进行了改进，通过旋转电机轴驱动运动部件，极大地减少了操动机构的零部件。通过数字控制单元实现电机的性能调控，显著提高了断路器的可控性。但其成本高、对控制单元要求高、国内虽有研究，但未见成熟产品报道。

尽管现在电磁操动机构和弹簧操动机构已经有很大的改进和发展，但仍不能满足真空断路器不断向高电压、大容量、高可靠性、免维护和智能化操作方向发展的需要。近年来备受关注的永磁操动机构，则能较好地满足真空断路器的要求。与传统的断路器操动机构相比，永磁机构采用一种全新的结构和工作原理，通过电磁机构与永久磁铁的有机结合，避免了分合闸位置的机械脱扣、锁扣装置造成的不利因素，利用永久磁铁产生的保持力将真空断路器可靠的保持在分、合闸位置，具有结构简单、零部件少、操作寿命长、可靠性高、免维护等优点。同时，永磁机构动作分散性小，利用电子控制，可实现智能化操作。

真空断路器与操动机构之间存在吸力特性与反力特性配合的问题。真空断路器的触头开距小，合闸过程中在触头接触前只需很小的驱动力，一旦触头闭合，就需要很大的驱动力来压缩触头弹簧以获得足够大的触头压力。因此，真空断路器在合闸接近终了时触头反力特性在触头接触瞬间有一大幅度的正向突变，如图 7-1所示。

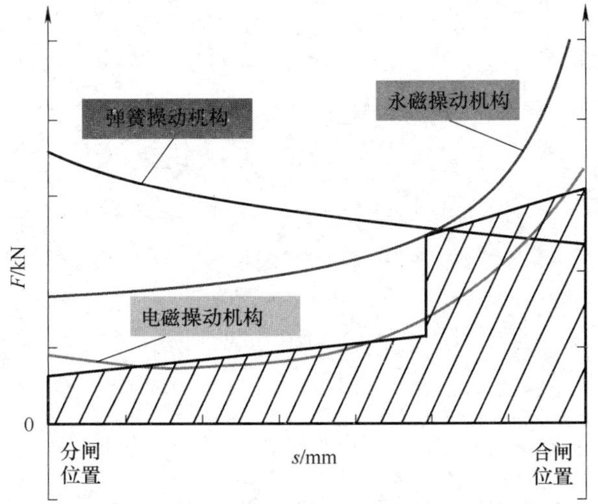

图 7-1　真空灭弧室反力特性与操动机构出力特性图

传统电磁操动机构的出力特性与真空灭弧室的反力特性能很好地配合。在合闸过程中，随着动铁心的运动，空气气隙减少，吸力增大；在分闸过程中，动铁心不参与分闸运动，操动机构基本上不增加运动系统的运动惯量，便于提高刚分速度。但由于它合闸时间长、操动电流大、对电源要求高、使用不方便等缺点，阻碍了它在真空断路器中的应用。

弹簧操动机构是靠储能弹簧能量的释放来实现分合闸操作的。对于分闸过程，弹簧机构与真空灭弧室的反力特性配合较好，但在合闸过程中，储能弹簧在初始时刻出力大，随后逐渐减少，这与真空断路器的反力特性正好相反。为了使其与真空断路器的反力特性匹配，通常需要凸轮和连杆机构对其能量进行转换。这种力的转换伴随着连接机构的高速运动，不仅降低了机构的效率和可靠性，还减少了产品结构的刚性。

永磁操动机构利用永磁保持、电子控制，实现了出力特性与断路器负载特性的良好配合。它可以与真空灭弧室直接相连，使零部件数降到最少，同时在分合闸位置通过永磁保持力可靠吸合，有助于减少触头的弹跳。

研制永磁机构的意义主要表现在以下两个方面：一是可实现机械上的高可靠性和免维护性。由于永磁机构是通过将电磁机构与永久磁铁特殊结合，来实现传统断路器机构的全部功能，运动部件少、机械可靠性高。二是可实现操作性能上的智能化。由于永磁机构可实现电力电子器件控制，同时运动部件、中间转换和连接机构少，大大减小了动作时间的分散性和不可控性，可以有效实现输电等级真空断路器的选相分、合操作和通过调节分、合速度实现的智能操作。

在前面章节中，介绍了从真空电弧燃弧控制出发获得的优化分闸和合闸曲线，这些速度曲线十分重要，它们决定了真空灭弧室能否与机构合理配合实现断路器的成功关合与分断。在中压真空断路器中对操作机构的特性没有如此高的要求，而对输电等级真空灭弧室则不同，近年来的研发实践证明，许多研究方案正是由于在机构与灭弧室的配合方面研究不够深入，配合措施不到位，导致最终研发失败。本课题组在输电等级真空断路器的产品研发实践中提出了从燃弧控制出发确定的分合闸特性理论，并发明了相关机构的设计方法。本章将结合研究工作，以126kV真空断路器为实例，主要介绍两种重要的操动机构——弹簧操作机构和永磁操动机构的设计方法。

7.2 弹簧操动机构的分闸系统设计方法

7.2.1 弹簧操动机构分闸系统

弹簧操动机构的分闸系统结构比较简单，主要是利用事先存储在储能弹簧中的能量，带动灭弧室的动触头迅速打开。以往在中压真空断路器的设计中，认为应当具有尽量高的刚分速度，避免电弧处于小间距条件下的强电弧模式，同时需要触头间隙尽快达到一定距离，具有承受暂态恢复电压的能力。在触头达到最大行程后，利用缓冲器吸收剩余能量，尽量减小系统的机械振动。这样的弹簧操动机构分闸系统用于高电压等级真空断路器存在的主要问题是，弹簧在操作过程中单一地释放能量，不能进行自动调节。本书第3章介绍了根据阳极燃弧模式控制触头开距的思路，需要触头在打开过程中采用变速度的运动特性。原有弹簧操作机构的分闸系统不能很好地实现随开距变化速度，因此在高电压等级真空断路器的操动机构设计中，需要使用新的设计方法对缓冲器进行设计，使得操作机构能够控制灭弧室实现所需要的优化分闸速度特性。

7.2.2　油缓冲器的结构与设计方法

以往在断路器弹簧操作机构中所设计的缓冲器主要用来吸收分合闸末期的残余能量，减少操作机构因剩余操作功引起的机构振动。为了保证一定的分、合闸速度，在行程终了时，触头的动能均不能全部耗尽，过大的残余能量会对机构产生冲击和振动，造成零部件的损伤。高电压等级真空断路器的分合闸速度比较高，无法简单地采用在行程终了处安装限位装置，而必须设置适当的缓冲装置。通过缓冲装置，触头在停止之前能够获得平滑的减速效果，使得机构达到停止位置时的冲击不至过大。此外，在行程终了处运动部分应避免产生显著的反弹，因为这会在触头间造成燃弧，或者破坏真空绝缘甚至损坏波纹管，造成灭弧室泄漏。

在高压断路器中，缓冲器的作用不仅仅在于抑制分、合闸末了阶段的剩余能量，更重要的是实现高电压等级真空断路器分、合闸过程中速度特性的主动控制，从而配合灭弧室达到可靠分断和关合的目的。

以 CT20 弹簧机构为例，该机构所使用的是油缓冲器。这种缓冲器是将机械动能消耗在油流的损耗上，主要由活塞杆、活塞缸体、活塞组成，如图 7-2 所示。活塞杆一端固定运动活塞，在活塞缸体内做直线运动，另一端通过主轴拐臂与断路器相连，可以在分合闸过程中对断路器的速度特性产生调节作用。缓冲器与分闸缸固定，内部充满液压油，活塞缸体表面开有调节孔。这种油缓冲器合理地布置在分闸弹簧内部的空余空间中，使得机构更加紧凑。

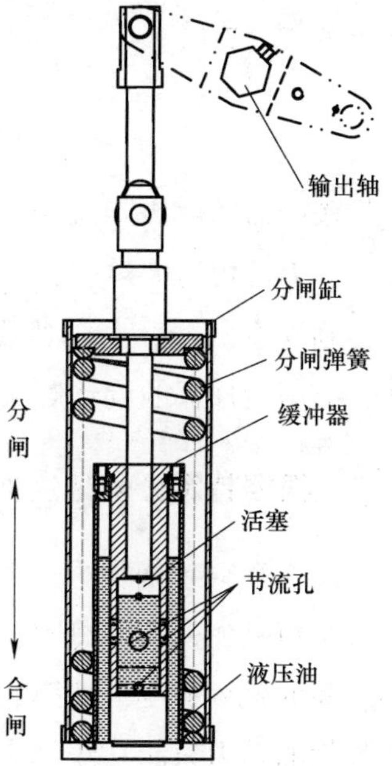

图 7-2　缓冲器结构和工作原理

在分闸运动时，缓冲活塞向上运动，缓冲缸内的缓冲器油从排油孔中流出，随着缓冲活塞位移的增加，排油孔逐渐减少，限制流量，缸内形成分闸缓冲力。在分闸行程末端，排油孔全部被堵塞，缓冲器油只能从缓冲活塞与缓冲缸之间的间隙中流出，由于该间隙非常小（0.020 ~0.060 mm），所以缓冲作用非常有效。合闸运动时，缓冲活塞向下运动，同样由于小孔的节流作用，缸内也会形成合闸缓冲力，与节流孔的大小和位置有关。由于真空断路器的分闸速度要比合闸速度大很多，因此，缓冲器在分闸期间的作用更为显著。

由伯努利方程可以推导出薄壁小孔的流量特性公式为

$$Q_1 = C_d \sqrt{\frac{2\Delta P}{\rho}} \Sigma A_i \tag{7-1}$$

式中 Q_1——流量；

C_d——流量系数；

ΔP——节流孔两侧压强差；

A——活塞运动前方的节流孔面积，其值随运动位置而变化；

ρ——油密度（12#航空液压油 $\rho = 850\text{kg/m}^3$）。

缸内的流量为

$$Q_2 = A_e V_e \tag{7-2}$$

式中 V_e——活塞运动速度；

A_e——活塞运动方向的面积。

又因为流量满足液流连续条件：

$$Q_1 = Q_2 \tag{7-3}$$

联立求解式（7-1）~式（7-3）可以得到缓冲器的液压阻力公式为

$$F_b = \frac{\rho V_e^2 A_e^3}{2C_d^2(\Sigma A_o)^2} \tag{7-4}$$

从缓冲器的液压阻力公式可以看出，缓冲性能与运动前方的节流孔的大小密切相关，因此可以通过改变节流孔的大小和位置方便地调整缓冲器的缓冲特性，进而得到满意的分、合闸速度特性曲线，同时还可以减少合闸反弹和分闸弹跳。因此，液压缓冲器的设计对断路器整机十分重要。

7.2.3 根据特定分闸速度曲线设计缓冲器的方法

由于在真空断路器的开断过程中，机构在运动初期提供一个非常高的刚分速度，减小短燃弧开断的时间；另一方面，需要一个比较小的平均分闸速度用来保持触头间的磁场强度，维持电弧的稳定均匀燃烧，增强灭弧室长燃弧的开断能力。由于弹簧的动力只能从小到大地释放，因此必须通过设计新型的缓冲器对断路器的速度进行调节，从而得到所需要的分闸特性曲线。

1. 通过缓冲器开孔位置控制分闸速度

表 7-1 所示的是 126 kV 真空断路器在开断过程中最佳燃弧区间的参数。其中在 126 kV 真空断路器中刚分速度定义为触头分离后 6 ms 内的平均分闸速度，平均分闸速度定义为触头分离后 16 ms 内的平均分闸速度。

表 7-1　126 kV 真空断路器的最佳燃弧区间的参数

	短燃弧状态	长燃弧状态
触头开距	20mm	40mm
燃弧时间	6ms	16ms
速度	3.3m/s（刚分速度）	2.5m/s（平均分闸速度）

图 7-3 所示的缓冲器开孔的位置与触头运动在各个关键位置相对应，由此可以通过改变每个运动阶段中节流孔的排油总面积（ ΣA_o ）来改变缓冲力的大小，从而对断路器在分闸过程中的速度进行调节。首先，当触头运动在超行程区域中，活塞缸体对应区域的表面开有一个或一个以上的节流孔，其总面积为 50 ~ 200 mm^2，其目的主要是使运动过程中缓冲器油及时回油以及在合闸过程中产生缓冲作用；当触头运动在短燃弧开距的对应位置时，缸体节流孔的总面积应尽量大，使得触头运动在刚分开距短燃弧距离之间缓冲力很小，提高在这一部分的弹簧的效率；而在长燃弧开距对应的区域位置上，运动活塞在短燃弧开距结束后将原来短燃弧开距中的节流孔都堵住，仅留有少量的节流孔排油，缓冲力有了明显提升，可以有效地降低长燃弧速度，并且触头到达分闸位置后的分闸反弹小于 2mm。

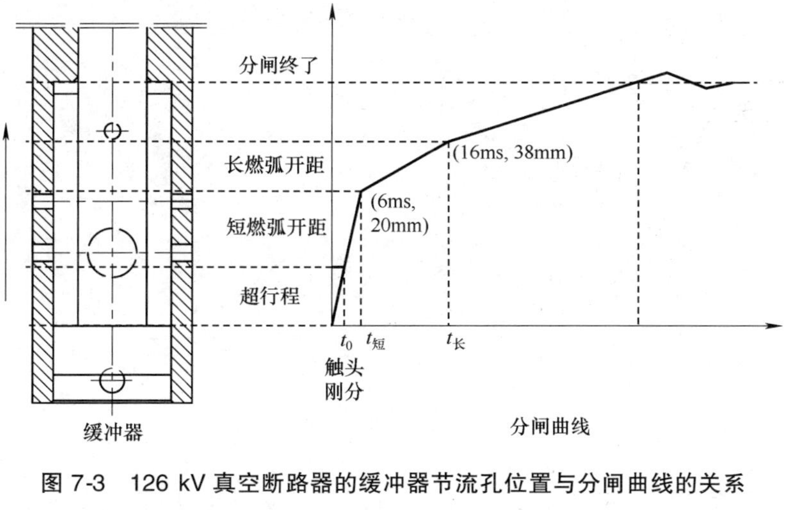

图 7-3　126 kV 真空断路器的缓冲器节流孔位置与分闸曲线的关系

2. 节流孔大小对分闸速度特性的影响

由于液压缓冲力与节流孔大小、位置以及活塞运动速度有很大关系，通过修改这些节流孔的大小可以精确地得到分闸特性曲线。

图 7-4 所示为不同结构缓冲器的比较。使用的缓冲器分别为使用在 SF_6 断路器的缓冲器和使用在真空断路器的缓冲器。图中还包括修改长燃弧结束后的缓冲活塞堵住

孔大小，孔径从2mm增加到4mm，以及没有缓冲器的情况。图7-5所示为不同缓冲器在ADAMS软件下的仿真结果，其中分闸弹簧的分闸初始预压力为13500N，弹性系数为80N/mm，触头弹簧分闸初始预压力为6500N，弹性系数为50N/mm，通过仿真比较不同缓冲器结构以及孔径大小对刚分速度以及平均分闸速度的影响。

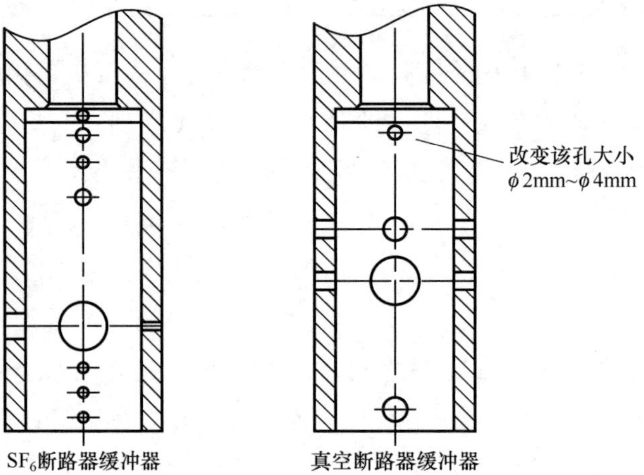

图7-4　不同缓冲器的比较

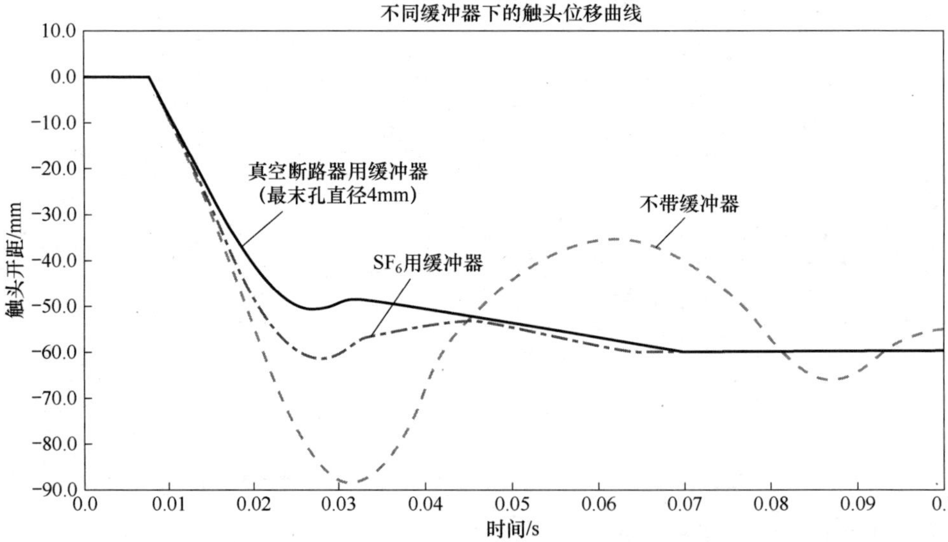

图7-5　不同缓冲器作用下的触头位移仿真曲线

表7-2和图7-6分别给出了不同缓冲器对刚分速度与平均分闸速度的影响。从中可以看到，刚分速度受到孔径影响以及缓冲器的结构影响都不大，而随着孔径的减小，平均分闸速度能够有效地降低。另外，还可以看到，原来SF_6断路器中的缓冲器

使用在高电压等级真空断路器上，平均分闸速度可以达到 3.94m/s，此时在长燃弧阶段真空灭弧室的开距几乎超过满开距，一方面它不能提供足够强的磁场来控制电弧，与真空断路器的分闸特性不相匹配；另一方面还会产生非常大的分闸冲击力，导致分闸反弹现象以及波纹管的破裂。因此，高电压等级真空断路器的缓冲器应该具有特定的缓冲曲线，才能满足真空断路器电弧特性的要求。而最末孔直径为 3mm 的真空断路器用缓冲器最符合 126kV 真空断路器所要求的分闸特性曲线。

表 7-2　不同缓冲器作用下的分闸特性比较

	6 ms 开距	16 ms 开距	刚分速度（6 ms 短燃弧）	平均分闸速度（16 ms 长燃弧）
$\Phi 2$	21.17mm	36.27mm	3.53m/s	2.26m/s
$\Phi 3$	21.49mm	38.89mm	3.58m/s	2.43m/s
$\Phi 4$	21.9mm	51.91mm	3.65m/s	3.24m/s
SF_6 缓冲器	22.02mm	63.04mm	3.67m/s	3.94m/s
无缓冲器	23.52mm	67.36mm	3.92m/s	4.21m/s

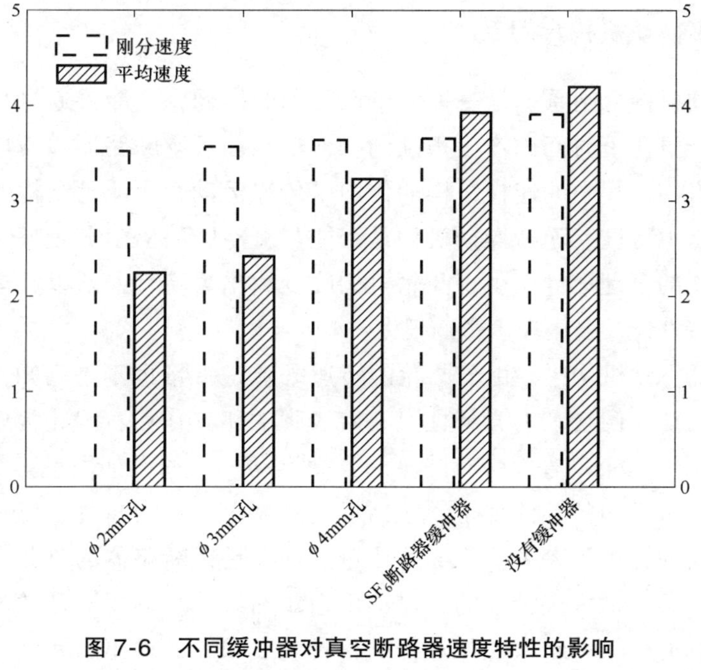

图 7-6　不同缓冲器对真空断路器速度特性的影响

3. 缓冲器环隙误差对分闸特性的影响

由于制作工艺误差，活塞与缸体之间都会存在一定范围的缝隙，该圆环缝隙的宽度最小为 0.025mm，最大为 0.089mm。这些间隙在节流孔全部堵住的情况下产生缓冲和回油的作用。由于孔和环隙的流量系数不同，在仿真过程中该环隙可以等效为无限远处的等效孔面积，始终作用在运动过程中。表 7-3 为在最末孔直径为 3mm 的真空断路器用缓冲器下，缓冲器的环隙对分闸特性的影响。

表 7-3 缓冲器环隙对分闸速度的影响

	环隙面积/mm^2	等效环隙面积/mm^2	刚分速度（6 ms 短燃弧）	平均分闸速度（16 ms 长燃弧）
最大缝隙 0.089mm	13.42	11.18	3.72 m/s	2.5 m/s
最小缝隙 0.025mm	3.77	3.14	3.35 m/s	2.42 m/s
平均缝隙 0.057mm	8.6	7.2	3.58 m/s	2.45 m/s

从表 7-3 中可以看出，环隙的改变对分闸速度有接近 10% 的扰动，基本满足分闸特性曲线的包络线。而前面所述不同缓冲器的仿真均为平均环隙为 0.057mm 条件下的仿真结果（不加缓冲器的仿真除外）。

7.3 弹簧操动机构的合闸系统设计方法

7.3.1 弹簧操动机构合闸系统

弹簧操动机构合闸系统是一种简单而可靠的机构，它能够通过预先储存在合闸弹簧内的能量在短时间内产生很强的操作功。在真空断路器弹簧操动机构中使用凸轮连杆机构，其中的连杆结构的作用是传递运动，而凸轮结构的作用则是改变弹簧的输出力特性。弹簧操动机构是否能与真空断路器负载很好地匹配，关键在于凸轮机构的合理设计。由于凸轮机构改变输出力特性，所以其运动规律的变化对输出力特性以及合闸速度影响很大。

在断路器操动机构中，由于凸轮的转速既不是常量也不是已知量，而且这类系统中凸轮与从动件在动力学特性上有着较强的相互作用，因此常规的凸轮设计方法并不适用。Bankan 曾就带有凸轮的弹簧操动机构的设计做过详细介绍，其中考虑了若干弹簧机构的性能要求，包括机构的摩擦、反力特性、以及凸轮的斜率等。然而到目前为止，大多数传统的凸轮设计都是以断路器的负载力矩曲线为出发点，找到一条满足负载特性的凸轮输出力矩曲线，从而得到凸轮的轮廓。采用上述方法得到的凸轮通常只能保证开关行程的要求，而输出力和合闸速度等特性则要通过多次试验方能确定。这种设计方法的缺点不仅仅是在于设计周期长、成本高，而且还不能保证机构的合闸动作特性符合机构的设计目标。

为了有效地克服传统凸轮设计方法的缺点，西安交通大学的研究人员发明了一种新的凸轮设计方法。该方法与传统设计流程不同，它首先根据真空断路器的合闸行程曲线，得到每个时刻对应的动能以及该时刻输出轴的转角，然后根据负载力矩曲线得到该时刻合闸弹簧所需要的能量，从而得到储能轴的转角，根据输出轴与储能轴转角增量的比值直接确定凸轮的轮廓曲线。

图 7-7 所示为 126kV 真空断路器配 CT20 弹簧操动机构的合闸运动示意图。当操动机构接到合闸指令时，合闸弹簧开始向下运动释放能量，从而带动储能轴以及储能轴上的凸轮顺时针转动。凸轮与输出轴上的滚轮是直接接触的，因此，在凸轮的驱动下，输出轴将逆时针旋转，一方面将分闸弹簧向下运动储存能量以便能够快速分闸，另一方面，输出轴通过连杆机构与灭弧室相连，能够驱动动导杆向上进行合闸运动。当触头开距运动完后，动导杆停止运动，而绝缘拉杆还将在机构的作用下继续运动，从而压缩触头弹簧直到机构行程结束。因此，在整个合闸运动过程中，凸轮的作用归根结底就是将合闸弹簧的能量加以分配，传递到分闸弹簧、触头弹簧中以及驱动真空断路器整体运动。该弹簧操作机构本质上可以被视为两个分开的独立装置，这两个装置由凸轮联系起来以使系统达到一定的动态特性。可以看出，凸轮的理想轮廓线可以通过输出轴与储能轴转角的变化求出。

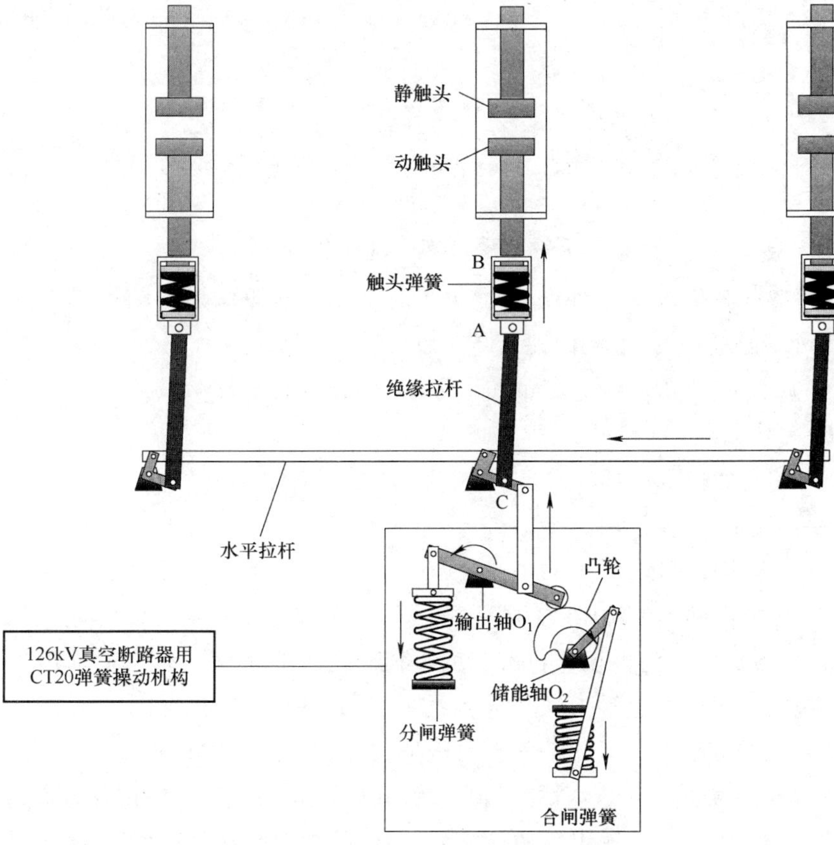

图 7-7　126kV 真空断路器合闸运动特性示意图

7.3.2 通过合闸特性曲线得到凸轮传动比的方法

图 7-8 所示为一条典型的 126kV 真空断路器合闸特性曲线图。图中包括触头弹簧 A、B 两点的位移行程曲线。可以看到，当触头在闭合前，A、B 两点以相同的特性运动，而触头闭合以后，A 点将继续运动压缩触头弹簧直到机构走完合闸行程。因此，在高电压等级真空断路器的凸轮设计中，主要以 A 点的机构行程为设计依据，考虑在触头闭合前后的两种情况。

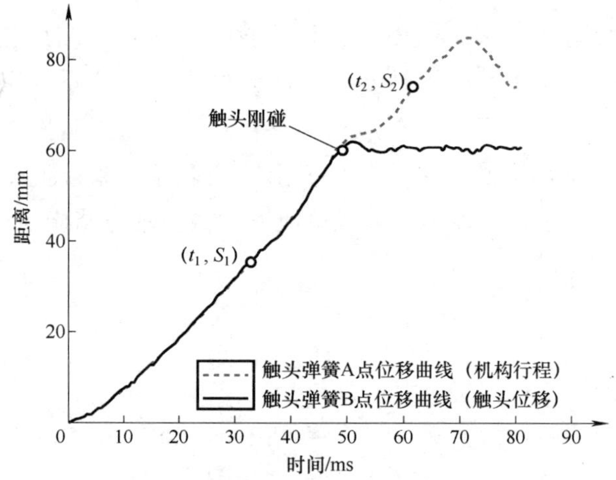

图 7-8　典型的触头合闸特性曲线

由于绝缘拉杆以及一系列的传动杆件组成了一套曲柄滑块结构，而这种结构的传动比可以通过式（7-5）得到：

$$dH/d\alpha = a\sin\alpha + a\cos\alpha(x_0 - a\sin\alpha)/b \tag{7-5}$$

式中　H——滑块位移；

α——曲柄转角；

a——曲柄拐臂长度；

b——连接杆长度；

x_0——曲柄轴到滑块中线的距离。

当式（7-5）中 a 为内拐臂长度，b 为绝缘拉杆长度，x_0 为输出轴距离动触头中线的距离时，可以通过触头弹簧 A 点的位移 H_{ct} 计算出输出轴的转角 α_s。

而此时刻的分闸弹簧运动距离也可以通过式（7-5）相同的形式计算出来，其中 a 为机构外拐臂长度，b 为连接分闸弹簧的夹叉的长度，x_0 为输出轴距离分闸弹簧中线的距离，可以通过输出轴的转角 α_s 得到分闸弹簧运动的距离 H_f。因此我们将断路器所有的负载归一化到输出轴上，在输出轴转角 α_s 处对应的负载力矩可以通过式（7-6）得到：

$$T_{\mathrm{f}} = F_{\mathrm{f}}\mathrm{d}H_{\mathrm{f}}/\mathrm{d}\alpha_{\mathrm{s}} + F_{\mathrm{ct}}\mathrm{d}H_{\mathrm{ct}}/\mathrm{d}\alpha_{\mathrm{s}} + T_{\mathrm{m}} \tag{7-6}$$

式中　T_{f}——在输出轴转角 α_{s} 处对应的负载力矩；

α_{s}——输出轴的转角；

F_{f}——在输出轴转角 α_{s} 处对应的分闸弹簧的力值；

H_{f}——在输出轴转角 α_{s} 处对应分闸弹簧的长度；

F_{ct}——在输出轴转角 α_{s} 处对应的触头弹簧的力值；

H_{ct}——在输出轴转角 α_{s} 处对应触头弹簧 A 点的位移；

T_{m}——该点摩擦力以及缓冲力产生的负载。

而此时负载消耗的总能量 W_{f} 为

$$W_{\mathrm{f}} = \int_0^{\alpha_{\mathrm{s}}} T_{\mathrm{f}}\mathrm{d}\alpha_{\mathrm{s}} \tag{7-7}$$

另一方面，在输出轴转角 α_{s} 下，126kV 真空断路器整机所获得的运动能量为

$$W_{\mathrm{d}} = \left(\frac{1}{2}mv^2 + \int_0^s mg\mathrm{d}s\right)/\eta \tag{7-8}$$

式中　m——在 t 时刻归化到触头弹簧 A 点上的质量；

v——触头弹簧 A 点所具有的速度；

s——触头弹簧 A 点所对应的行程；

η——机构将能量由主轴传递给动触头过程中的效率因数。

由于在触头闭合前，触头弹簧没有作用，因此合闸弹簧的能量仅仅用于储存到分闸弹簧的能量以及动触头的能量上。

$$W_{\mathrm{h}} = W_{\mathrm{f}} + W_{\mathrm{d}} \tag{7-9}$$

而得到了合闸弹簧的能量通过式（7-10）就可以求得合闸弹簧的伸长量。

$$H_{\mathrm{h}} = \sqrt{H_0^2 - \frac{2W_{\mathrm{h}}}{k}} \tag{7-10}$$

式中　H_{h}——在 t 时刻合闸弹簧的位移量；

H_0——合闸弹簧的原长；

W_{h}——在 t 时刻所需的合闸弹簧能量；

k——合闸弹簧的刚度系数。

储能轴与合闸弹簧也组成了一个曲柄滑块结构，仍然可以通过式（7-5）得到在 t 时刻储能轴的转角 α_{c}。通过这种方法，在触头闭合前的所有时刻下，输出轴转角 α_{s} 与储能轴转角 α_{c} 都可以得到，从而能够得到一条理想的凸轮轮廓线。

该设计方法中，最关键的设计是在式（7-8）中归算质量 m 的计算。对于图 7-7 中的运动结构，126 kV 真空断路器的归算质量见表 7-4。

表 7-4 126 kV 真空断路器的归算质量

	名称	原始质量或转动惯量	归算质量
灭弧室直动部分（归算到触头弹簧下端 A 点的质量）	动触头（m_{ct}）	9.9171kg	9.9171kg（触头闭合前）
			0kg（触头闭合后）
	导向套（m_{dx}）	2.0042kg	2.0042kg（触头闭合前）
			0 kg（触头闭合后）
	绝缘拉杆（m_{jy}）	1.8550kg	0.9275kg
	触头弹簧（m_{ctt}）	1.5158kg	1.5158kg（触头闭合前）
			0.5053 kg（触头闭合后）
机构以及传动部分（归算到绝缘拉杆下端 C 点的质量，不包括储能轴部分）	内拐臂（m_{ng}）	7526.5 kg · mm^2	0.6220kg
	外拐臂（m_{wg}）	13608 kg · mm^2	1.1247kg
	水平拉杆（ms_p）	8.1995 kg	6.7763kg
	输出杆（ms_{cg}）	1.3050 kg	1.851kg
	输出轴（ms_c）	37539 kg · mm^2	3.1024kg
	夹叉杆（m_{jc}）	4.5305 kg	6.425kg
	分闸弹簧（m_{fzt}）	13.328 kg	6.3kg
储能轴部分	储能轴（m_{cnz}）	35727 kg · mm^2	
	弹簧拉杆（m_{lg}）	3.9150kg	
	弹簧座（m_{tz}）	5.5255kg	
	合闸弹簧（m_{hzt}）	32.729kg	

由于凸轮的轮廓在设计初期是不确定的，因此，储能轴部分的质量无法直接归算到触头弹簧的 A 点，因此无法直接计算出式（7-8）中动触头动能。

为了解决这个问题，我们通过数值迭代的算法，首先假定在触头转角 $\alpha_s[i]$ 处凸轮的传动比 $d\alpha_s[i]/d\alpha_c[i]$，通过这个假定的传动比，可以根据输出轴角度为 $\alpha_s[i]$ 时储能轴的角度 $\alpha_c[i]$ 以及合闸弹簧的位移 $H_{hz}[i]$，根据式（7-10）可以得到合闸弹簧的能量 $W_h[i]$，通过合闸弹簧的能量减去该时刻的负载能量 $H_f[i]$，就可以得到触头获得的能量 $W_d[i]$。另一方面，利用设定的传动比可以将储能轴部分归算到 A 点的质量，从而计算出 126 kV 真空断路器在 A 点总的等效质量 $m[i]$，通过式（7-11）可以计算出在该假定的传动比下得到的一个合闸速度 $v_{temp}[i]$：

$$v_{temp}[i]=\sqrt{\frac{2\times(W_d[i]-m[i]gs[i])}{m[i]}} \tag{7-11}$$

式中 $v_{temp}[i]$ ——在假定传动比下输出轴转角为 $\alpha_s[i]$ 时的合闸速度；

$m[i]$ ——在假定传动比下输出轴转角为 $\alpha_s[i]$ 时归算到 A 点的等效质量；

W_d [i]——在假定传动比下输出轴转角为 α_s [i] 时传递到 A 点的能量；

s[i]—— α_s [i] 处对应的 A 点的位移。

将此时由能量计算出的 v_{temp}[i] 与目标合闸行程 - 时间曲线中计算出的合闸速度 v[i] 进行比较。当 $|v[i] - v_{temp}[i]| < \varepsilon$ 时，可以认为此时假设的传动比 $d\alpha_s[i]/d\alpha_c[i]$ 符合要求；若 $|v[i] - v_{temp}[i]| > \varepsilon$ 时，则 $d\alpha_s[i]/d\alpha_c[i] = d\alpha_s[i]/d\alpha_c[i] + \Delta(d\alpha_s/d\alpha_c)$，重复上面的迭代过程，直至符合要求为止。

至此可以将输出轴转角为 α_s [i] 时的传动比计算出来，而储能轴转角 α_c [i] 也能够确定。将 α_s [i] 从分闸位置的角度转到合闸终了的角度过程中，由每个时刻的储能轴转角 α_c [i] 从而可以得到一条输出轴转角与储能轴转角及传动比的关系式。

7.3.3 凸轮廓线的计算与设计

1. 凸轮廓线计算的实现

在 CT20 弹簧操动机构中，凸轮的结构为滚轮摆动从动件结构，图 7-9 为滚轮摆动从动件盘形凸轮的计算原理图。由 7.2.2 节计算出凸轮机构输出轴转角与储能轴转角之间的关系后，凸轮轮廓线的极坐标可以通过式（7-12）与式（7-13）得到：

$$r = \sqrt{L_A^2 + l^2 - 2L_A l\cos(\alpha_{s0} + \alpha_s)} \tag{7-12}$$

$$\theta = \alpha_c + \arccos\frac{r^2 + L_A^2 - l^2}{2rL_A} - \arccos\frac{r_b^2 + L_A^2 - l^2}{2r_b L_A} \tag{7-13}$$

式中 r——凸轮轴心与滚轮中心的中心距；

θ——轮廓线的展角；

α_c——凸轮的角位移；

L_A——凸轮轴心与输出轴的中心距；

l——摆杆的长度；

α_s——摆杆的角位移；

α_{s0}——摆杆起始的位置角。

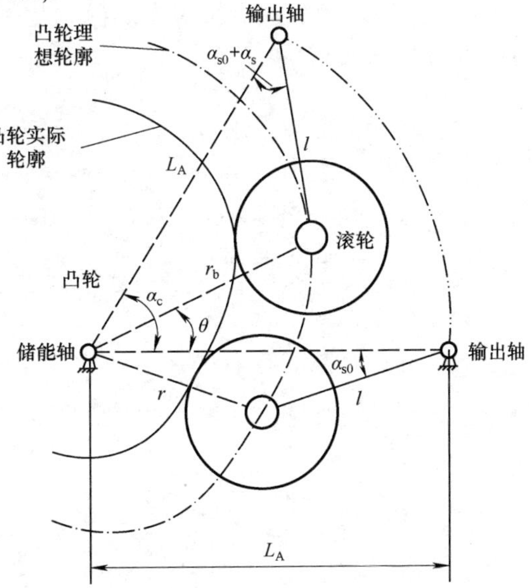

图 7-9 滚轮摆动从动件盘形凸轮的计算原理图

通过式（7-12）和式（7-13）便可以求出在极坐标下凸轮理想廓线上各点的坐标。所谓凸轮的理想廓线，即凸轮从动滚轮的圆心在围绕凸轮旋转一周后的轨迹，它与凸轮的实际轮廓线是属于等距曲线。因此，计算出凸轮的理想廓线后，通过等距曲线的坐标换算公式，便可以求得凸轮的工作廓线的极坐标。

$$r_G = \sqrt{r^2 + r_T^2 - 2rr_T\cos\beta} \tag{7-14a}$$

$$\theta_G = \theta + \arctan\frac{r_T\sin\beta}{r_G} \tag{7-14b}$$

式中 r_G——凸轮工作廓线的半径；

θ_G——对应 r_G 的凸轮摆角；

β——向径 r 与公法线 $n-n$ 的夹角。

$$\beta = \arctan\frac{2L_A l\dfrac{\Omega}{\omega}\sin(\psi+\psi_1)}{2r^2 - \dfrac{\Omega}{\omega}(L_A^2 - l^2 - r^2)} \tag{7-14c}$$

式中 Ω——摆角从动件的角速度；

ω——凸轮转动的角速度。

根据已知条件，由式（7-14a）、式（7-14b）和式（7-14c）顺次计算出凸轮工作廓线各点的极坐标值。至此，在整个合闸过程中，凸轮的实际轮廓线就可以计算出来了。

2. 设计实例结果

按照上述设计方法对126 kV真空断路器配CT－20弹簧操动机构的凸轮机构进行设计。目标合闸行程曲线如图7-10所示。由图中可见，触头的行程为60 mm，超程为20 mm。触头接触前4 mm的平均速度为1.15 m/s。通过上述方法得到的凸轮模型，如图7-11所示。

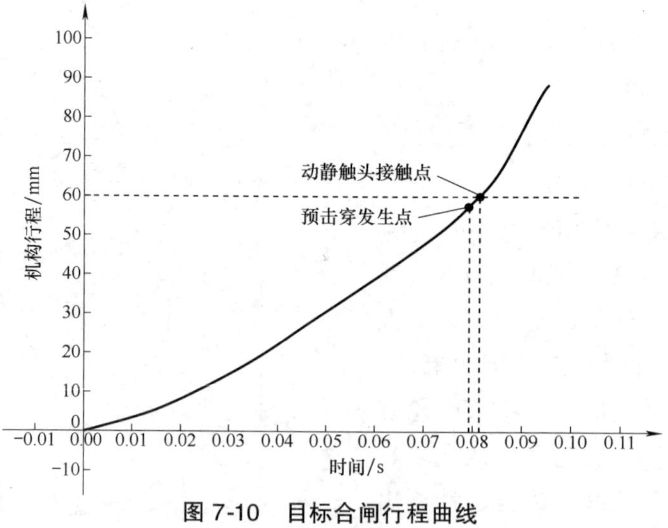

图7-10 目标合闸行程曲线

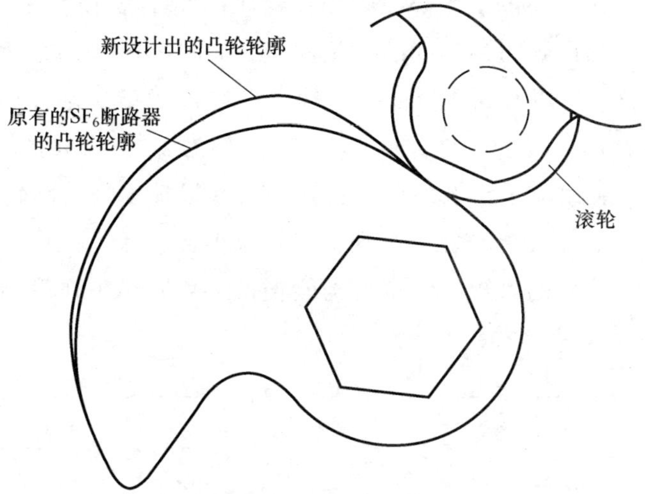

图 7-11　使用新设计方法设计出的凸轮轮廓

图 7-12 为两种凸轮的输出力矩与输电等级真空断路器的负载力矩的关系。从图中可以看出，新设计的凸轮的输出力矩比 SF_6 断路器上使用的凸轮与真空断路器负载力矩曲线更加相匹配。该凸轮在机构行程 60mm 开距过程中，以较小的能量达到了合适的平均合闸速度，有效减小了合闸弹跳，而在触头弹簧储能的过程中加大了输出的力矩，使得机构能轻松地克服触头弹簧的阻力。

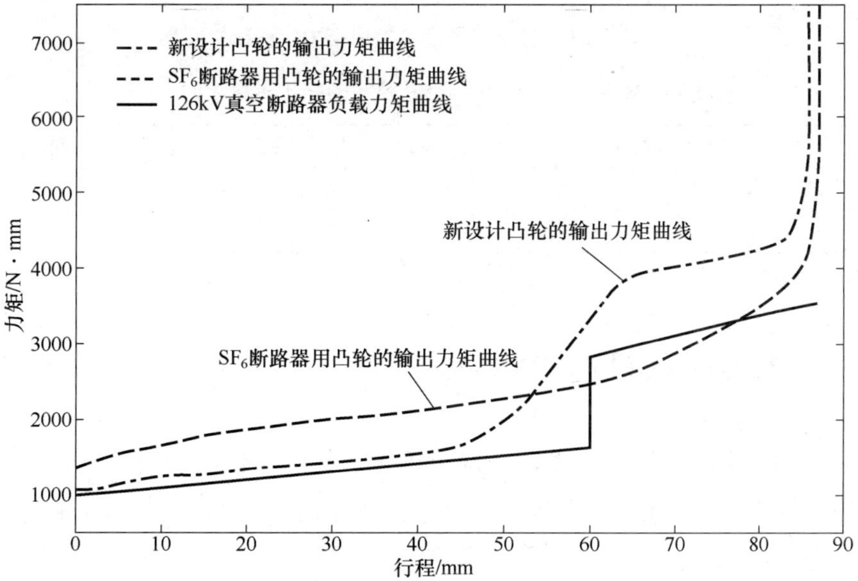

图 7-12　两种不同凸轮的输出力矩曲线

将安装了这两种凸轮的 126 kV 真空断路器的虚拟样机模型在 ADAMS 软件中进行仿真计算，可以得到两种不同的合闸曲线，如图 7-13 所示。表 7-5 为合闸过程机械参数的对比。可以看到，新设计凸轮的平均合闸速度为 1.18 m/s，基本符合第 3 章得到的 1.15 m/s 的优化合闸速度，误差仅为 2.7%，并且新设计的凸轮能够有效地减小合闸弹跳幅值以及时间。使用该方法设计出来的凸轮能够将合闸弹簧的能量合理地分配在合闸的各个过程，有效减小合闸弹跳，并且在触头弹簧储能的过程中加大了输出的力矩，使得机构能轻松地克服触头弹簧的阻力，保证合闸的可靠性。

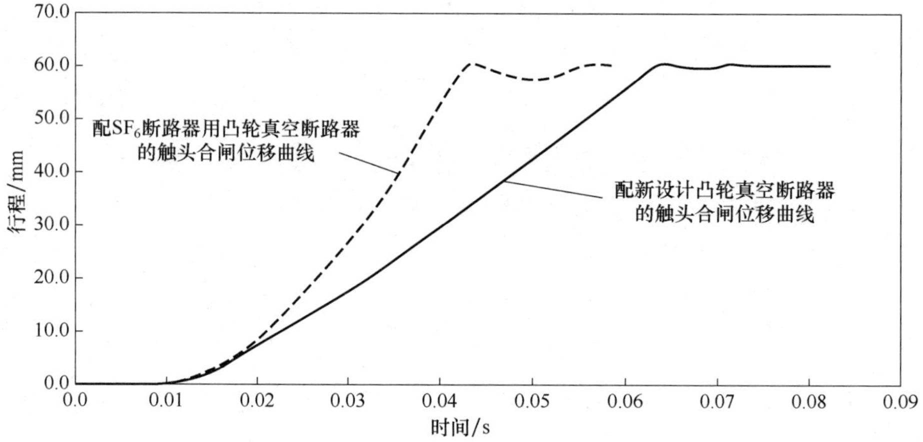

图 7-13　两种不同凸轮的输出力矩曲线

表 7-5　126 kV 真空断路器的归化质量

	平均合闸速度/（m/s）	触头最大弹开距离/mm	触头弹跳时间/ms
配 SF_6 断路器凸轮	2.82	2.42	10.5
配真空断路器凸轮	1.18	0.43	4.6

7.4　永磁操动机构的设计方法

永磁机构的合闸采用电磁操动，按照机构在分闸操作时的不同，永磁机构可以分为电磁操动（即双稳态）和弹簧操动（即单稳态）；从线圈数量上看，分为双线圈式和单线圈式。

下面以双稳态双线圈式永磁机构为例，介绍永磁机构的工作原理。双稳态双线圈式永磁机构的特点是利用永久磁铁产生的磁力将真空断路器分别保持在合闸和分闸两个极限位置上，通过电容器放电给分/合闸励磁线圈通电，产生电磁力驱动动铁心运动，从而完成机构分/合闸操作。采用这种结构的典型代表产品是ABB Calor Emag公司推出的VM1配永磁机构的真空断路器。

图7-14为双稳态双线圈式永磁机构在分闸和合闸位置结构原理图。如图7-14所示，双稳态双线圈式永磁机构主要由7个零件组成。静铁心为机构提供磁路通道；动铁心是机构中唯一的运动部件；永磁体为机构提供分合闸保持力，一般采用钕铁硼稀土永磁材料；驱动导向杆是操动机构和断路器传动机构之间的连接部件；此外还有分、合闸线圈。

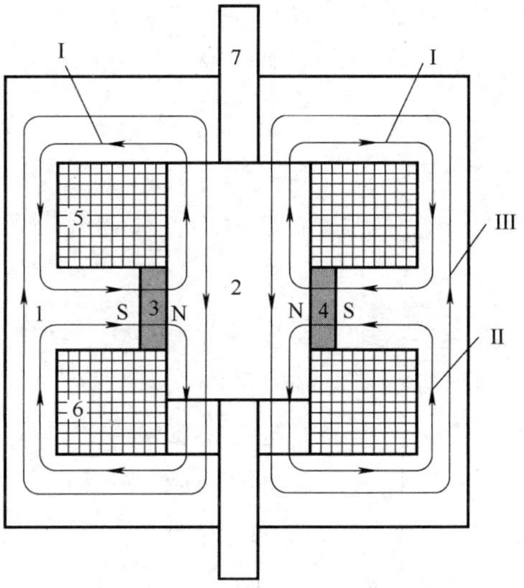

图7-14　传统双线圈结构原理图

1—静铁心　2—动铁心　3、4—永久磁铁　5、6—分、合闸线圈　7—驱动杆

当断路器处于分闸位置时，永磁体产生的磁力线如图7-14中的曲线Ⅰ，通过动、静铁心提供的低通阻抗通道将动铁心保持在分闸位置。当机构接到合闸命令时，合闸线圈6通电，合闸线圈中的电流产生磁场，其磁力线如图中曲线Ⅱ和Ⅲ所示，合闸线圈在上部工作气隙产生的磁场方向与永磁材料所产生的磁场方向相反，正好抵消一部分分闸保持力，当合闸线圈的电流达到某一值时，即合闸方向的力大于分闸方向的力时，动铁心开始向下运动。随着位移的增加，下部气隙的磁阻逐渐减小，磁感应强度远远大于上部气隙的磁感应强度，动铁心将向下加速运动，动铁心运动至行程一半后，线圈电流和永磁体合成磁场所产生力的方向向下。于是进一步加速了动铁心的运动速度，直到合闸位置。此时，线圈电流和永久磁所产生磁场的磁力线基本全部通过下部气隙，切断线圈中的电流，动铁心将自动保持在合闸位置上，磁力线分布如图所示。机构的分闸过程原理与合闸过程基本相同。

7.4.1　新型分离磁路式永磁操动机构

本书第3章和第6章分别分析了输电等级真空断路器在分断过程和合闸过程中对速度的要求，从与真空断路器出力特性配合来看，传统结构永磁机构的合闸过程与真空断路器负载特性配合良好，但分闸过程则不然。对于理想的操动机构，希望在合闸位置机构能提供一个较大的保持力将断路器可靠地保持在合闸位置；

而当机构运动初始阶段，希望机构能提供一个相对较高的分闸速度，使断路器动静触头在较短的时间拉开到一个相对较大的开距避开强电弧模式，而后以较低的速度将触头开距维持在扩散电弧模式或者点状斑点模式；而在运动后期，为避免机构或断路器的过冲，希望机构能以一个相对的低的速度达到分闸末了位置。从传统永磁机构工作原理可知，由于永磁体产生的磁力线和线圈电流产生的磁力线共用磁路，在分闸过程中，永磁体产生的保持力在机构运动初始阶段表现为阻力，将阻碍机构运动；而在机构运动的后期，永磁保持力为动力，将加速机构的运动，不能符合真空断路器分闸要求。对于126kV 真空断路器来说，触头开距为60mm 左右，初始阶段分闸速度要求在3.0 m/s 以上，传统共用磁路式永磁机构无法满足高电压等级真空断路器大开距、高速度的要求。

针对传统永磁机构存在的问题，本节提出了一种新型的分离磁路式永磁机构的结构形式，即将永磁保持部分和电磁操动部分进行分离，其结构如图7-15 所示。与传统双稳态永磁机构不同，这种新型的分离磁路式永磁机构由非磁性材料垫片（10）将机构分成两部分，即永磁保持部分和电磁操动部分。其中，永磁保持部分由永磁体（4、9），合闸保持静铁心（5）、分闸保持静铁心（8）和保持动铁心（7）组成。永磁体嵌入分、合闸保持静铁心中，其中合闸保持静铁心中的永磁体上下端开槽，留有气隙（6）；分闸保持静铁心中的永磁体上端开槽（11），下端与非磁性材料垫片（10）相连，方便固定分闸保持静铁心；保持动铁心（7）与导杆（1）相连，通过导杆带动动铁心和保持动铁心一块运动，进而带动真空灭弧室动触头运动。电磁操动部分由静铁心（12）、合闸线圈（13）、分闸线圈（15）和动铁心（16）组成。非磁性材料（14）将合闸线圈（13）与分闸线圈（15）磁路分离，在给合闸线圈（13）或分闸线圈（15）通电时，产生的磁力线仅通过动铁

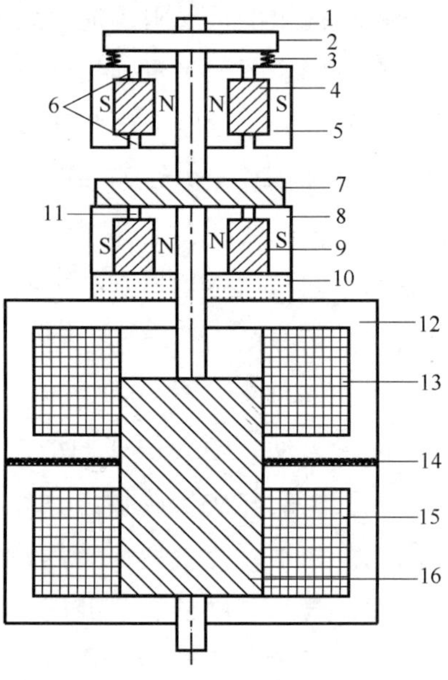

图7-15　分离磁路式永磁机构结构图

1—导杆　2—紧急分闸去磁环　3—弹簧　4—合闸保持永磁体　5—合闸保持静铁心　6—合闸保持气隙　7—保持动铁心　8—分闸保持静铁心　9—分闸保持永磁体　10—非磁性材料垫片　11—分闸保持气隙　12—静铁心　13—合闸线圈　14—非磁性材料　15—分闸线圈　16—动铁心

心（16）的上端面或下端面。由于该永磁机构保持部分和电磁操动部分在工作时各自拥有自己的磁路，互不影响，因此称为分离磁路式永磁机构。

这种新型分离磁路式永磁机构和传统共同磁路永磁机构一样，均是用永磁体实现分闸和合闸保持，通过向分、合闸励磁线圈通电实现分闸或合闸操作。下面结合图7-16对126kV真空断路器永磁机构的操作过程进行详细描述。

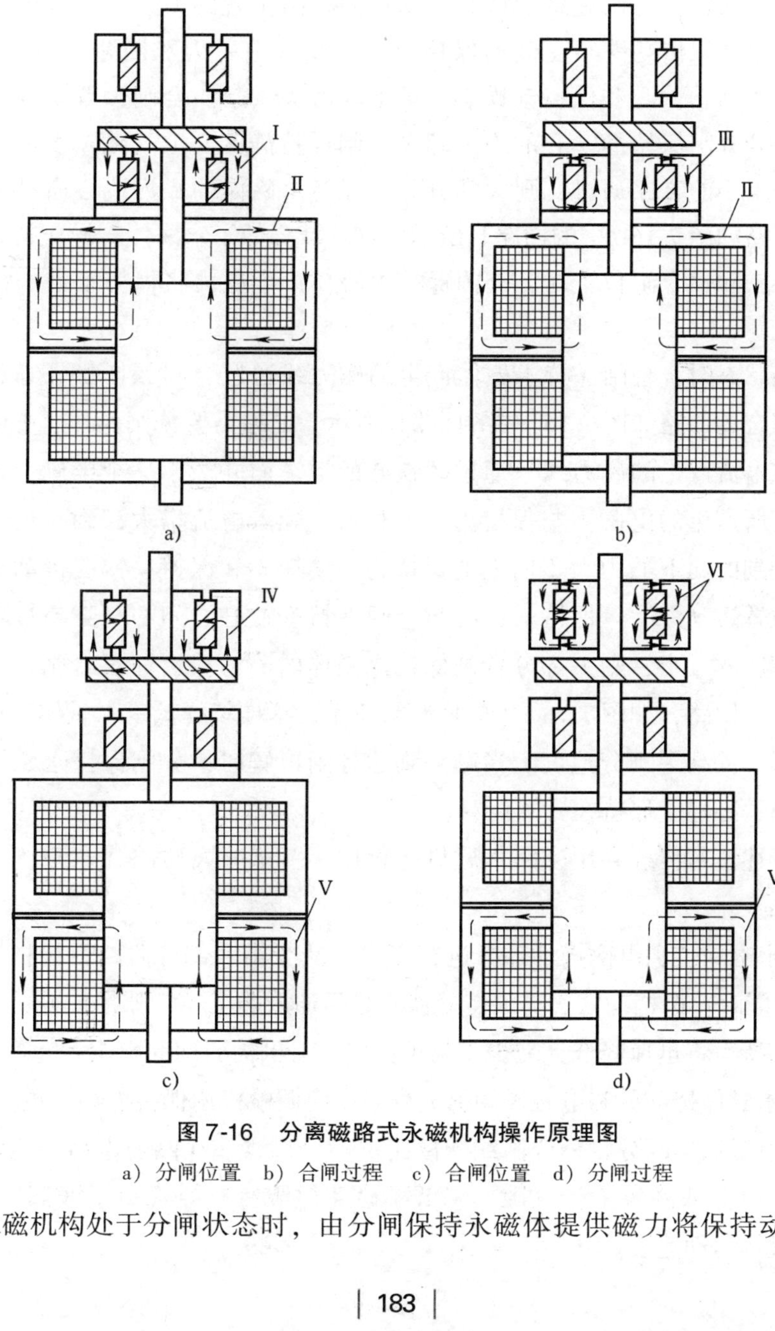

图7-16　分离磁路式永磁机构操作原理图

a）分闸位置　b）合闸过程　c）合闸位置　d）分闸过程

当永磁机构处于分闸状态时，由分闸保持永磁体提供磁力将保持动铁心保持在分闸位置。由于动铁心与保持动铁心通过导杆相连，所以动铁心也被保持在分闸位置。分闸保持永磁体产生的磁力线通过分闸保持静铁心和保持动铁心形成闭合回路，如图 7-16a 中的回路Ⅰ所示。当进行合闸操作时，在合闸线圈中通过足够的直流电流产生电磁力。由于非工作气隙的存在，该电流产生的磁力线只通过动铁心的上端面，如图 7-16a 中的回路Ⅱ所示。这样合闸线圈中的电流所产生的电磁力与保持力方向相反，使保持动铁心受到指向分闸位置的力，随着电流的增大而不断减小。直到保持动铁心受到的保持力小于线圈电磁力和断路器反力的合力，电磁力将会驱动动铁心和保持动铁心，带动动触头一起向合闸位置运动。一旦保持动铁心离开分闸保持静铁心的距离超过分闸保持静铁心上气隙宽度的一半，磁力线选择磁阻小的磁路通过，则大部分分闸保持永磁体的磁力线会通过分闸保持气隙形成回路如图 7-16b 中的回路Ⅲ所示，这样就降低了永磁体对操作初始阶段的阻碍。当触头到达合闸位置时，合闸保持永磁体产生磁力将保持动铁心稳定保持在合闸位置。

在合闸状态时，合闸保持永磁体产生的磁力线通过合闸保持静铁心和保持动铁心形成闭合的回路如图 7-16c 中的回路Ⅳ所示。如果需要分闸操作，分闸线圈流过电流，该电流产生的磁力线只通过动铁心的下端面并产生一个电磁力。分闸线圈中的电流所产生的电磁力与保持力方向相反，随着电流增大，到一定值时保持动铁心所受到的向下的力大于向上的保持力，动铁心和保持动铁心带动动触头一起向分闸位置运动。一旦保持动铁心与合闸保持静铁心之间的气隙超过合闸保持下气隙的宽度的一半，则大部分合闸保持永磁体的磁力线会通过合闸保持上、下两个气隙形成回路，如图 7-16d 中的回路Ⅵ所示，这样就降低了永磁体对操作初始阶段的阻碍，提高了刚分速度。当触头到达分闸位置时，分闸保持永磁体产生磁力将保持动铁心稳定保持在分闸位置。

综上所述，与传统共用磁路永磁机构相比，新型分离磁路式永磁机构具有的优势总结如下：

1）将永磁保持和电磁操动部分进行分离，减少了两部分磁路在机构运动时的互相干扰；同时在保持动铁心与保持静铁心之间加入非工作气隙，使得机构一旦运动，永磁保持力将迅速降低，减少了永磁保持力对机构运动的影响。

2）将永磁保持部分和电磁操动部分分离，使调整机构保持力特性更为灵活。

3）在电磁操动部分将分合闸线圈磁路进行分离，使线圈通电后，磁路仅通过动铁心下部或上部磁极工作气隙，降低了磁路磁阻，有效提高了线圈工作效率，进而提高机构运动速度。

7.4.2　永磁操动机构特性计算与设计

1. 永磁机构设计的基本方法

永磁机构的设计要从真空断路器对永磁机构特性的要求出发。在稳态时，永磁机构通过永磁体提供的保持力使动触头稳定地保持在分、合闸位置。在分闸位置时，主要需要克服波纹管自闭力，合闸位置主要需要克服触头弹簧反力；运动时，永磁机构动铁心通过导杆带动动触头运动，运动速度要满足动触头分/合闸速度和刚分速度的要求，保证真空断路器可靠动作。图 7-17 为永磁机构的设计流程，静态特性计算解决在稳态条件下，永磁体所产生的磁场分布和磁力大小以及线圈产生的电磁吸力与气隙之间的关系，由此确定永磁机构的基本结构和尺寸，并为动态特性计算奠定基础。动态特性计算分析运动过程中触头位移速度，机构线圈电流和控制电路的参数。根据计算的结果优选出既能满足开关分、合闸速度要求，又能使励磁电流小的设计参数，减小控制电路的负担，降低成本。将动态特性计算得到的分合闸速度作为机构冲击响应，得到机构碰撞冲击载荷，连同机构静态特性计算得到的保持作为静态应力，计算得到机构的疲劳寿命，并对其可靠性进行评估。

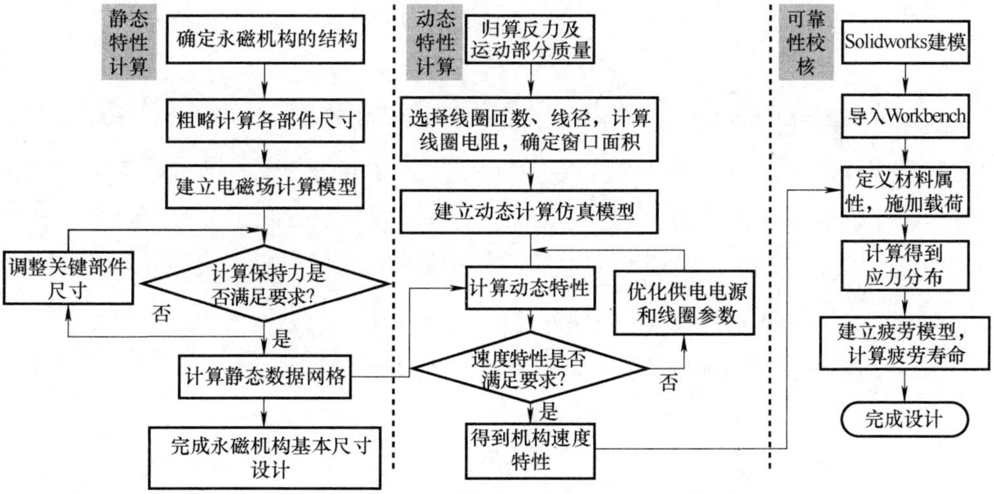

图 7-17　永磁机构的设计流程

（1）静态特性计算

永磁机构静态特性矢量磁位 A 应满足

$$\frac{1}{\mu}\nabla^2 A = -J \tag{7-15}$$

式中　J——源电流密度；

μ——磁导率。

对于圆形机构，在圆柱坐标系下采用轴对称场计算，得到

$$\begin{cases}\dfrac{\partial}{\partial r}\left(\dfrac{1}{\mu r}\dfrac{\partial(rA_\theta)}{\partial r}\right)+\dfrac{\partial}{\partial r}\left(\dfrac{1}{\mu r}\dfrac{\partial(rA_\theta)}{\partial z}\right)=-J_\theta \\ rA_\theta = rA_{\theta 0} \\ \dfrac{1}{\mu r}\dfrac{\partial(rA_\theta)}{\partial n}=-H_t\end{cases} \tag{7-16}$$

在电磁场计算时，采用面电流模型模拟永磁体。永磁体经过充磁，具有剩余磁化强度 $\vec{M}_r$，它的特性满足

$$\vec{B}=\mu_0(\vec{H}+\vec{M})=\mu_0(\vec{H}+\vec{M}_r+\vec{M}') \tag{7-17}$$

式中 μ_0——真空的磁导率；

$\vec{H}$——永磁体工作点的磁场强度；

$\vec{B}$——永磁体工作点的磁感应强度；

$\vec{M}'$——永磁体的感应磁化强度，$\vec{M}'=\chi\vec{H}$，χ 是永磁体的磁化系数，与相对磁导率的关系为 $\mu_r=1+\chi$

因此，式（7-17）可写为

$$\vec{B}=\mu_0\mu_r\vec{H}+\mu_0\vec{M}_r \tag{7-18}$$

对于均匀磁化的永磁体，其内部各点的剩余磁化强度 $\vec{M}_r$ 大小相等方向相同，而在永磁体外部 $\vec{M}_r=0$，因此可以认为在平行于 $\vec{M}_r$ 的永磁体侧面上，存在等效的面电流。等效面电流密度表示为

$$\vec{J}_s=\vec{M}_0\times\vec{n} \tag{7-19}$$

式中 $\vec{n}$——永磁体平行于 $\vec{M}_r$ 侧面外法向单位向量。

永磁体等效面电流侧与其他介质交界面处的边界条件为

$$\left(\frac{1}{\mu_1}\frac{\partial\vec{A}}{\partial\vec{n}}\right)^- - \left(\frac{1}{\mu_2}\frac{\partial\vec{A}}{\partial\vec{n}}\right)^+ = \vec{J}_s \tag{7-20}$$

永磁机构的电磁吸力由永磁体和励磁线圈产生并作用在动铁心上。计算时在动铁心的外围取任一闭合面 S，通过对 S 面上的应力求解面积分获得电磁吸力值，即

$$F=\iint_s p\mathrm{d}S \tag{7-21}$$

式中 p——气隙单元 E 中的表面应力，即

$$p=\frac{1}{\mu_0}(nB)B-\frac{1}{2\mu_0}B^2n \tag{7-22}$$

式中　B——单元 E 中的磁感应强度；

n——沿积分表面 S 法线方向的单位向量。

通过对所有离散单元电磁力求和，获得总的电磁吸力为

$$F = \sum_{E=1}^{n} p_{\mathrm{E}} \Delta S_{\mathrm{E}} \tag{7-23}$$

式中　ΔS_{E}——单元 E 中沿积分途径的表面积；

p_{E}——单元 E 的表面应力。

（2）动态特性

永磁机构的分闸操作和合闸操作，其线圈电流的变化过程可以分为两个阶段：一是励磁电流接通后动铁心开始运动前，电磁力小于动铁心所受吸力，动铁心不运动，线圈电流由零开始逐渐增大；第二阶段是电流增大到一定值时，电磁力大于动铁心所受吸力，动铁心开始运动，同时线圈中产生反电动势，抑制线圈电流的增长，线圈电流逐渐下降，直至动铁心走完全部行程到达终点。如果此时，线圈的励磁电路还未关断，线圈仍处于通电状态，线圈电流则由于动铁心已经静止，电流又开始上升，产生所谓的“马鞍形”电流。

永磁机构的电容放电励磁电路如图 7-18 所示，其中 C 为充电电容，L 和 R 分别为线圈的等效电感和等效电阻。

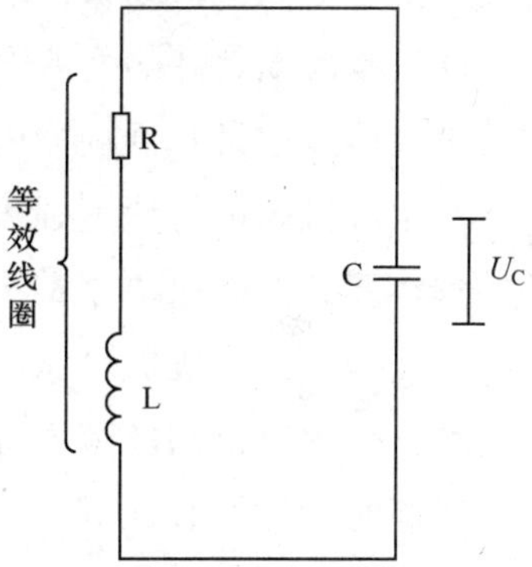

图 7-18　电容励磁电路

永磁机构动态过程在电路上必须遵循电压平衡方程，在运动上遵循达朗贝尔运动方程，在磁场上必须遵循麦克斯韦方程，在热路上遵循热平衡方程，这些方程间存在相互联系，构成了描述动态过程的微分方程组。由于动态过程历时极短（一般机构动作时间为几十毫秒），电磁系统又存在热惯性，所以热变化很小，可忽略不计，那么描述永磁机构动态特性的状态方程组为

$$\begin{cases} \dfrac{\mathrm{d}\psi}{\mathrm{d}t} = U_{\mathrm{C}} - iR \\ \dfrac{\mathrm{d}v}{\mathrm{d}t} = \dfrac{F_{\mathrm{mag}} - F_{\mathrm{f}}\left(x, \dfrac{\mathrm{d}x}{\mathrm{d}t}\right)}{m} \\ \dfrac{\mathrm{d}x}{\mathrm{d}t} = v \\ \dfrac{\mathrm{d}U_{\mathrm{C}}}{\mathrm{d}t} = -\dfrac{i}{C} \end{cases} \tag{7-24}$$

式中　v——运动部件的运动速度。

式（7-24）中各参量的初始条件为

$$\psi\big|_{t=0}=\psi_0,\ v\big|_{t=0}=v_0=0, x\big|_{t=0}=x_0=0,\ U_C\big|_{t=0}=U_{C0}$$

对式（7-24）所述的电路方程、电磁场方程和运动方程耦合求解，即可以获得永磁机构的动态特性。

对微分方程组在初始条件约束下进行数值求解，即可以获得该永磁机构在一定具体条件下的实际动态特性。在求解动态特性前，应先用 ANSOFT 软件计算永磁机构的静态特性，求解永磁机构动铁心在不同位置和不同线圈电流下所对应的电磁力和磁链数据，建立 $F=f(i,x)$、$\psi=\psi(i,x)$ 的数据网格，然后将电磁力、磁链与气隙、电流的关系转化为 $F=f(\psi,x)$，$i=g(\psi,x)$，最后利用 Runge－Kutta 法求解动态特性的状态方程组。

（3）可靠性

为验证该永磁机构主要部件的机械可靠性，此处基于金属材料 S－N 曲线及应力－应变有限元分析结果，采用 Ncode－Design Life 软件，对 126 kV 真空断路器永磁操动机构易损部件的疲劳寿命进行仿真计算。考虑到 126 kV 真空断路器动作次数较少，该过程具有低周疲劳特征，故采用基于最大应力应变的低周疲劳分析方法，对永磁机构进行疲劳强度分析及寿命估算。该方法的基本思想认为零件或构件的整体疲劳性能取决于最大应力－应变状态和特征，即如果机构能通过最大应力－应变考核，其机械可靠性更好。

在计算永磁机构疲劳寿命时，施加载荷除永磁机构静态保持力外，还需加载机构碰撞时动静铁心之间的动态碰撞力，该力通过动态特性计算得到。在该动态碰撞力和静态保持力作用下，求解得到永磁机构各部件的等效应力分布，进而得到机构疲劳寿命。

根据低周疲劳寿命分析理论，等效应力其值为 $\sqrt{\frac{1}{2}[(a_1-a_2)^2+(a_2-a_3)^2+(a_3-a_1)^2]}$，其中 a_1，a_2，a_3 分别指第一、二、三主应力。该等效应力是用应力等值线来表示模型内部的应力分布情况，它可以清晰地描述一种结果在整个模型中的变化，从而使分析人员可以快速地确定模型中的最危险区域。材料在低周疲劳过程中，其应力应变行为可用滞后回线表征，如图 7-19 所示。每一应力产生的总应变为

$$\Delta\varepsilon=\Delta\varepsilon_e+\Delta\varepsilon_p \tag{7-25}$$

式中　$\Delta\varepsilon$——总应变；

$\Delta\varepsilon_e$ ——弹性应变幅度；

$\Delta\varepsilon_p$ ——塑性应变幅度。

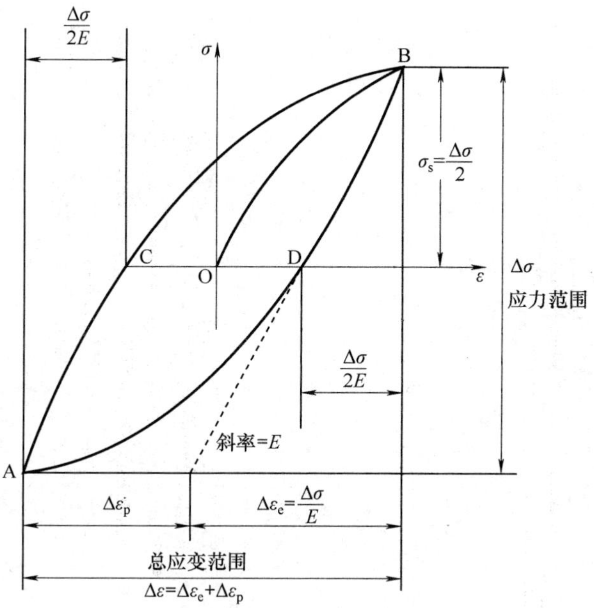

图 7-19 应力应变滞后回线

弹性应变幅度 $\Delta\varepsilon_e$ 和塑性应变幅度 $\Delta\varepsilon_p$ 如下：

$$\frac{\Delta\varepsilon_e}{2}=\frac{\sigma'_f}{E}(2N)^b \tag{7-26}$$

$$\frac{\Delta\varepsilon_p}{2}=\varepsilon'_f(2N)^c \tag{7-27}$$

式中 σ'_f ——疲劳强度系数；

$\frac{\sigma'_f}{E}$ ——循环数 $N=1/2$ 处直线 2 的总坐标斜率；

b ——疲劳强度指数，直线的斜率；

E ——材料的弹性模量；

ε'_f ——疲劳塑性系数，$N=1/2$ 处直线 1 的纵坐标截距；

c ——疲劳塑性指数。

总应变 – 寿命曲线数学表达式为

$$\frac{\Delta\varepsilon}{2}=\frac{\Delta\varepsilon_e}{2}+\frac{\Delta\varepsilon_p}{2}=\frac{\sigma'_f}{E}(2N)^b+\varepsilon'_f(2N)^c \tag{7-28}$$

结合材料的疲劳强度系数σ'_f、疲劳强度指数b、疲劳塑性系数ε'_f、疲劳塑性指数c和材料的弹性模型E，可得到材料的总应变－寿命曲线特性。

2. 永磁机构的反力特性

永磁机构的反力主要有触头弹簧力、灭弧室自闭力、机械摩擦力和运动部件重力，这些力在机构运动过程中有时是阻力，有时是动力。触头弹簧力仅在动铁心运动在触头超行程阶段时起作用。由于该机构为直动机构，故不考虑反力及质量归算问题。触头弹簧力为

$$F_c = F_0 + K(R - R_0) \tag{7-29}$$

式中 F_0—— 触头弹簧预压力；

K—— 弹簧刚性系数；

R——弹簧最终长度；

R_0——弹簧初始长度。

灭弧室自闭力一般在200 N左右，力的方向指向合闸方向。摩擦力主要由加工安装工艺决定，在此可忽略不计。机构运动系统重力则由重力公式$G = mg$计算得到，m为运动部分总质量。归算后的反力特性如图7-20所示。

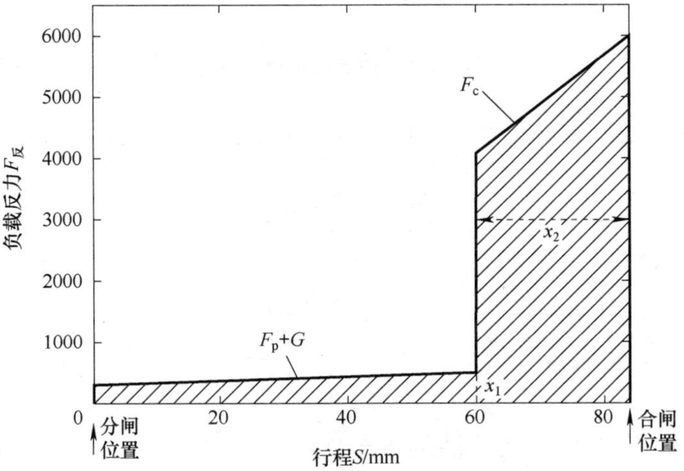

图7-20 归算到动铁心的反力特性

F_p—灭弧室自闭力 F_c—触头弹簧反力 G—运动部件重力 x_1—触头开距 x_2—触头超程

3. 经验公式尺寸估算

确定永磁机构的结构形式后，根据真空灭弧室负载特性，得到机构所需提供的合闸保持力。在工程实际应用中，至少考虑20%的裕量。双稳态永磁操动机构的结构设计主要包括：动铁心直径、永磁体位置及尺寸、分/合闸线圈参数、动铁心质量等。

（1）动铁心

设计永磁机构各部件的尺寸大小时，合闸保持力能否满足要求是首要考虑的因素。在满足性能要求的前提下，要考虑如何调整结构参数，使永磁机构体积最小、性能最优。在设计初始阶段，各部分零件的尺寸可以粗略估算。其中，动铁心尺寸是首先可以确定的参数，动铁心在磁场中受到的磁力可表示为式（7-21）。

磁通密度 B 数值大小的选取会影响永磁机构整机的大小，为满足断路器小型化的发展要求，尽量使铁磁材料工作到其磁化曲线的拐点附近。对于电工纯铁DT4E来说，B 值为1.6 ~ 1.7T。根据永磁机构侧的反力特性，动、静铁心之间至少产生7000N的力，可得动铁心的直径 $D=\sqrt{\dfrac{8\mu_0 F}{\pi B^2}}\approx 94\text{mm}$，因此，合闸时气隙磁通 $\phi=BS=1.6\times\dfrac{\pi}{4}D^2=0.011\text{Wb}$。

（2）永磁体

钕铁硼永磁体工作点在一条直线上，当永磁机构在合闸位置时，永磁体的工作点 $B\approx 0.96\text{T}$。永磁体总的截面积可由公式 $S=\phi/B$ 求得。在确定永磁体位置后，即可估算得出永磁体高度和厚度。

（3）线圈安匝数 NI

对于合闸线圈，在合闸过程中，机构动铁心需克服分闸保持力向合闸位置运动，所以合闸线圈在分闸位置应提供的磁场强度 B 可由式（7-22）得到。分闸线圈安匝数可通过同样方法初步估算。

$$IN_\delta=\frac{B}{\mu_0}\delta \tag{7-30}$$

综上所述，通过上述经验公式可获得机构的初步尺寸，但因为经验公式在计算时忽略了磁场的不均匀性、线圈电流和电感等的变化，所以经验公式获得尺寸仅能作为有限元仿真建模的基础，后需通过有限元建模对机构尺寸进行优化设计。

4. 动铁心质量的确定原则

由上述分析可知，永磁机构分闸过程示意图如图7-21所示。图中 M 为灭弧室侧运动部分质量（在此简化为动触头质量），m 为机构侧运动部分质量（在此简化为动铁心质量）。在线圈电流驱动下，动铁心 m 在电磁力 F 和触头弹簧力的作用下运动，当动铁心走完超程时，速度达到 v_1，此时，触头弹簧力消失，动铁心 m 将

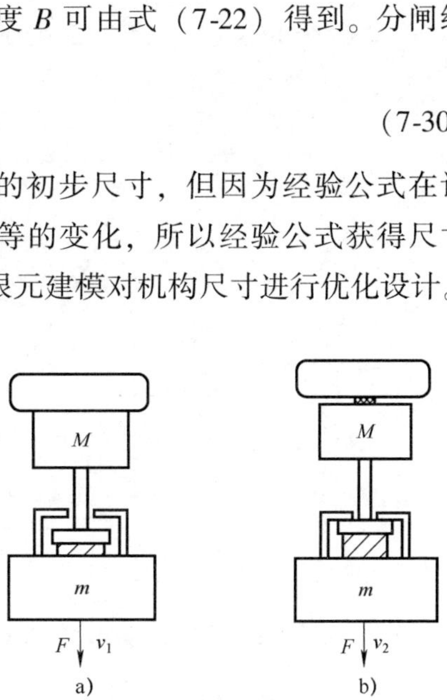

图7-21　分闸过程碰撞示意图

a）碰撞前　b）碰撞后

带动动触头 M 一块向下运动，此时动铁心和动触头运动速度为 v_2。这个过程时间很短，忽略重力和摩擦力的影响，认为该过程在碰撞瞬间满足动量守恒定律，即

$$mv_1 = (M + m)v_2 \tag{7-31}$$

$$v_2 = \frac{mv_1}{(M + m)} \tag{7-32}$$

由于对于高电压等级真空断路器，需要较高的刚分速度，即希望 v_2 尽可能大。考虑到在动触头运动前，机构运动速度与动铁心质量 m 有关，故仿真得到不同动铁心质量 m 时，在动铁心带动动触头运动前的 v_1，通过拟合，得到 $v_1 = v_1(m)$ 的函数关系满足

$$v_1 = A_1 \times e^{m/B_1} + A_2 \times e^{m/B_2} + A_3 \times e^{m/B_3} + C \tag{7-33}$$

式中 A_1，A_2，A_3，B_1，B_2，B_3，C——常数，与机构属性有关。

将式（7-33）代入式（7-32），得

$$v_2 = \frac{m}{(M + m)} \times (A_1 \times e^{m/B_1} + A_2 \times e^{m/B_2} + A_3 \times e^{m/B_3} + C) \tag{7-34}$$

对于该分离磁路永磁机构，通过计算得到动铁心带动动触头运动前的速度 v_1 与动铁心质量 m 之间的关系如图 7-22 所示，满足式（7-35）。

$$v_1 = 2.4509 \times e^{m/-8.1029} + 2.4509 \times e^{m/-9.00277} + 2.4509 \times e^{m/-9.90305} + 2.94203 \tag{7-35}$$

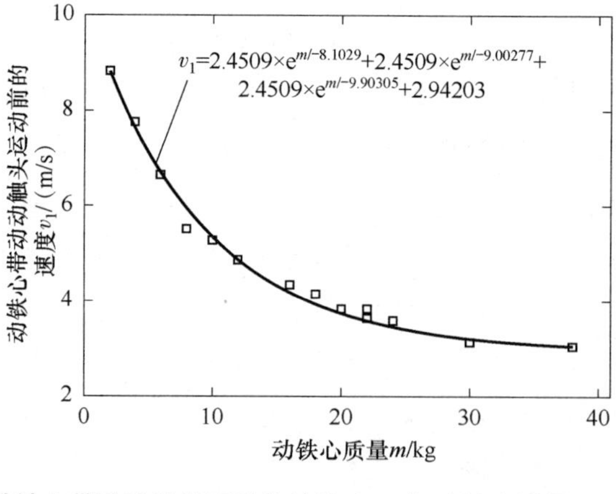

图 7-22　动铁心带动动触头运动前的速度 v_1 与动铁心质量 m 之间的关系

把式（7-35）代入式（7-32），通过 M 取不同值，得到动铁心质量 m 与动触头刚开始运动速度 v_2 的关系如图 7-23 所示。

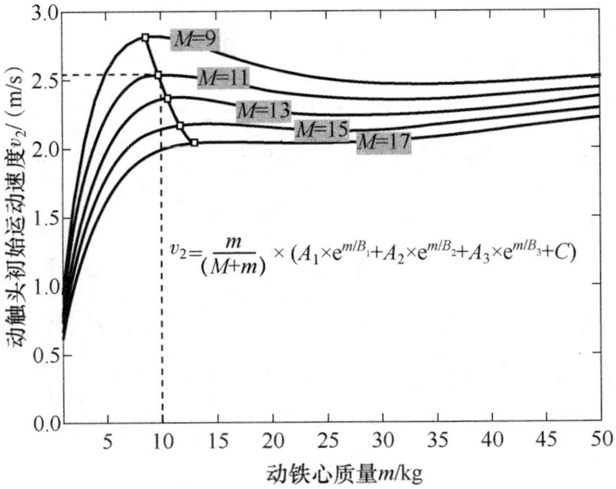

图 7-23 动触头初始运动速度 v_2 与动铁心质量 m 的关系

7.4.3 126kV 分离磁路式永磁机构的设计

本节将介绍针对用于本课题组研发的 126kV/2500A/40kA 型真空断路器永磁操动机构。该操动机构采用分离磁路设计，所配合的灭弧室的主要机械技术参数及断路器要求达到的机械参数见表 7-6。

表 7-6 126kV/2500A/40kA 真空断路器灭弧室的主要技术参数

灭弧室主要机械参数		断路器应达到的技术参数	
触头开距	60 ±2mm	平均合闸速度	1.5m/s
触头接触超程	22 ±2mm	短燃弧开距速度 V_1	>3.3m/s
额定触头压力	5500N	长燃弧开距速度 V_2	<3.2m/s

真空断路器的平均合闸速度定义为：合闸时动、静触头闭合前 1/3 开距内的平均速度；短燃弧开距速度 V_1 定义为：动、静触头分开后动触头运动到 20mm 开距内的平均速度；长燃弧开距速度 V_2 定义为：动、静触头分开后动触头运动到 40mm 开距内的平均速度。

1. 静态特性计算结果

永磁机构的静态特性是不考虑时间因素时机构的磁场特性和力学特性。机构各部件的材料和尺寸的选择会影响其磁场强度的大小和分布，进而使机构得到不同的分合闸保持力。而永磁机构的动态特性（即分合闸操作过程特性）也是依赖于机构的磁场变化来实现的，可以看作是在不同电流、位置下静态状态的累积。因此，永磁机构静态特性分析是永磁机构机械结构设计的前提，同时也是动态特性分析的基础。

对永磁机构设计来说，首先考虑的为机构的保持力。对于126kV真空断路器，触头弹簧压力为5500N，再加上灭弧室和永磁机构运动部件的重力，保留20%的裕量，永磁机构需要提供7200N左右的合闸保持力。而在分闸位置主要克服灭弧室自闭力和波纹管反力，分闸保持力需要1500±200N。

在尺寸估算的基础上，建立永磁机构电磁场计算模型，通过分析永磁机构尺寸参数对分合闸保持力的影响，并考虑到后续样机更改各种不同零部件尺寸、线圈参数等研究永磁机构特性，设计留有较大裕量来确定永磁机构主要部件的基本设计参数，见表7-7。在该参数下，计算获得永磁机构的合闸保持力7383N，分闸保持力1876N。

表7-7 永磁机构主要部件的结构参数

部件名称	参数种类	尺寸/mm
合闸永磁体	内径	45
	厚度	7
	高度	21
分闸永磁体	内径	45
	厚度	5
	高度	11
保持动铁心	直径	126
	高度	24
动铁心	直径	110
	高度	230
线圈	截面窗口长	80
	截面窗口宽	130

应用参数化建模方法，可以计算不同气隙下永磁体作用磁力的变化和不同电流、不同气隙下线圈电磁力的变化。图7-24所示为永磁体产生的静态吸力与真空灭弧室反力特性的配合曲线。图中显示，在分合闸位置，永磁体产生的吸力均大于反力，故机构能可靠地保持在分合闸位置。从永磁体的吸力特性曲线还可以看出，当保持动铁心离开分、合闸位置时，永磁体的磁力随气隙变化得非常快，也就是说一旦动铁心开始运动，保持力对动铁心运动的阻碍将迅速减小，在几毫米内就几乎不再起作用。

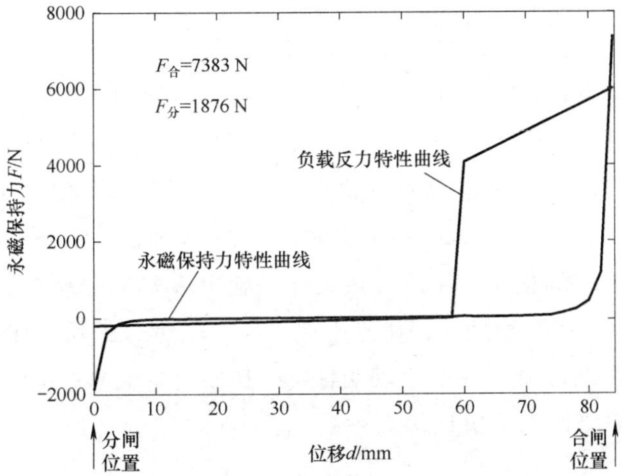

图7-24 永磁体作用下静态吸力随位移的变化

在由静态特性计算确定的永磁机构基本结构参数下，计算获得不同气隙和电流下永磁机构的电磁力和磁链数据。气隙的取值范围为永磁机构的行程，电流的最大值选取要高于静态计算的电流最大值。

2. 动态特性计算结果

研究中利用Solidworks软件建立动态系统的三维立体模型，然后将模型导入ADAMS中，添加约束和力等；再利用ADAMS的用户自定义模块，使用FORTRAN语言编写动态特性方程的求解程序，进行永磁机构动态特性的仿真计算。

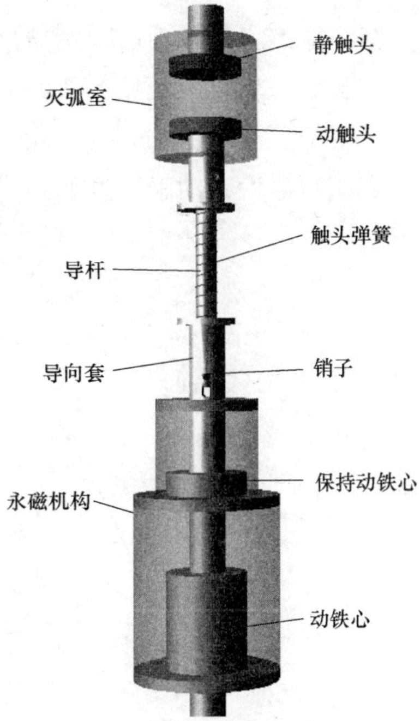

图7-25 动态仿真模型

根据永磁机构动态过程的分析，永磁机构动态过程的机械系统主要包括灭弧室动静触头、永磁机构的动静铁心、触头弹簧以及导杆等。在Solidworks中建立单相开关动态机械系统的仿真模型图，如图7-25所示。模型中对系统进行了简化，仅考虑与机构运动相关的部件，即灭弧室动、静触头，永磁机构动、静铁心，触头弹簧以及连接导杆等。机构的动作过程为：在合闸时，永磁机构动铁心受到电磁力的驱动，通过导向套和导杆带动动触头一起运动。灭弧室动静触头闭合后，动触头、导杆和销子不再运动，动铁心在电磁力作用下与导向套一起压缩触头弹簧，继续向合闸位置运动，直到动铁心与静铁心碰撞闭合为止。分闸时，动铁心在电磁力和触头弹簧作用下与导向套一起向分闸位置运动。当走完超程时，导向套与销子发生碰撞，带动导杆和动触头一起运动，直到动铁心到达分闸位置。将模型导入 ADAMS 仿真软件中，模型所受力即永磁机构静态计算的电磁力，通过用户自定义函数输入。

动态系统模型的运动是依靠永磁机构提供的电磁力驱动的。电磁力值通过编写程序求解得到。此处在永磁机构静态特性求解的基础上，在 FORTRAN 编译器中编写了求解电磁吸力的程序，生成链接文件，利用 ADAMS 软件的用户自定义功能将求解程序导入 ADAMS 模型中，仿真中通过调用电磁力求解程序为模型加载力约束，电磁力驱动模型运动部件不断改变状态，从而仿真整个运动过程。

126kV 真空断路器操动机构仿真参数见表 7-8。

表 7-8　126 kV 真空断路器操动机构仿真参数

项目	参数值	单位	项目	参数值	单位
供电电容容量	0.13	F	触头开距	60	mm
充电电压	220	V	超程	24	mm
合闸线圈电阻	0.91	Ω	运动部分质量	30	kg
分闸线圈电阻	0.73	Ω	触头弹簧与压力	3900	N
触头弹簧弹性系数	80	N/mm			

图 7-26 给出了合闸过程中的动触头位移曲线及线圈电流曲线。从曲线可以看出，动触头平均合闸速度为 2.8m/s（刚合前 20mm 平均值）。而 126kV 真空断路器对此速度的要求为 1.5m/s。从电流曲线可以看出，线圈通电后，电流开始指数上升，到达峰值后，动触头开始运动，电流随之下降。线圈电流的峰值为 91A 左右。

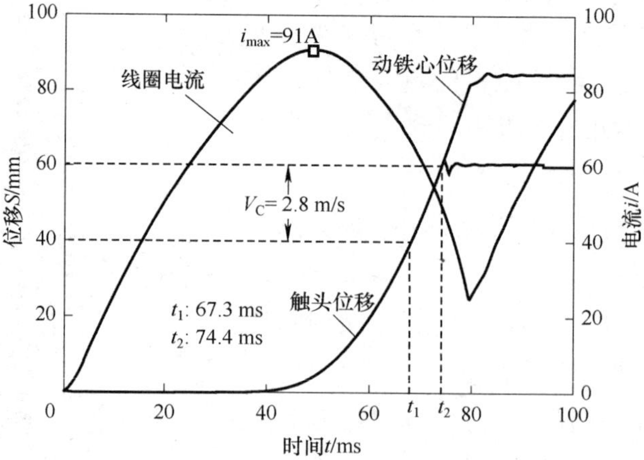

图 7-26　合闸过程动触头位移和线圈电流曲线（合闸线圈 $N=500$，$D=2.10$ mm）

分闸过程中的动触头位移曲线及线圈电流曲线如图7-27所示。从图中的分闸曲线可以看出，动触头在刚分后20mm开距内的速度 V_1 约为3.3m/s，而在40mm开距内的平均速度 V_2 也约为3.3m/s，满足126kV真空断路器速度要求。在分闸过程中电流到达峰值时触头还没有开始运动，这是因为电流达到峰值时动铁心即开始运动，然而，动触头要等触头弹簧释放完超程后才开始运动，线圈电流的峰值为79A左右。

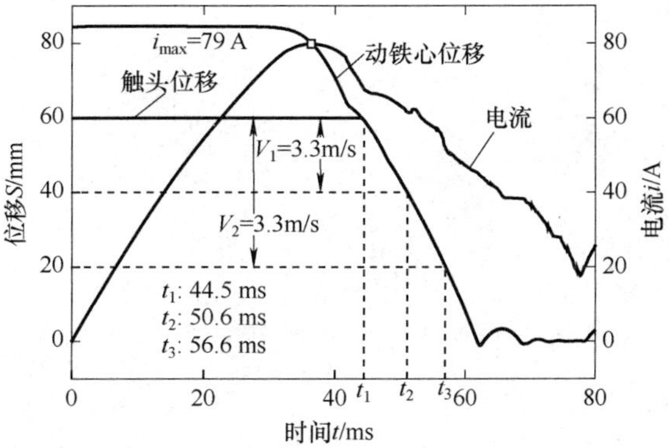

图7-27 分闸过程的动触头位移及线圈电流曲线（分闸线圈 $N=400$，$D=2.10$mm）

3．可靠性校核

永磁机构保持部分动铁心和静铁心在机构分合闸过程中会产生比较大的动态冲击力，该力值显著高于其静态保持力。保持动铁心表面在该动态冲击力作用下会产生变形，使其之间产生较大气隙，进而造成静态保持力变小。同时，冲击力过大还可能会造成机构部件或真空灭弧室承受超过强度极限的瞬时力而产生变形或断裂，在多次分合闸操作后造成部件的疲劳破坏。另外，与传统结构形式永磁机构不同，新型分离磁路永磁机构因永磁体安装于保持静铁心和动铁心之间，过大的冲击力还可能造成永磁体断裂，进而影响机构的可靠性。因此，基于碰撞特性的机械可靠性研究具有重要的理论意义和实际应用价值。

ANSYS LS－DYNA是通用非线性动力分析有限元软件，适合求解各种二维、三维非线性结构的爆炸、高速碰撞等非线性的动力学冲击问题。此处采用Workbench中Explicit Dynamics模块对其动态过程进行计算，仿真流程图如图7-28所示。

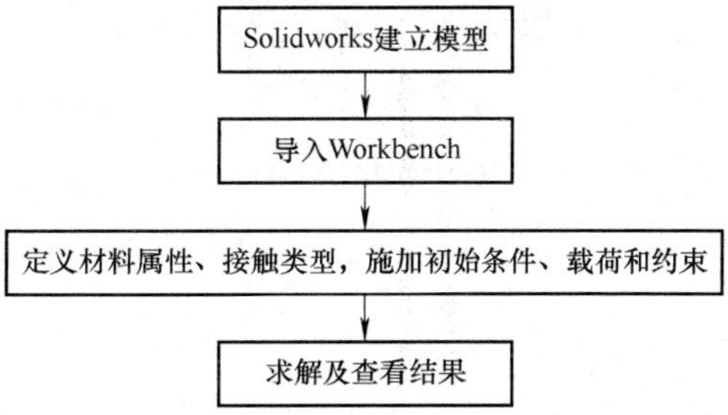

图7-28 永磁机构动态冲击过程流程图

在Solidworks中建立分离磁路永磁机构的模型，如图7-29所示。由于只考虑保持部分碰撞特性，为方便计算，模型仅考虑保持部分和电磁操动部分与运动相关的组件，其余部件忽略。仿真中用到两种材料，即动铁心和静铁心所用的电工纯铁 DT4E、永磁体钕铁硼（NeFeB）稀土永磁材料。材料模型采用双线性各向同性硬化模型（BISO），定义参数包括：密度（DENS）、弹性模量（EX）、泊松比（NUXY）和屈服应力（Yield Stress），材料参数见表 7-9。

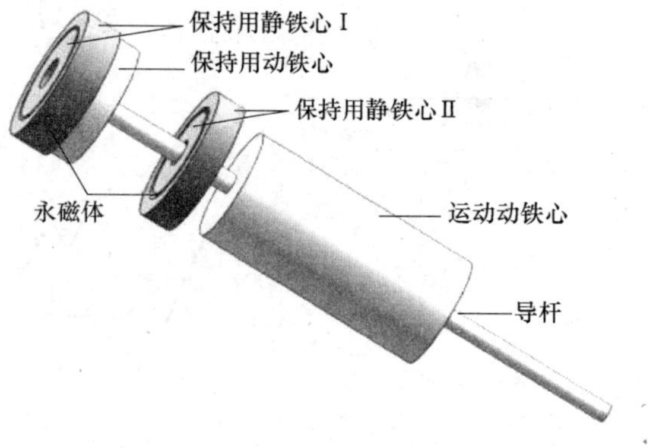

图 7-29　分离磁路永磁机构碰撞特性模型

表 7-9　材料参数

材料	密度/（kg/m^3）	弹性模量/Pa	泊松比	屈服应力/Pa
DT4E	7850	0.8065×10^{11}	0.291	1.17×10^{8}
NdFeB 永磁体	7450	1.6×10^{11}	0.3	2.95×10^{8}

定义各部件之间的接触类型，以平均分闸速度为 2.5m/s 和平均合闸速度为 1.5m/s 对机构进行可靠性分析。以分闸过程为例，赋予运动部件初始速度为 2.5m/s，动静铁心间初始永磁保持力为 2000N，碰撞力仿真结果如图 7-30 所示，最大碰撞动态力峰值为 300733N。

在该作用力下，分闸保持静铁心外部和内部的最大应力分布为 151MPa 和 165MPa，电工纯铁的屈服强度为 117MPa，该值虽低于最大应力强度（在分闸速度 2.5m/s 下），但作用时间短，且最后碰撞时速度可能低于该速度值。

对于合闸过程，赋予运动部件初始速度为 1.5m/s，动静铁心间初始永磁保持力为 7200N，在该初始条件下计算得到碰撞力，分闸保持静铁心外部和内部的最大应力分布为 25.5MPa 和 24.1MPa，明显低于最大应力强度。

根据国标 GB1984—2014 规定的 M2 级机械寿命要求，126kV 真空断路器机械寿命为 10000 次，故只要永磁机构机械寿命能达到或超过 10000 次，即不会对整机机械可靠性产生影响。

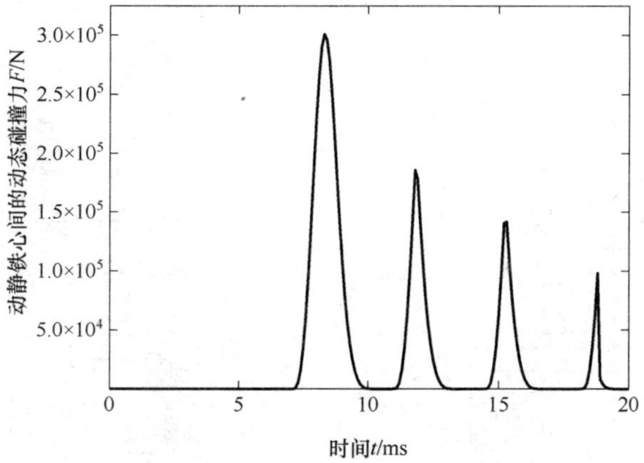

图7-30 分闸过程铁心间动态冲击力仿真结果（$V_{分}=2.5\mathrm{m/s}$）

以上述仿真获得分、合闸过程动态冲击力曲线为应力谱曲线输入，采用nCode Designlife对永磁机构在分闸速度$V_{分}=2.5\ \mathrm{m/s}$和合闸速度$V_{合}=1.5\ \mathrm{m/s}$状态下的机械寿命进行分析，最容易损坏的静铁心内部组件疲劳寿命为17710次，即在该分闸速度碰撞下，静铁心外部组件在操作17710次后失效。该值明显高于国标GB1984—2014规定的M2级机械寿命要求，故该机构设计能满足126kV真空断路器可靠性要求。

7.5 永磁操动机构的控制

7.5.1 双线圈变电流控制方法

永磁操动机构非常重要的优点是可以精确控制，实现选相操作。其操作方法主要是对线圈电流进行相位、波形、幅值方面的控制，以实现所需的运动控制。因此永磁操动机构的控制方法是机构设计中的另外一个重要方面，本节主要介绍相关控制方法和控制精度分析。

1. 双线圈变电流控制方法的原理

针对126kV输电等级真空断路器，其分闸和合闸速度曲线有特定的要求，以满足开断燃弧控制和关合防止预击穿和弹跳燃弧。为满足该要求，对永磁机构需要采取特定的控制模式。为实现该优化的分闸曲线和合闸曲线，本节提出了双线圈变电流的控制思想，同时考虑到126 kV真空断路器运动质量大、控制电路IGBT

频繁导通和关断难以实现，拟通过分合闸励磁线圈通电时间、通电时序来达到调整永磁机构运动特性的目标。下面以分闸过程为例，介绍双线圈变电流控制原理，如图 7-31 所示。

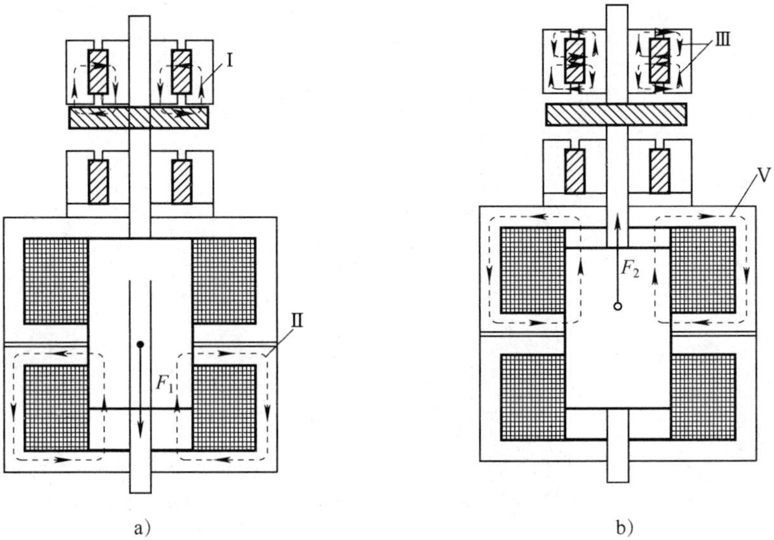

图 7-31　分闸过程双线圈变电流工作原理图

a）分闸过程初始时刻　b）分闸过程中间时刻

在合闸保持位置，永久磁铁产生的磁力线如图 7-31a 中曲线 I 所示，保持动铁心在该磁场作用下受到方向向上的合闸保持力，进而通过导电杆使断路器处于合闸状态。当需要分闸操作时，首先，在分闸线圈中通以直流电流，该电流产生的磁场方向如图 7-31a 中曲线 II 所示。动铁心在该磁场作用下产生向下的驱动力，从而部分抵消了永磁体产生的吸力。当线圈电流增大到一定数值时，动铁心受到的向下的驱动力大于永磁保持力，动铁心开始向下运动，进行分闸操作。由于保持动铁心与永久磁铁间存在非工作气隙，当保持动铁心一离开合闸保持位置时，永磁体产生的磁力线如图 7-31b 中曲线 III 所示。随后，为保证断路器动触头在刚分后速度迅速降低到长燃弧开距下的速度 V_2 以保证电弧模式尽量保持在扩散态电弧模式或点状斑点模式，给分闸线圈断电，同时给合闸线圈通电，合闸线圈产生的磁力线如图 7-31b 中曲线 V 所示。动铁心在该磁场作用下产生方向向上的阻力，阻碍动铁芯向下运动，进而达到减速的目的。合闸线圈通电一段时间后断电，机构靠运动惯性继续向下运动，直到分闸过程结束为主。

对于合闸过程，前期与分闸过程类似。即在合闸初始时刻，通过给合闸线圈通电，产生磁力线如图 7-32a 中曲线 II 所示，动铁心在该磁场作用下产生方向向上的驱动力。随着线圈电流的增大，当该电磁力大于机构所受到的分闸保持力时，动铁心开始向上运动。为保证真空断路器动、静触头在刚合位置前速度减小到一定值，以保证关合过程中预击穿电弧对触头的烧蚀最小，应在机构运动中间过程给分闸线圈通电，产生如图 7-32b 所示的磁力线 IV。动铁心在该磁场作用下产生方向向下的电磁力，进而减小动触头的刚合速度。由于考虑到断路器动静触头闭合后，机构需提供足够的合闸功压缩触头弹簧，而线圈电流上升需要一定时间，所以合闸线圈电流一直导通。

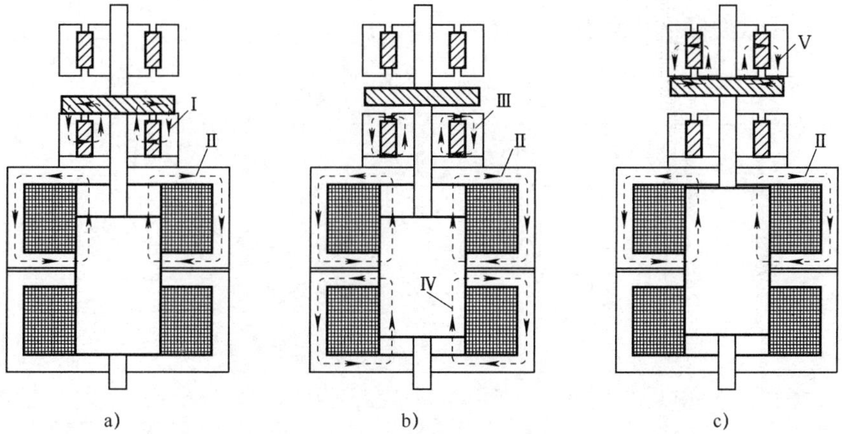

图 7-32　合闸过程双线圈变电流控制原理

a）合闸过程初始时刻　b）合闸过程中间时刻　c）合闸过程结束时刻

通过上述分析可以看出，在双稳态永磁机构中，双线圈变电流控制方式在不改变永磁机构结构的前提下，充分利用两个线圈，增加了永磁机构运动的可控性。同时，有效解决了永磁机构运动后期不易减速的问题，让其具有更好的速度特性满足断路器性能要求。

2. 双线圈变电流控制仿真分析参数

本节采用 ANSOFT Transient 模块完成机构在双线圈变电流控制策略下的动态特性分析，双线圈控制电路原理图如图 7-33 所示。

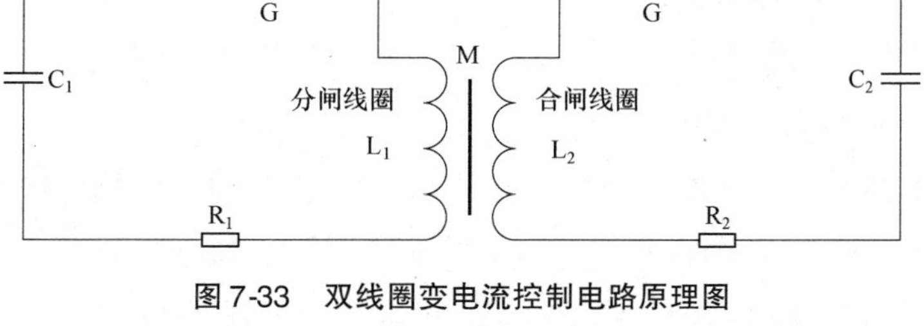

图 7-33　双线圈变电流控制电路原理图

如图中所示，分合闸驱动模块结构相同，均由驱动电容、控制开关构成。控制开关设置为理想开关，不考虑开关自身导通或关断时电流上升或者下降的时间，在实际回路中设置续流回路，当将线圈断电后，线圈电流通过续流回路放电。在仿真中，质量配置归算了所有运动部件质量，包括机构运动动铁心、导杆、动触头、绝缘拉杆等质量，共30kg；反力通过反力子函数加载，包括了动触头、绝缘拉杆以及触头弹簧施加在动铁心上的反力，永磁机构受到的永磁力则在ANSOFT中实时求解。双线圈变电流仿真参数见表7-10。

表7-10　双线圈变电流仿真参数

项目	参数值	单位	项目	参数值	单位
供电电容容量	0.13	F	触头开距	60	mm
充电电压	220	V	超程	24	mm
合闸线圈匝数	500		合闸线圈电阻	0.91	Ω
分闸线圈匝数	400		分闸线圈电阻	0.73	Ω
触头弹簧弹性系数	80	N/mm	运动部分质量	37	kg
触头弹簧与压力	3900	N			

3. 分闸过程控制策略与仿真

首先，计算得到仅分闸线圈通电时，机构运动特性如图7-34所示。此时，动铁心运动启动时间 $t=34$ ms，触头刚分时刻 $t_0=46.2$ ms。考虑到控制系统可靠性，在实际应用中尽量避免IGBT频繁接通或关断，即尽量保证每次导通或关断IGBT的脉宽在10ms以上。所以，在研究双线圈供电对机构动态特性的影响时，仅考虑IGBT一次操作。根据所要求的优化分闸曲线，机构需要在触头刚分时刻有较快速度达到 d_1 开距，尽量避免燃弧模式进入强电弧模式；随后，以一个相对较慢的速度达到 d_2 开距，尽量避免燃弧模式进入阳极斑点模式，以减少电弧对触头的烧蚀。由于该机构总行程为84mm，真空灭弧室开距为60mm，超行程为24mm，并且从图7-34可知，机构运动到 d_1 开距时，$V_1=3.4$m/s，能满足126kV真空断路器速度要求；而对于在 d_2 开距内，$V_2=3.3$m/s，大于126kV真空断路器速度要求。因此，有必要对 V_2 速度进行调节。

永磁机构由于线圈电感 L 的存在，线圈电流上升较慢，为减轻控制器的负担，避免IGBT频繁通断，现通过两种方案对机构速度进行调整。

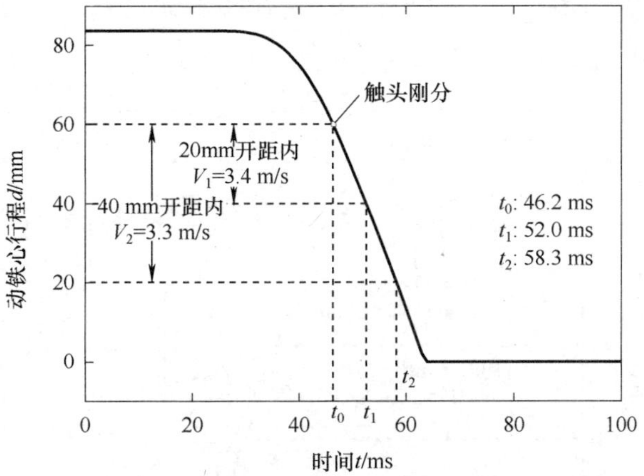

图7-34 单线圈供电时机构的分闸位移曲线

（1）在分闸线圈断电时，合闸线圈同时通电

当分闸线圈单独通电，在时刻 $t_0=52$ms 时动静触头开始分离，即从动铁心位移为60mm，机构刚走完超行程。所以，仿真计算分别得到分合闸线圈断电、通电的时刻 $t=40\sim52$ ms 的机构位移特性，其控制时序如图7-35所示。从图中可以看出，为防止机构分闸运动没有到位，在 $t_1=90$ms，即分闸操作结束后，给分闸线圈通电 PW_ O2 = 10 ms，使其可靠运动到分闸保持位置。在分闸线圈断电时、合闸线圈同时通电的典型位移曲线如图7-36所示。此时，$t=40$ms，即在分闸线圈通电40ms后，分闸线圈断电，同时合闸线圈通电，且通电时长 PW_C = 30ms。从图中可以看出，在此控制策略下，V_1 由单线圈通电时的3.4m/s降低到3.3m/s，而 V_2 由原来的3.3m/s降低到2.8m/s。

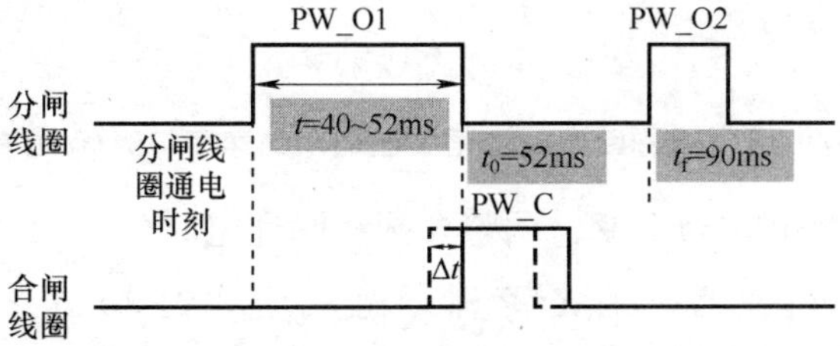

图7-35 双线圈分闸过程控制时序图1（在分闸线圈断电时，合闸线圈通电）

对于分闸操作，触头打开20 mm后希望机构速度减小，以减轻分闸时的冲击。通过仿真，得到双线圈在分闸线圈断电时合闸线圈通电的速度与时间 Δt 的关系如图7-37所示。从图中可以看出，当 $\Delta t=10$ ms 时，V_1 将不再满足 $V_1\geqslant3.3$ m/s 的速度要求，而通过线性拟合，可得 $V_2=3.61-0.07\Delta t$（$\Delta t=5.9\sim10$ ms）。所以，

在满足 V_1 速度要求的情况下，可根据 V_2 实际要求通过双线圈通电调整断路器速度，V_2 的调速范围为 2.9 ~3.2 m/s。

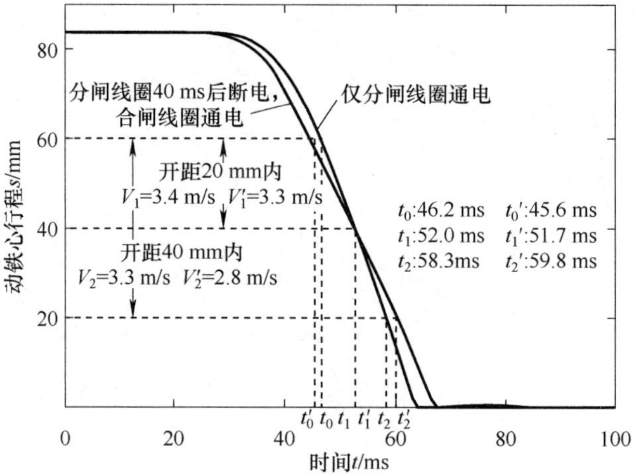

图 7-36 分闸线圈断电、同时合闸线圈通电的调速效果图（$t=40$ms，$\Delta t=30$ms）

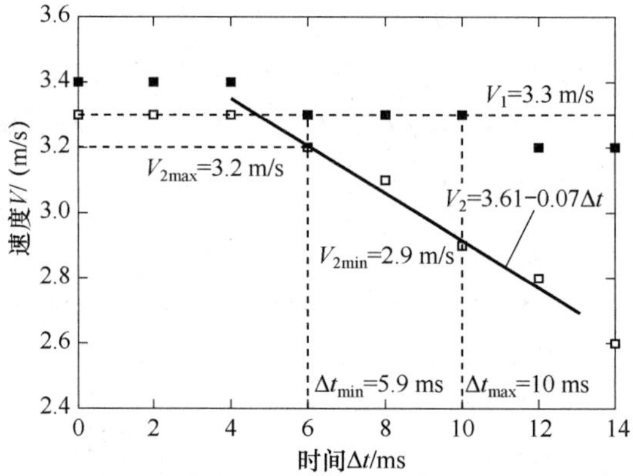

图 7-37 分闸线圈断电时合闸线圈通电的速度与时间 Δt 的关系

（2）分闸线圈断电时刻不变，调整合闸线圈通电时刻

为保证足够的 V_1 速度，在断路器动触头运动到 20mm 开距时，分闸线圈断电。为研究在此情况下，合闸线圈通电对机构速度的影响，分别调整合闸线圈通电时刻，得到机构的速度特性，其控制时序图如图 7-38 所示。从图中可以看出，分闸线圈通电 t = PW_O1 = 46 ms 时断电，合闸线圈在 $t=(46-\Delta t)$ 时通电，通电时长 PW_C = 30ms。通过改变 Δt，可得到机构速度特性与 Δt 的关系如图 7-39 所示。

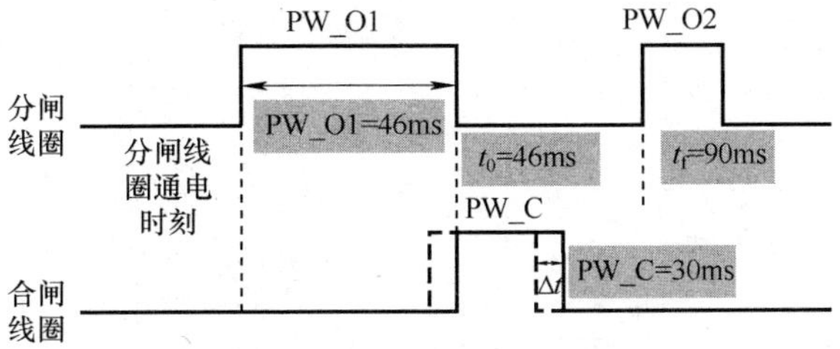

图7-38　双线圈分闸过程控制时序图2（分闸线圈断电时刻不变，合闸线圈通电时刻不同）

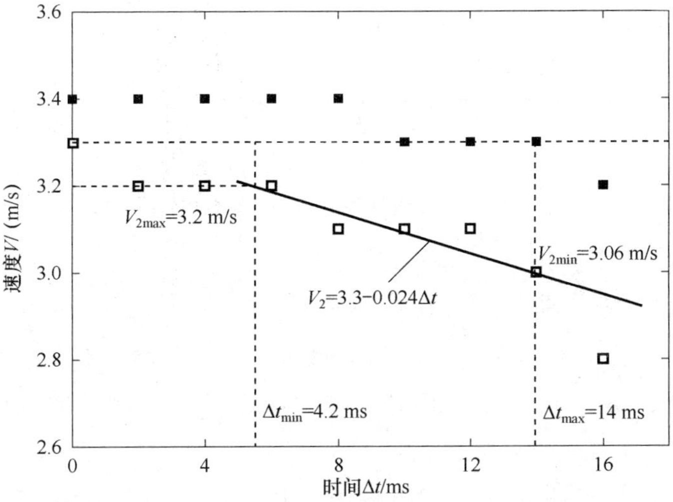

图7-39　速度与时间 Δt 的关系（分闸线圈在 $t=46$ms 时断电，合闸线圈在 $46-\Delta t$ 时通电）

从图中可以看出，当 $\Delta t=14$ms 时，V_1 将不再满足 $V_1\geqslant 3.3$ m/s 的速度要求，而通过线性拟合，可得 $V_2=3.3-0.024\Delta t$（$\Delta t=4.2\sim14$ ms）。所以，在满足 V_1 速度要求的情况下，可根据 V_2 实际要求通过双线圈通电调整断路器速度，V_2 的调速范围为 3.06 ~3.2m/s。与方案一即图7-37 比较可知，为提高线圈工作效率，在分闸过程需降低分闸速度时，易采用分闸线圈断电、合闸线圈通电的方式。

4. 合闸过程控制策略与仿真

与分闸过程相同，先计算得到仅靠合闸线圈通电机构运动特性，如图7-40 所示。从图中可以看出，触头运动到开距 20mm、40mm 和 60mm 的时间分别为 60.8ms、68.2ms 和 75.0ms。因机构为满足同步关合速度要求，$V_C\geqslant 1.86$m/s；而根据基于最小电弧能量的优化合闸曲线，V_C 仅为 1.1m/s。所以，不但要减少因预击穿和触头弹跳引起的电弧对触头的烧蚀，又要满足断路器同步关合要求，V_C 应

尽量靠近 V_{crit_C}，即 V_C 尽量逼近 1.86m/s。

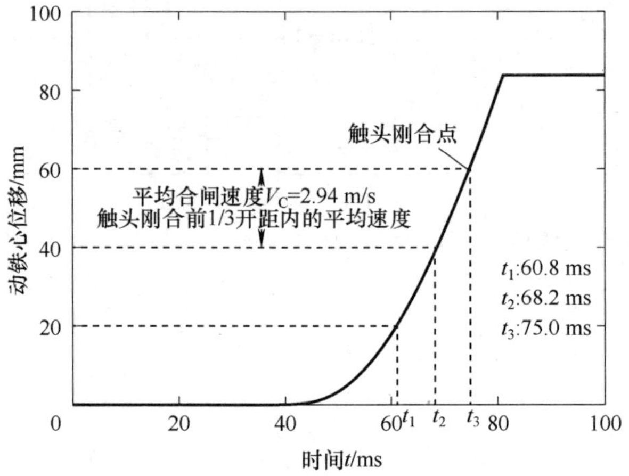

图 7-40　单线圈供电时机构的合闸位移曲线

（1）合闸线圈断电时，分闸线圈同时通电

当仅靠合闸线圈通电，到 t_2 = 68.2ms 时动触头运动到闭合前 1/3 开距（即开距 20mm）；t_3 = 75.0ms 时，动静触头闭合。为减少触头闭合前 1/3 开距内的平均速度，使合闸线圈在 t_2 时刻之前断电，而分闸线圈同时通电，控制时序如图 7-41 所示。与分闸过程不同，在触头闭合时，动触头将压缩触头弹簧，为保证在动静触头闭合时，机构能够提供足够的能量压缩触头弹簧，在 t = 70ms时，使合闸线圈通电（PW_C2 = 50ms），确保动静触头闭合时不发生反弹。在分闸线圈断电时、合闸线圈同时通电的典型位移曲线如图 7-42 所示。此时，t = 56ms，即在合闸线圈通电 56ms 后，合闸线圈断电，同时分闸线圈通电，且通电时刻 PW_O = 20ms。从图中可以看出，在此控制策略下，V_C 由单线圈通电时的 2.94m/s 降低到 1.89m/s。

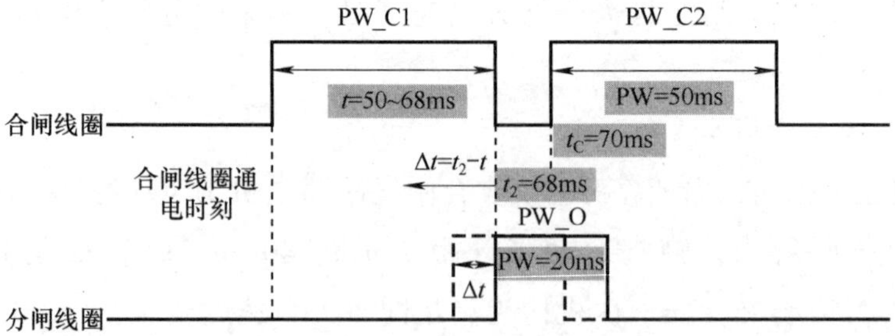

图 7-41　双线圈合闸过程控制时序图 1（在合闸线圈断电时，分闸线圈通电）

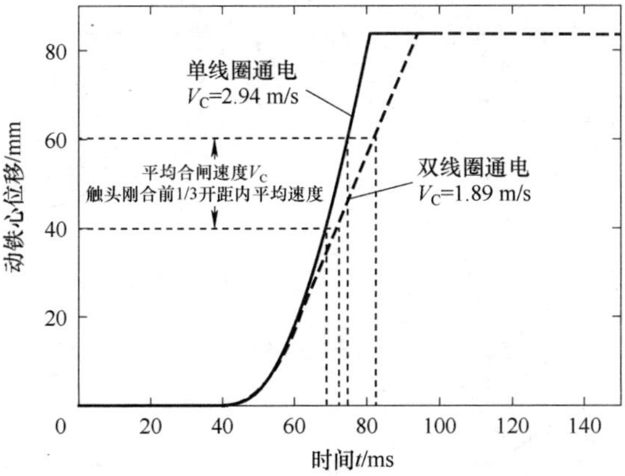

图7-42 合闸线圈断电时分闸线圈同时通电的位移曲线（$t=56$ ms，PW_ O =20 ms）

计算不同 Δt 时机构的运动特性，得到平均合闸速度 V_C 与时间 Δt 的关系如图7-43所示。从图中可以看出，当 $\Delta t=12$ms 时，$V_C<1.86$m/s 的速度要求，而通过线性拟合，可得 $V_C=3.04-0.089\Delta t$（$\Delta t=0\sim12$ms）。所以，V_C 的调速范围为 1.8～2.9m/s。

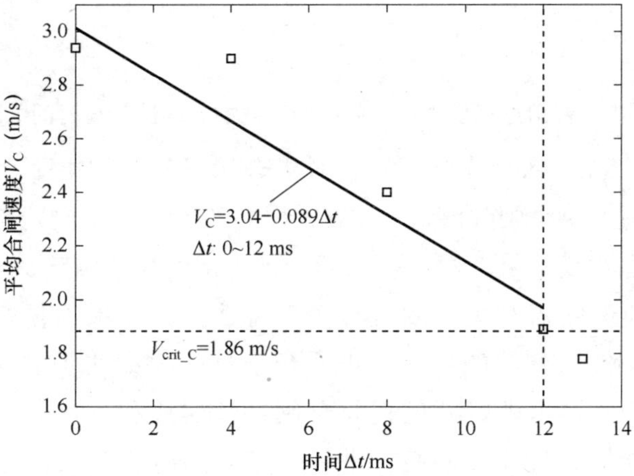

图7-43 分闸线圈断电时合闸线圈通电时的速度与时间 Δt 的关系

（2）仅通过合闸线圈 PWM 控制进行调速

考虑到合闸调速相对没有时间要求，所以可考虑仅通过控制合闸线圈通断电完成调速要求，控制时序如图7-44所示。通过调整不同 Δt 值，得到平均合闸速度 V_C 与 Δt 关系如图7-45所示。从图中可以看出，当 $\Delta t>16$ ms 时，$V_C<V_{crit\_C}$，$V_C=3.04-0.074\Delta t$（$\Delta t=0\sim16$ms），此时，平均合闸速度调速范围为 1.8～2.9m/s，能满足126kV 真空断路器速度要求。

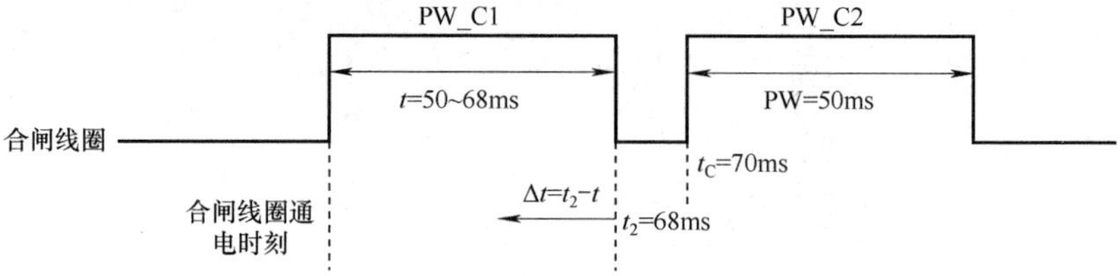

图 7-44　仅通过合闸线圈 PWM 控制

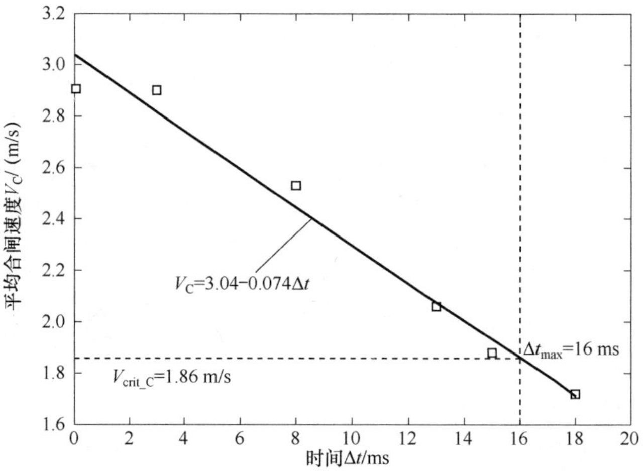

图 7-45　合闸过程仅通过合闸线圈通电控制的速度与时间 Δt 关系

通过对上述控制策略的分析可知，对于合闸过程，如果不考虑固合时间的要求，可以考虑仅通过对合闸线圈进行 PWM 控制的方式，达到对机构速度的调节要求。否则，可考虑双线圈供电模式，从而达到机构的快速调整。

输电等级真空断路器对操作的机械动态特性提出了更为复杂的要求。永磁机构因其具有速度特性可调节的特点，更适合于对速度特性要求复杂的工况。本节从基于高压真空断路器电弧模式的优化分闸特性曲线和满足同步关合角度和基于最小预击穿电弧能量的优化合闸特性曲线，结合高电压等级真空断路器永磁机构的特点，提出了能满足上述分合闸特性的永磁机构控制策略。

7.5.2　永磁操动机构时间分散性分析

永磁操动机构的主要优点在于可以精确控制，但在实际运行过程中，由于受电气、机械和环境等参数的影响，永磁机构的动作时间会发生漂移，必须加以补偿，确保所需的控制精度，以实现真空断路器精准操作和智能控制。理论分析和实际运行经验表明，永磁操动机构的分闸、合闸时间主要与电容器的初始电压、电容容量、环境问题、线圈电阻和触头老化等因素有关，且影响过程复杂，目前尚不能精确地建立描述其变化特性的数学模型。因此，准确预测操作时间，减小其动作时间分散性，对提高永磁操动机构可靠性具有重要意义。

永磁机构动作时间分散性的影响因素

（1）电容器初始电压

采用电容器组供电方式的励磁电路，电容器初始电压对其运动特性有较大影响。通过仿真计算，可以分析电容器初始电压对运动特性影响的程度。在线路其他参数不变的情况下，即分/合闸线圈电阻 $R=1.52\Omega$、电容器容量 $C=0.13\text{F}$、线圈的通电时间都为100ms，计算得到的分合闸运动特性如图7-46（合闸）和图7-47（分闸）所示。

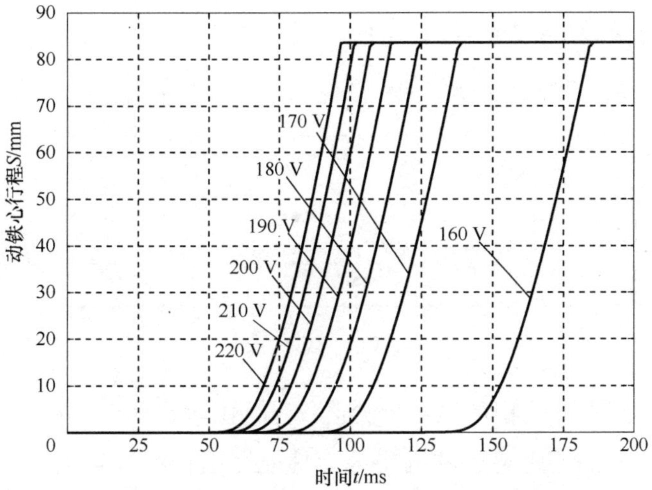

图7-46　合闸过程——不同电容初始电压下动铁心行程曲线

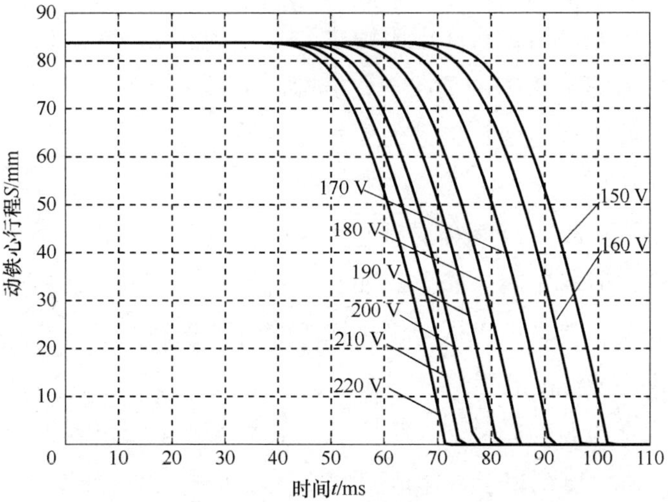

图7-47　分闸过程——不同电容初始电压下动铁心行程曲线

从图中可以看出，电容器初始电压对机构合闸特性影响比分闸特性影响大，且当电容初始电压降至160V后，机构动作时间较长，应尽量避免合闸过程电容器初始电压降至160V及以下。

（2）电容器容量

为考察电容器容量对机构动作时间的影响，在保证其他参数一致的情况下，以分闸过程为例，计算得到不同电容器容量时的动作时间见表7-11。从表中数据可以看出，在其他参数不变的情况下，虽然电容容量对机构动作时间影响比较小，但是考虑到同步动作时间分散性要求为±1ms，其影响仍然不能忽略。从表中数据可知，电容容量越大，机构动作时间越短。

表7-11　电容器容量对动态性能的影响（$U_{C0}=220\text{V}$，$R=1.52\Omega$）

C/F	t_1/ms	t_2/ms
0.13	33.4	57.6
0.10	33.6	58.5
0.08	33.7	59.2

（3）工作温度

工作温度对配永磁机构的真空断路器分合闸时间影响主要体现在：线圈工作温度影响线圈电阻，进而对永磁机构动态性能影响；温度对电容容量有影响；温度对永磁体剩磁和矫顽力产生影响。

1）对线圈电阻率的影响。线圈工作温度对永磁机构动态特性的影响主要体现在：当线圈的温度升高时，线圈电阻随之变大，在永磁机构其他参数（如电容初始电压、电容容量等）不变的情况下，线圈内工作电流的上升速度随之降低，线圈的工作电流的峰值也会变小，进而使永磁机构的动作时间变长。当线圈工作温度降低时，效果相反。

为分析永磁机构线圈温度对其动态性能的影响，一般需考虑永磁机构工作时线圈温升的影响。但对于高压断路器而言，它并不像接触器那样频繁操作，永磁机构工作频率较低，而且可以认为是工作于短时工作制，所以对永磁机构线圈温度的影响仅考虑环境温度的影响。

材料的电阻率与温度有关，大量实验结果表明，金属材料的电阻率随温度的变化较有规律，在通常的温度变化范围内，电阻率与温度呈线性关系，即

$$\rho = \rho_0(1 + \alpha t) \tag{7-36}$$

式中　ρ_0——材料在0℃时的电阻率；

ρ——材料在温度 t 时的电阻率；

α——电阻的温度系数，不同金属材料的电阻温度系数 α 亦不相同，对于导线铜电阻，其值一般取 4×10^{-3}/℃。

铜在0℃时的电阻率为 $0.016\times10^{-6}\Omega/m$。根据式（7-36）可求得永磁机构线圈在 -30～50℃下电阻值的变化情况见表7-12。

表7-12　电阻随温度的变化情况

温度/℃	-30	-20	-10	0	10	20	30	40	50
电阻率/$\times10^{-6}\Omega/m$	0.01408	0.01472	0.01536	0.016	0.01664	0.01728	0.01792	0.01856	0.0192
阻值/Ω	1.24	1.29	1.35	1.41	1.46	1.52	1.58	1.63	1.69

2）温度对电容器容量的影响。电容器的电容量在整个工作温度区间的一定温度范围内会经历可逆的变化。电容量与温度之比的梯度曲线用电容量的温度系数 α_c 表示。温度系数是由电容器的属性决定的，也与测量参数、电容器的构造有关。

电容温度系数为在给定温度变化范围内，温度每变化1℃时，电容量的改变量与标称电容的比值。标称电容量为（20±2）℃测得的电容值，温度范围为 T_1 ～ T_2 时，其表达式为

$$\alpha_c=\frac{C_2-C_1}{C_3\cdot(T_2-T_1)} \tag{7-37}$$

式中　C_1—— T_1 时测得的电容量；

C_2——T_2 时测得的电容量；

C_3——（20±2）℃时参考电容量。

从有关文献可以查得电容温度系数的平均值约为 1000×10^{-6}℃。本文中供电电容容量为0.13F，通过式 $C_T=C_{20}[1+\alpha(T-20)]$ 可求得激励电容在 -30～50℃条件下的电容的变化情况，见表7-13。

表7-13　电容随温度的变化情况

温度/℃	-30	-20	-10	0	10	20	30	40	50
容量/F	0.1235	0.1248	0.1261	0.1274	0.1287	0.13	0.1313	0.1326	0.1339

3）温度对永磁体剩磁和矫顽力的影响。永磁体的热稳定性是指当所处环境温度改变时所引起永磁体性能变化的程度，又称为温度稳定性。永磁材料的剩余磁

感应强度随温度可逆变化的情况用温度系数 α_{Br} 来表示，单位为 K^{-1} 。

$$\alpha_{Br} = \frac{B_1 - B_0}{B'_0(T_1 - T_0)} \times 100\% \tag{7-38}$$

式中　B_0 —— T_0 时测得的剩余磁感应强度；

B_1 —— T_1 时测得的剩余磁感应强度；

B'_0 —— (20 ±2)℃时测得的剩余磁感应强度。

同样，还常用 α_{Hci} 表示永磁材料的内禀矫顽力随温度可逆变化的程度，单位也是 K^{-1} 。

$$\alpha_{Hci} = \frac{H_{ci} - H'_{ci}}{H'_{ci}(T_1 - T_0)} \times 100\% \tag{7-39}$$

式中　H'_{ci} —— T_0 时测得的内禀矫顽力；

H_{ci} —— T_1 时测得的内禀矫顽力。

随着温度的升高，永磁材料的磁性能将逐渐减低，当温度升到某一值时，其磁化强度将消失，所以应当避免永磁体长期工作在较高温度。该温度成为永磁材料的居里温度。钕铁硼永磁材料的居里温度较低，一般为 310 ~410℃；其 B_r 温度系数一般为 -(0.09 ~0.128)%/℃，H_{ci} 的温度系数为 -(0.45 ~0.8)%/℃，根据永磁体厂家提供数据，取 α_{Br} 为 -0.1%/℃，α_{Hci} 为 -0.60%/℃。

本节选用的永磁材料为钕铁硼（Nd - Fe - B）N40，其剩余磁感应强度为 1.28 T，矫顽力为 923 kA/m，内禀矫顽力为 992 kA/m。根据式（7-39），可求得永磁体在 -30 ~ 50℃ 温度下的剩余磁感应强度和内禀矫顽力变化情况，见表 7-14 和表 7-15。

表 7-14　剩余磁感应强度随温度的变化情况

温度/℃	-30	-20	-10	0	10	20	30	40	50
剩磁/T	1.344	1.331	1.318	1.306	1.293	1.280	1.267	1.254	1.242

表 7-15　内禀矫顽力随温度的变化情况

温度/℃	-30	-20	-10	0	10	20	30	40	50
矫顽力/(kA/m)	1200	1145	1089	1034	978	923	868	812	757

综上所述，工作温度对线圈电阻、电容容量、永磁体剩磁和矫顽力产生影响，进而影响永磁机构的动作时间。以环境温度为 20℃，电容器容量 C =0.13F、线圈电阻 R =1.52Ω 为例，初始充电电压 U_{C0} =220V，仿真计算得到环境温度对断路器

动作性能的影响，其结果见表 7-16～表 7-18。

表 7-16　T_{Close} 和 T_{Open} 随环境温度变化的仿真结果

温度/℃	-30	-20	-10	0	10	20	30	40	50
阻值/Ω	1.24	1.29	1.35	1.41	1.46	1.52	1.58	1.63	1.69
容量/F	0.1235	0.1248	0.1261	0.1274	0.1287	0.13	0.1313	0.1326	0.1339
剩磁/T	1.344	1.331	1.318	1.306	1.293	1.280	1.267	1.254	1.242
矫顽力/(kA/m)	1200	1145	1089	1034	978	923	868	812	757
T_{Close}	88.0	87.8	87.4	89.1	89.5	89.7	90.3	90.4	90.9
T_{Open}	67.9	66.7	64.9	60.3	59.2	57.6	55.5	52.1	48.7

表 7-17　T_{Close} 随环境温度和电容初始电压变化

U_{C0} \ 温度/℃	-30	-20	-10	0	10	20	30	40	50
220	88.0	87.8	87.4	89.1	89.5	90.1	90.3	90.4	90.9
210	92.4	92.1	91.6	93.7	94.0	94.5	94.7	95.2	95.4
200	97.3	97.1	96.8	99.3	99.5	100.2	100.6	100.6	101.2
190	103.9	103.4	103.1	105.9	106.4	107.2	107.9	108.1	108.6
180	111.5	111.0	111.0	114.8	115.3	116.9	117.8	117.9	118.7
170	122.8	121.7	121.6	127.4	128.5	130.6	132.2	132.8	134.7

表 7-18　T_{Open} 随环境温度和电容初始电压变化

U_{C0} \ 温度/℃	-30	-20	-10	0	10	20	30	40	50
220	67.9	66.7	64.9	60.3	59.2	57.6	55.5	52.1	48.7
210	71.5	69.4	65.6	64.5	62.1	59.2	56.2	53.2	50.3
200	76.5	71.4	71.2	68.6	65.2	62.1	58.9	55.5	52.4
190	71.2	78.7	76.3	73.7	69.5	66.1	62.5	58.2	54.6
180	90.6	85.6	83.7	75.5	74.0	70.3	65.7	61.1	57.3
170	79.9	95.3	91.3	86.2	79.9	75.9	70.1	64.8	60.5
160	115.7	110.6	102.5	97.9	84.9	81.8	75.6	69.7	64.3
150	—	127.0	125.1	117.0	94.6	86.3	83.6	75.3	68.9

根据以上分析可知，电容初始充电电压和环境温度均会对永磁机构分合闸时间产生重要影响。具体而言，永磁机构分合闸时间主要受工作温度和电容初始充

电电压两个因素综合作用的影响，在温度一定时（即永磁机构永磁体出力特性一定时），电容初始电压越高，机构动作越快，反之电容初始电压越低，机构动作越慢。当电容初始电压一定时，温度越高，线圈电阻越大，机构动作时间越长；但温度越高，永磁体材料的剩磁和矫顽力越小，提供的永磁保持力越小。由于合闸保持力较大，因此环境温度对分闸操作动作时间的影响比和合闸操作大，温度越高，合闸保持力越小，分闸操作动作时间越短。

从上述分析可以看出，各个影响因素对断路器永磁操动机构的分合闸时间影响往往并不是单一的、线性的、确定的，而通常是相互耦合的、非线性的，同时也有很多随机性和不确定。因此，针对上述断路器分合闸操作时间影响因素的复杂关系，以及同步操作的控制原理，能够解决复杂因素对于分合闸时间预测的影响，实现分合闸时间的可靠预测，是实现同步控制技术的核心所在。

第 8 章

真空灭弧室的纳秒连续脉冲老炼技术

8.1 纳秒连续脉冲老炼

真空断路器的击穿特性与击穿发生前的触头表面状况密切相关，因为真空断路器触头间的电场强度，不仅取决于施加于触头两端的电压，也取决于触头表面宏观特性和微观特性。因此从改善真空断路器触头表面微观形貌的角度出发，本课题组提出和发明了一种纳秒连续脉冲的老炼方法。这种老炼方法极大地提升了老炼效果，同时老炼时间大大缩短，是改进真空灭弧室生产工艺和提高其性能的一种重要方法，本章专门就此项技术进行了介绍。

纳秒连续脉冲老炼技术顾名思义就是通过向真空灭弧室施加脉宽为纳秒级的频率和持续时间可调的高压脉冲序列，达到改善真空灭弧室触头表面形态，提高击穿电压的方法。该方法中高压脉冲序列的脉冲电压频率可在 0～1000Hz 变化，整个脉冲序列时序时间为 0～1s 可调，每个脉冲电压幅值高达 100kV，其老炼电流为幅值达几千安培的高频电流。

8.1.1 纳秒连续脉冲老炼装置

纳秒连续脉冲老炼装置为基于现代脉冲功率技术所开发的装置，它能提供一个频率、持续时间和电压幅值连续可调的高压脉冲序列，其主回路原理图如图 8-1 所示。纳秒连续脉冲老炼装置的控制系统是基于单片机设计开发的，其原理图如图 8-2 所示。首先中央控制模块通过参数设置模块进行人机交互，然

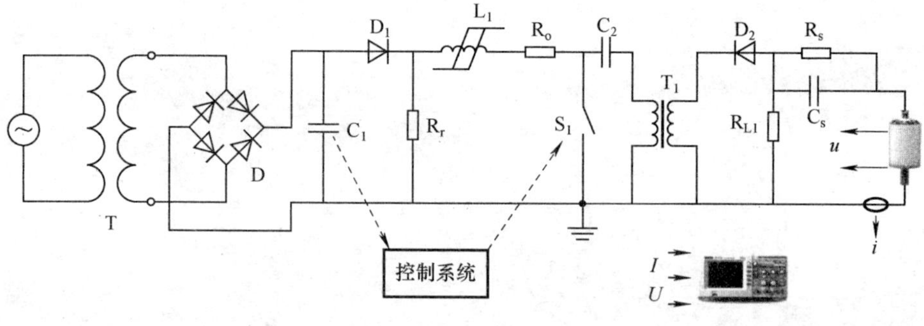

图 8-1 纳秒连续脉冲老炼主回路

C_1—主储能电容器 C_2—脉冲放电电容 C_s—调解电容器 L_1—磁开关 R_r—高压电阻 R_o—充电电阻 R_s—调解电阻 R_{L1}—放电电阻 S_1—氢闸流管 D—整流桥 D_1—高压硅堆 D_2—高压硅堆 T—电源调压升压部分； T_1—脉冲变压器；

后通过信号传输模块将老炼参数传送给纳秒连续脉冲老炼主电路部分，通过三个显示模块（充电电压显示模块、预期脉冲电压显示模块和老炼参数显示模块）反馈充电电压、预期脉冲电压以及老炼参数。图 8-3 给出了纳秒连续脉冲老炼装置主回路部分的设备实物图。其中主回路部分外观尺寸为高 1.0m，宽 0.8m，柜体深 1.1m。

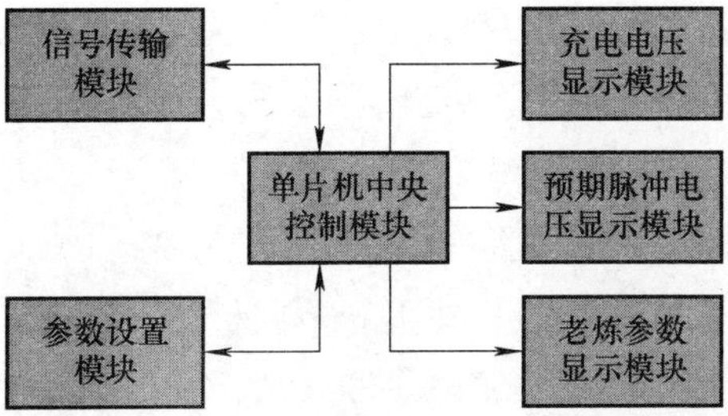

图 8-2　纳秒连续脉冲老炼控制系统

图 8-3　纳秒连续脉冲老炼装置

8.1.2　纳秒连续脉冲老炼装置的控制和运行

纳秒连续脉冲老炼系统按功能可划分为 9 个部分：控制系统单元、直流电源单元、储能单元、形成网络单元、触发单元、控制开关单元、限流单元、试品以及开距调整装置，具体如图 8-4 所示。

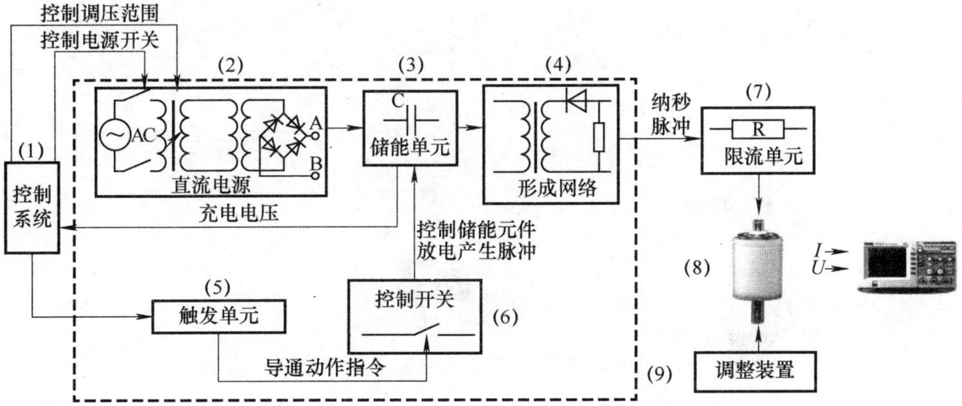

图 8-4　纳秒连续脉冲老炼主回路原理

整个纳秒连续脉冲老炼主回路的运行程序如下：

1）纳秒连续脉冲老炼开始准备阶段，将试品真空灭弧室竖直放置于一水平实验老炼台上，并将试品真空灭弧两端连接至老炼装置，然后通过开距调整装置将试品真空灭弧室调节至所需开距。

2）利用控制系统单元起动直流电源，通过直流电源单元中的调压升压部分 T（电压比为 220V/10kV）对交流电源 220V 进行升压，通过整流桥 D 将交流高压转化为直流高压向储能单元中的主储能电容器 C_1 充电。

3）主储能电容器 C_1 通过磁开关 L_1 和充电电阻 R_0 对储能单元中的脉冲放电电容 C_2 进行振荡充电，高压硅堆 D_1 保证了充电电压的极性。脉冲放电电容 C_2 的充电电压直接决定了每个脉冲电压的峰值。

4）控制系统单元将高压脉冲序列的频率和持续时间信号传送触发单元，然后触发单元发送动作命令给控制单元中的氢闸流管 S_1，氢闸流管 S_1 的导通频率和时间决定了单元中的脉冲放电电容 C_2 放电频率和放电持续时间。当氢闸流管 S_1 导通时，脉冲放电电容 C_2 通过形成网络单元中的脉冲变压器 T_1（电压比为 3∶10）对试品真空灭弧室进行放电老炼，高压硅堆 D_2 保证了放电电压的单向极性。

老炼过程中真空灭弧室两端的老炼电压幅值可达 100kV，并且老炼电压为上升速度很快的脉冲电压，所以对老炼电压的测量先采用 3 个额定电压为 50kV，电容值为 20pF 的同轴电容进行分压，然后采用高压探头对分压后的脉冲电压进行测量，具体如图 8-5 所示。另外，在老炼过程中，若真空灭弧室无法承受老炼脉冲电压，真空灭弧室内部就会发生击穿，此时击穿引发的老炼电流也是高频放电电流，其幅值可达数千安培。可选用频率响应范围为 30Hz～70MHz 的 Pearson 电流传感器对老炼电流进行测量。

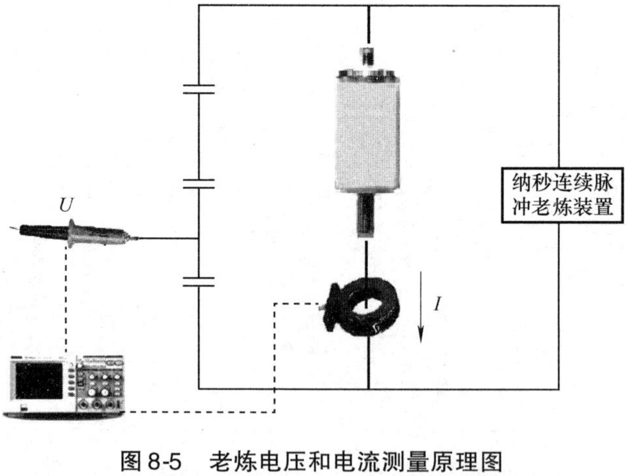

图 8-5　老炼电压和电流测量原理图

图 8-6 给出了一个典型的纳秒连续脉冲电压序列波形图，整个脉冲序列包含了 100 个脉冲电压，其峰值可达 100kV，约一半的脉冲电压产生了击穿现象。图 8-7 和图 8-8 分别给出了单个电压脉冲没有发生击穿和发生击穿的波形展开图。从图 8-7 中可以看出，纳秒级电压脉冲的上升时间 t_{rise}（从 10% U_{peak}

到 90% U_{peak}）为 135 ns。图 8-8 为当发生击穿时产生的高频放电老炼电流，其峰值达到 4 kA。

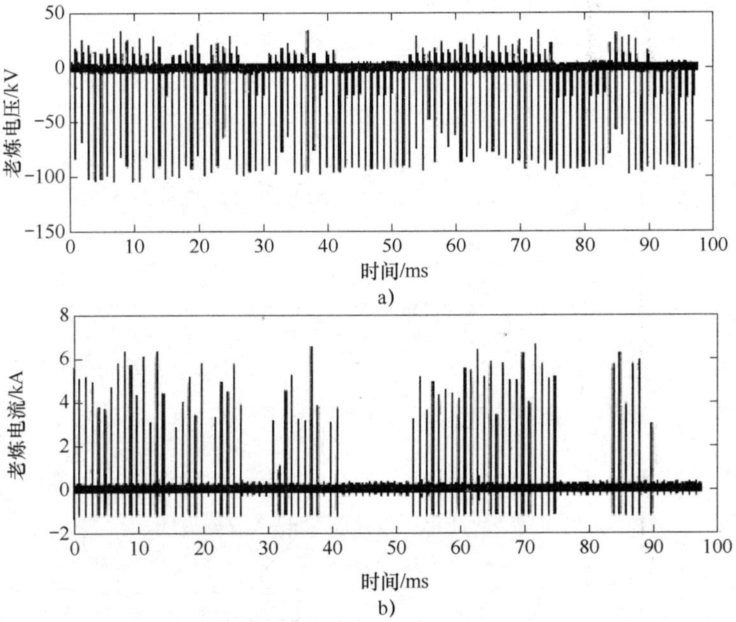

图 8-6 纳秒连续脉冲电压序列波形图

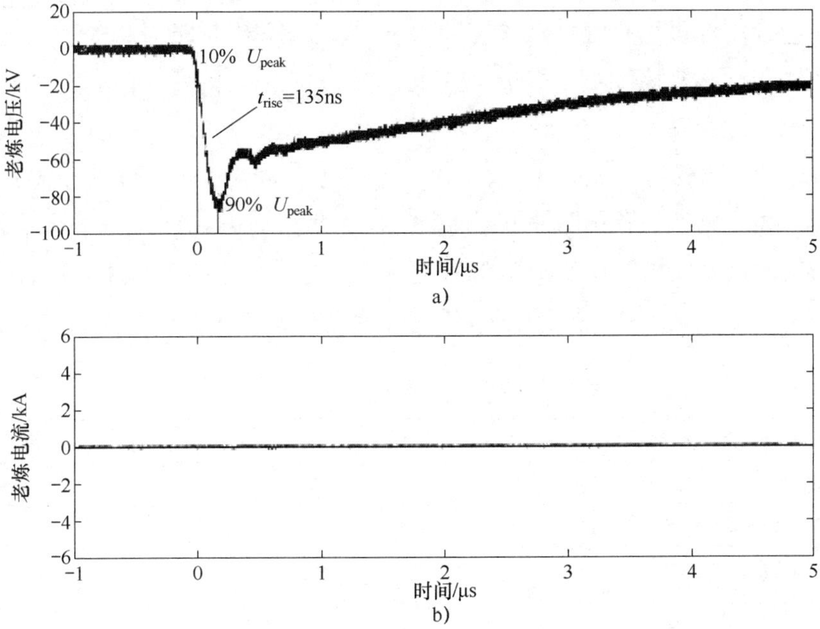

图 8-7 脉冲电压未发生击穿时的波形图

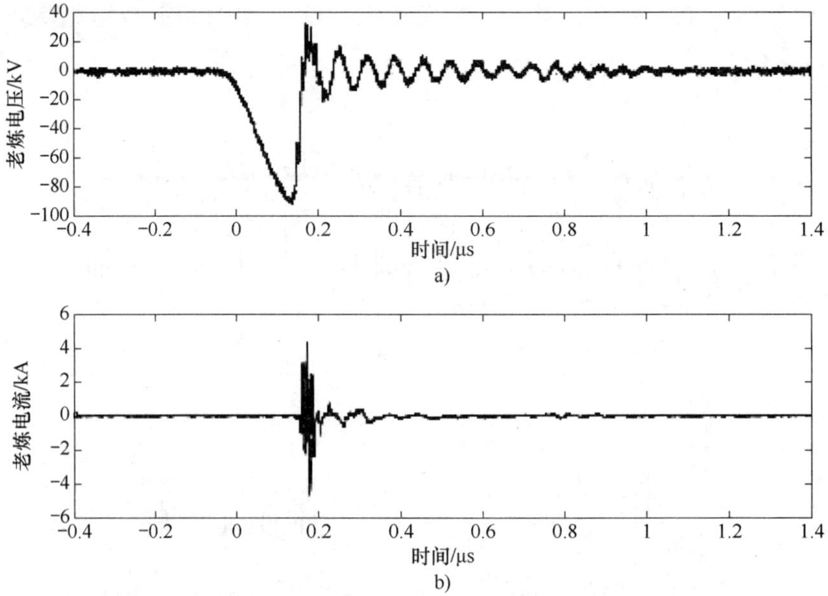

图 8-8　脉冲电压发生击穿的典型波形图

8.2　纳秒连续脉冲老炼对真空灭弧室特性的影响

本节将介绍经过纳秒连续脉冲老炼后真空灭弧室和断路器相关特性的变化和影响，其中包括触头表面状态的物理变化、静态击穿电压变化、断路器预击穿特性变化和重击穿特性变化。

研究中所采用的均为额定电压 7.2kV 的真空灭弧室，其触头直径为 30mm，触头材料为 CuCr25。老炼过程中脉冲电压序列的频率设置为 1000 Hz，一个脉冲电压序列的持续时间设置为 0.1 s，因此每个脉冲电压序列中包含 100 个脉冲，其电压幅值设置为 100kV。表 8-1 列出了进行纳秒连续脉冲老炼的实验条件。进行对比的真空灭弧

表 8-1　纳秒连续脉冲老炼实验条件

参数名称	数值	单位
纳秒脉冲电压幅值	100	kV
单次脉冲输出频率	1000	Hz
单次脉冲序列持续时间	0.1	s
触头开距	0.8	mm
老炼次数	200	次（正负）

室进行传统的电压电流老炼，老炼过程为先进行直流60A的电流老炼，正负每个极性各老炼3次，然后进行工频电压老炼，其老炼电压为45～48kV。

8.2.1　触头表面状态分析

图8-9是采用不同方法老炼后真空灭弧室触头表面状态的对比照片。其中图8-9a是采用传统电压电流老炼后的状态；图8-9b是连续纳秒脉冲老炼后的状态。

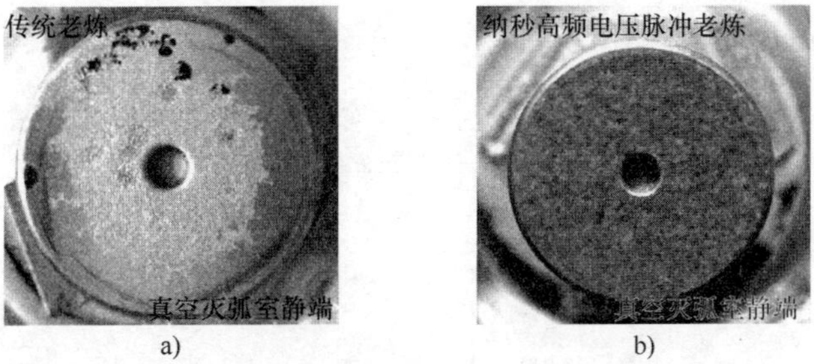

图8-9　不同老炼方法的真空灭弧室触头表面状态对比照片

a）传统电流电压方法　b）连续纳秒脉冲方法

从图中可以看出，传统电流电压老炼方法触头表面有明显的电弧烧蚀痕迹和触头熔斑，并且触头表面老炼烧蚀区主要集中于触头中央地带，而触头边缘区域恰恰是易于击穿的位置反而无法充分老炼。另外，传统电压电流老炼方法的能量较大，这会在老炼过程中带来“去老炼”的效果。

采用连续纳秒脉冲老炼方法，触头因放电产生的烧蚀非常均匀和细密，没有明显的熔坑等缺陷。这是由于每次放电能量有限，多次频繁地在不同地点放电，使得表面烧蚀达到均匀细密、消除微观缺陷的目的。从触头表面形态可以看出，连续纳秒脉冲老炼是一种十分优越的老炼方法。

8.2.2　耐压水平实验结果

试验中对纳秒连续脉冲老炼方法和传统电流电压老炼方法进行了对比。耐压水平老炼后的真空灭弧室均采用升降法进行标准雷电冲击耐压水平检测。

图8-10是经过纳秒脉冲老炼和传统电压电流老炼后试品真空灭弧室的标准雷电冲击耐压水平实验结果对比图。图8-10a为连续纳秒脉冲老炼试品的结果。从中可以看到，试品的耐压水平大于60kV，远高于7.2kV电压等级真空灭弧室标准规定的雷电冲击耐压水平40kV。这说明真空灭弧室动端在纳秒脉冲老炼后具有良好的绝缘耐压能力。随着冲击电压实验次数的增长和发生击穿

次数增加，耐压水平有所下降，这是由于雷电击穿造成失去老炼效应的影响。这个结果证明连续脉冲老炼效果比较充分。作为对比，图 8-10b 是传统电流电压老炼试品的结果。从中可以看到，试品标准雷电冲击电压初始水平大致为 40kV，随着冲击电压次数的增长和发生击穿次数增加，耐压水平继续有所提高，即老炼过程不够充分。

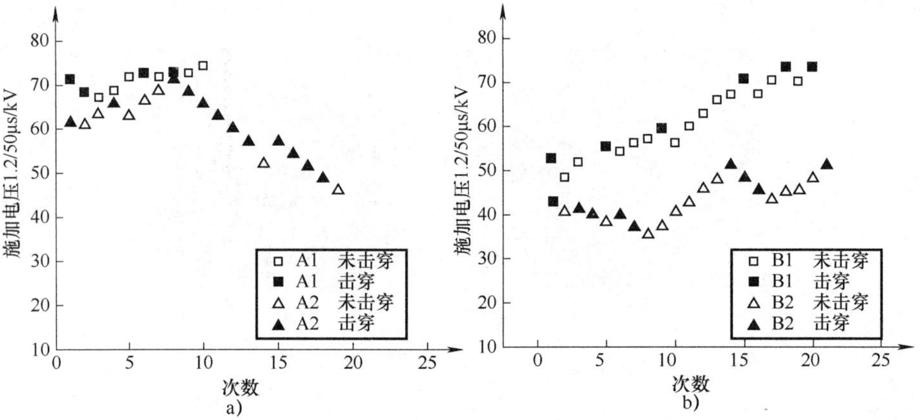

图 8-10　老炼后真空灭弧室标准雷电冲击电压水平对比

a）连续脉冲老炼　b）传统电流电压老炼

8.2.3　对真空断路器击穿特性的影响效果

真空断路器击穿特性受很多因素的影响，其中通过老炼能够在一定程度上改善真空灭弧室的相关特性，如预击穿特性和重击穿特性等。由于真空断路器在投切电容器组时会也存在一定的发生重击穿的概率，而发生重击穿往往会产生比较严重的后果，对这一现象的认识目前还不完全到位，避免的措施也不完善，引起了行业内的广泛关注。

本课题组专门针对这一问题开展了一系列研究，其中特别研究了通过纳秒连续脉冲技术改善灭弧室特性的技术，并进行了一系列实验对比研究。总体上来说，纳秒连续脉冲老炼能够比较明显地改善灭弧室发生击穿的性能，在一定程度上能够改善真空断路器投切电容器组时的特性。由于篇幅缘故，本书不再对这些研究工作的详细过程进行介绍，感兴趣的读者可以参考本课题组发表的有关文章和报告。

第 9 章

126kV 单断口真空断路器试验研究

目前试验研究仍然是开关电器研发的主要手段和方法。西安交通大学联合陕西工业技术研究院于2006年开始进行126kV单断口柱上真空断路器产品的研究开发，经过长达7年的艰苦工作，无论从理论研究还是关键技术方面都取得了丰硕的成果，所完成的126kV/40kA/2500A真空断路器产品于2013年在西安高压电器研究院通过了全部型式试验。该产品的技术参数达到了国际领先水平。研发过程分为研究性试验和产品型式试验。研究性试验通过等效方法对断路器的主要特性进行各种探索和分析，获得第一手数据，据此确定产品的参数、验证理论和技术的正确性。型式试验则严格按照国家和相关国际标准，对产品进行系统完整的试验和验证，证明产品达到标准规定的技术参数。本章介绍了在研究开发126kV单断口真空断路器过程中建设的研究性试验所用的振荡回路电源和可拆式真空灭弧室，同时还集中列出了该真空断路器的主要型式试验内容与结果。

9.1 研究性试验主要设备

真空断路器研究的主要方法除了理论分析、仿真计算之外，主要还是进行试验研究。由于试验工作量巨大，花费也十分可观。一台126kV断路器产品的全套型式试验将花费数月时间，费用数百万元。而研究性试验的试验次数更多，试验参数更加复杂，无法用工业产品试验的方法完成。在输电等级单断口真空断路器的试验研究中特别重要的特殊设备一个是灭弧室试验模型，一个是试验电源。本节重点介绍西安交通大学在开展研究工作中自主设计、开发的126kV合成回路试验电源和126kV可拆式真空灭弧室模型。

9.1.1 126kV合成回路

真空断路器开断试验需要大容量电源提供大电流和高电压。对于输电等级断路器的开断容量试验，电源容量要求很大，一般情况下直接从电力系统引入比较困难，且试验过程对电网的影响也比较大。目前广泛采用的有发电机电源和合成回路电源两大类方法。发电机电源采用冲击发电机作为试验电源，该发电机为特殊设计的同步发电机，转子质量较大，具有很大的惯性。试验中通过电动机将转子提速到所要求的转速，在开断试验时由发电机提供短路电流。冲击发电机在试验额定电压较低的情况下可以直接进行全电压试验，当额定电压较高时，则需采用合成电压源的方式进行试验。冲击发电机试验方法的主要优点是等效性强，暂态电流和电网系统直接试验比较接近，可以直接进行三相试验。但冲击发电机价格十分昂贵，运行维护代价比较大，频繁进行研究性试验代价高昂，往往难以承受。

合成回路方法采用电容器充电后对电感放电的方式产生试验电流，一般有电流源和电压源两套 LC 振荡回路。电流源采用比较低的电压等级产生工频的大电流，电压源则用于在灭弧室电流过零后提供暂态恢复电压。当仅研究燃弧过程时，还可以单独使用电流源进行试验；当需要研究介质恢复过程时，可以灵活地调整和施加暂态恢复电压。合成回路的试验等价性已经获得国际标准的认可。合成回路最主要的优点在于装备投资较小，运行费用低，特别适合于大规模的研究性试验。本课题组在研究输电等级真空断路器的过程中专门设计和建设了 126kV/100kA 合成回路，在整个研究过程中发挥了重大作用。下面是该合成回路的简单介绍。

图 9-1 为该合成试验回路的整体示意电路图。其中 C_i、L_i 是电流源回路的电容器和电抗器，它们构成振荡回路向试品 TCB 提供 50Hz 的工频大电流。该装置可以分别提供有效值为 20kA、31.5kA、40kA、50kA、63kA、80kA 和 100kA 不同电流等级的试验。电路中 CCB 是电流源合闸开关，控制电流源导通放电。C_s 和 L_s 是电压源回路的电容器和电抗器，它们的振荡频率在 250～1000Hz 之间可调，取决于满足试验等价性的引入电流斜率。ACB 是电流源触发开关，用于引入电压源电流。R_1、C_1、R_2、C_2、L_2、L_{50} 为暂态恢复电压调节用电容、电感和电阻。本装置可以满足试验电压 40.5kV、72.5kV 和 126kV 电压等级的合成试验。暂态恢复电压调节可以按照 IEC 标准中的四参数法进行。

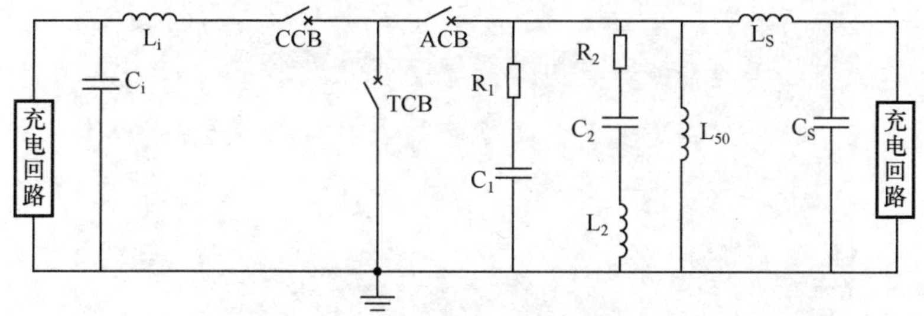

图 9-1　合成回路整体电路图

该合成回路电流源和电压源合成采用了并联电流引入法，即在电流源电流即将过零前几百微秒触发电压源回路开关 ACB，使得电压源电流和电流源电流在电流过零前并行流过试品，电流源电流过零后不再提供电流，由电压源电流过零，并由电压源提供暂态恢复电压。

该装置全部实现了计算机自动控制，自动化程度高，可以监控全部调节参数，自动处理全部实验数据。

该装置建设完成后，开展了大量输电等级真空断路器的各种类型研究性试验，并且为行业内许多企业提供研究性试验服务，发挥了很好的作用。

图 9-2 是 126kV/100kA 合成回路的实物图。

a)

b)

图 9-2　126kV/100kA 合成回路照片

a）电流源回路　b）电压源回路

9.1.2　126kV 可拆式真空灭弧室

真空断路器的电弧燃烧和熄灭过程是最主要的物理过程，对它的全面观测和分析是各项研究工作的基础。本课题组为了研究真空灭弧室在燃弧条件下的真空电弧特性，建立了一套完整的真空电弧实验与观测平台。其中可拆式真空灭弧室外形如图 9-3 所示。该装置由不锈钢外壳、真空系统、绝缘套管、光学观测窗、操作机构、磁场线圈等组成。该装置最大实验触头直径可达 100mm，最大触头开距可达 60mm，分闸速度在 1～3m/s之间可调，可以满足 126kV 单断口输电等级真空灭弧室的仿真研究。

可拆真空灭弧室的真空系统可以保持整个装置真空度在 1×10^{-3}Pa 以上。灭弧室装有 90°相交的两个光学观测窗口，可以供高速摄影机对燃弧过程进行立体观测，也可进行光谱测量和其他光学测量。

图 9-3　基于 126kV 等级参数的可拆真空灭弧室

可拆灭弧室上部端盖可以进行拆卸，以更换不同电极结构触头，绝缘套管能够承受进行 126kV 断路器开断试验暂态恢复电压的要求。

可拆灭弧室中动触头通过波纹管和下部端盖连接，安装有 HMA－5 单稳态永磁操作机构，实现触头分合操作。该永磁操作机构可以调整改变触头的分合速度，用于研究不同开断速度下的燃弧特性。

各种不同结构、尺寸和材料的触头均可在此平台上进行开断研究，获得有效数据后试制产品灭弧室。该可拆灭弧室外部还安装有亥姆霍兹励磁线圈，可以通过该线圈施加纵向磁场，研究电弧在磁场作用下的特性。

9.2　耐压试验

9.2.1　短时工频耐压试验

根据国家标准，工频耐压试验在机械试验后进行，用以验证 126kV 真空断路器在相对地、相间和断口间三种加压方式下的绝缘状态。三种加压方式下所施加电压幅值相等，在断路器主回路断口间施加规定的工频电压 1min，试验期间不应有闪络击穿。本 126kV 断路器工频耐压试验施加电压为 230kV，试验结果符合标准规定。

9.2.2　标准雷电冲击耐压试验

标准雷电冲击耐压试验用于验证 126kV 真空断路器在 550kV、1.2/50μs 标准雷电冲击电压、三种加压方式和两种极性情况下的绝缘状态。试品在三种加压方式下，施加正、负极性两个系列 550kV 标准雷电冲击电压，每个系列 15 次试验，不应发生破坏性放电现象。试验施加于试品断路器的标准雷电冲击耐受电压值范围为550(1+3%)kV，波前时间（1.2μs）容差小于30%，半波峰值时间（50μs）容差小于20%，其波形图如图9-4所示。

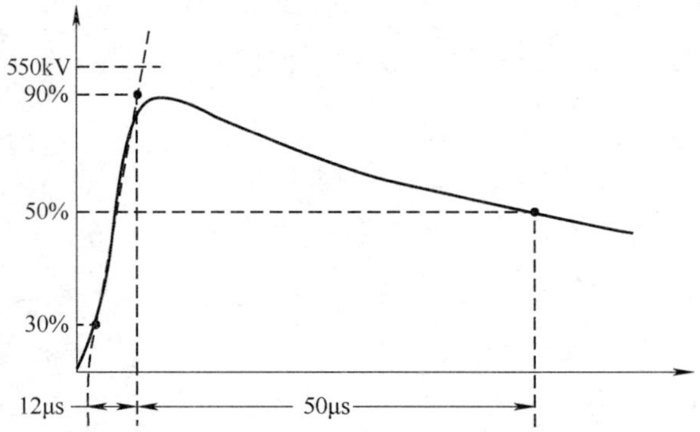

图9-4 标准雷电冲击试验电压波形

9.3 温升试验

温升试验主要是研究断路器在规定的环境条件下承载最大额定工作电流时的发热状况。在标准中对于产品的各个监测点最高温升都有明确规定。真空断路器与其他灭弧介质断路器有所不同，触头间的发热向外的传递路径主要是导电杆，径向方向由于真空介质的隔热效应，很难传导热量，因此提升真空断路器的额定电流是比较困难的。

温升试验的基本电路图如图9-5所示。

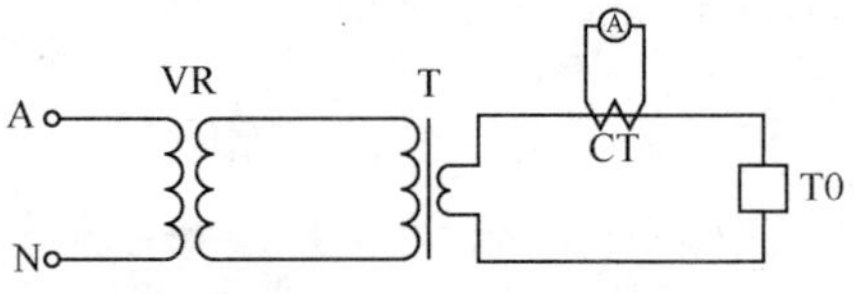

图9-5 温升试验电路图

图中VR是调压变压器，T是提供试验大电流的电流变压器，T0是被试产品，CT是测量试验电流的电流传感器，A是电流测试仪表。试验电流为2500A、50Hz，对试品单相进行试验，环境温度满足10~40℃，风速小于0.5m/s。测量使用1级允差T形热电偶。试验连接母线：首端：宽80mm×厚10mm×长2m铜排2根；末端：宽80mm×厚10mm×长2m铜排2根。试验时试品充气压力（表压）：0.1MPa（20℃）。温升测量部位见温升测量点如图9-6所示。

各个监测点的测量温度值见表9-1。从实际的监测结果可以看到，该真空断路器的温升比较高，有些点已经接近标准规定的极限值。在实际研究中为了控制断路器温升，对导电回路的各个部分发热电阻进行了细致的校核和控制，尽量避免局部集中发热，特别是对于触头部分进行了特殊设计，详见第4章中的相关内容。

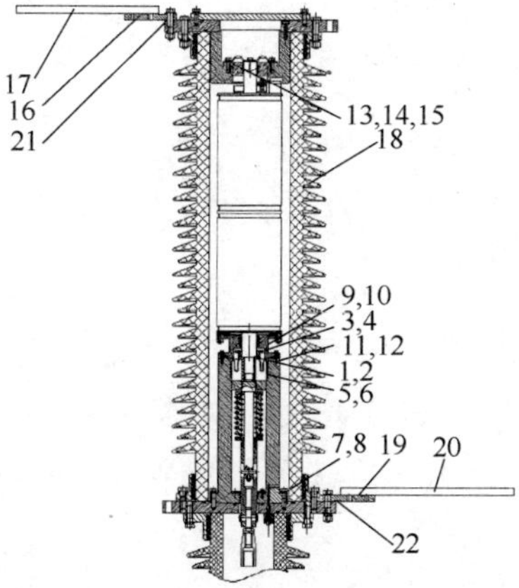

图 9-6　温升试验温升测量点布置

表 9-1　126kV 真空断路器型式试验温升试验结果

测量部位编号 No.	温升值/K			温升限值/K	测量位置	镀层
	A	B	C			
1			68	75	导电杆与导电夹间固定连接	镀银
2			67.9	75	导电杆与导电夹间固定连接	镀银
3			60.6	75	软连接	镀银
4			60.4	75	软连接	镀银
5、6			54.5	75	软连接	镀银
7			36.5	75	导电座与下法兰固定连接	镀银
8			35.5	75	导电座与下法兰固定连接	镀银
9			63.2	65	灭弧室动端	镀银
10			61.6	65	灭弧室动端	镀银
11			51.3	75	固定连接	镀银
12			51.8	75	固定连接	镀银
13			67.4	75	灭弧室静端固定连接	镀银
14			63.1	75	灭弧室静端固定连接	镀银
15			62.5	75	灭弧室静端固定连接	镀银
16			47.6	65	接线端子	镀银
17			50.8	—	试验连接母线	—
18			15.5	30	外壳	—
19			38.2	65	接线端子	镀银
20			42.1	—	试验连接母线	—
21			47.3	75	固定连接	镀银
22			35.2	75	固定连接	镀银

注：环境温度为 20.5℃ 。

9.4 机械特性试验

9.4.1 机械特性试验目的

机械特性试验的目的是检验断路器机械操作的各项指标是否满足要求。机械特性试验的项目比较多，表 9-2 是各项试验的参数要求。试验采取的测量设备分别有开关特性智能测试系统、开关机械特性测试仪、游标卡尺、直尺、钢卷尺等。

表 9-2 126kV 真空断路器机械特性参数表

序号	参数名称	操作电压	数值	单位
1	触头开距	—	60 ±2	mm
2	超行程	—	18 ±2	mm
3	分闸时间	最高	40 ±15	ms
		额定	40 ±15	ms
		最低	40 ±15	ms
4	合闸时间	最高	80 ±15	ms
		额定	80 ±15	ms
		最低	80 ±15	ms
5	平均分闸速度（0 ~20mm）	最高	3.3 ±0.2	m/s
		额定	3.3 ±0.2	m/s
		最低	3.3 ±0.2	m/s
6	平均合闸速度（20 ~0mm）	最高	1.3 ±0.2	m/s
		额定	1.3 ±0.2	m/s
		最低	1.3 ±0.2	m/s
7	触头弹跳时间	额定	<9	ms
8	合闸不同期性	高中低	<5	ms
9	分闸不同期性	高中低	<3	ms

机械特性试验应在机械寿命试验前和试验后分别进行，保证机械特性无大的变化。表 9-3 给出了本 126kV 断路器的机械特性试验实测数据。

表 9-3 实测断路器机械特性参数

序号	参数名称	操作电压	数值	实测值		单位
				机械试验前	机械试验后	
1	分闸时间	最高	40 ± 15	26 ~ 26.8	26.1 ~ 26.4	ms
		额定	40 ± 15	27.4 ~ 27.8	27.2 ~ 27.8	ms
		最低	40 ± 15	42.2 ~ 43.9	41.9 ~ 43.5	ms
2	合闸时间	最高	80 ± 15	81.4 ~ 82.5	81.2 ~ 83.1	ms
		额定	80 ± 15	82.1 ~ 84.9	82.3 ~ 85.2	ms
		最低	80 ± 15	88.6 ~ 89.5	88.3 ~ 89.1	ms
3	平均分闸速度（刚分至刚分点后 10ms）	最高	3.3 ±0.2	3.20 ~ 3.46	3.22 ~ 3.48	m/s
		额定	3.3 ±0.2	3.21 ~ 3.32	3.21 ~ 3.29	m/s
		最低	3.3 ±0.2	3.14 ~ 3.36	3.18 ~ 3.35	m/s
4	平均合闸速度（刚合前 10ms 到刚合）	最高	1.3 ±0.2	1.22 ~ 1.28	1.2 ~ 1.29	m/s
		额定	1.3 ±0.2	1.22 ~ 1.23	1.21 ~ 1.25	m/s
		最低	1.3 ±0.2	1.21 ~ 1.24	1.21 ~ 1.26	m/s
5	合闸不同期性	高中低	<5	0.5 ~ 1.1	0.4 ~ 1.3	ms
6	分闸不同期性	高中低	<3	0.5 ~ 1.4	0.5 ~ 1.3	ms
7	触头弹跳时间	额定电压	<9	0 ~ 3.2	0 ~ 3.2	ms

9.4.2 机械操作试验

机械操作试验是检验断路器是否能够在一定工作电压条件下按照规定的要求进行开断和关合的相应顺序操作。具体试验包括在额定电源电压下、最低电源电压下和最高电源电压下分别进行 5 次合 – 分操作循环。该项试验应当在机械寿命试验之前和之后分别进行。该 126kV 真空断路器的分合闸操作额定电压和储能电极操作电压均为直流 220V。

9.4.3 机械寿命试验

机械寿命试验是验证断路器持续操作寿命的试验，根据国家标准，126kV 真空断路器的机械寿命试验为 2000 次，分若干不同操作循环顺序。表 9-4 为寿命试验操作循环要求。

试验过程中不能出现拒分、拒合、误分、误合现象以及影响产品正常运动的异常现象和故障，试验中辅助开关不能出现异常，所有零件不能出现对运动不利的影响，试验后。开关在合闸状态下触头的正常导电处接触表面保留有连续镀层。本断路器试验均满足上述要求。

表 9-4 机械寿命试验操作循环要求

操作顺序	控制电压 DC/V	第一循环
$C-t_1-O-t_1$	C：176 O：143	500
	C：220 O：220	500
	C：242 O：264	500
$O-t_2-CO-t_3-C-t_4$	C：220 O：220	250

注：t_1 为40s，t_2 为0.3s，t_3 为40s，t_4 为40s。表中，C 表示关合操作，O 表示开断操作，t 是相应的时间间隔。

9.5 开断试验

开断试验是断路器最重要的试验，主要是验证断路器在各种规定的工作条件下能否可靠开断电路。在型式试验中关于开断试验有详细的规定，下面给出了型式试验中各种开断能力试验的结果。

9.5.1 出线端故障试验

1. T10 开断能力的试验

126kV 真空断路器出线端故障试验方式 T10 开断能力的验证试验按额定操作序列 O－0.3s－CO－180s－CO 进行，预期瞬态恢复电压 TRV 峰值为 236kV，预期工频恢复电压 109.8kV，预期试验开断电流为额定短路开断电流的 10%，即 4.0±0.8kA。表 9-5 给出了 126kV 真空断路器进行 T10 试验时的开断电流、燃弧时间、TRV 等试验结果。126kV 真空断路器在 $V_1=3.5\mathrm{m/s}$、$V_2=3.0\mathrm{m/s}$ 的分闸速度下能够可靠开断试验方式 T10 规定的燃弧窗口内的试验电流。表中 I_{SC} 为试验电流，单位为 kA；U_C 为 TRV 峰值，单位为 kV；U_{PRV} 为工频恢复电压平均值，单位为 kV；t_{arc} 为燃弧时间，单位为 ms；DC 为开断电流直流分量相对交流分量的百分比。

表 9-5 126kV 真空断路器出线端故障开断试验方式 T10 试验结果

操作方式	No.	I_{SC}	U_C	U_{PRV}	t_{arc}	DC
		kA	kV	kV	ms	%
O－CO	1	3.84	236	105.4	7.5	25
		3.63	236	105.1	6.0	19
CO	2	3.83	236	105.5	7.5	4

2. T30 开断能力的试验

126kV 真空断路器出线端故障试验方式 T30 开断能力的验证试验按额定操作序列 O－0.3s－CO－180s－CO 进行，预期瞬态恢复电压 TRV 峰值为 236kV，预期工频恢复电压为 109.8kV，预期试验开断电流为额定短路开断电流的 30%，即 12.0±2.4 kA。表 9-6 给出了 126kV 真空断路器进行 T30 试验时的开断电流、燃弧时间、TRV 等试验结果。126kV 真空断路器在 $V_1=3.5\text{m/s}$、$V_2=3.0\text{m/s}$ 的分闸速度下能够可靠开断试验方式 T30 规定的燃弧窗口内的试验电流。图 9-7 给出了 126kV 真空断路器进行试验方式 T30 试验时燃弧窗口的验证试验结果对应的示波图。第一次有效开断操作用于验证 126kV 真空断路器短燃弧时间的开断能力，短燃弧时间为 4.3ms，如图 9-7a 所示；第二次有效操作为有效重燃，用以验证第一次操作短燃弧时间，本次造成有效重燃的第一个电流半波内燃弧时间为 3.4ms，如图 9-7b 所示；第三次有效操作用以验证长燃弧时间开断的有效性，试验结果显示燃弧时间为 14.2ms，如图 9-7c 所示；第四次有效操作用以验证中燃弧时间的开断的有效性，燃弧时间为 8.2ms 或 10.7ms，如图 9-15d 所示。

表 9-6　126kV 真空断路器出线端故障开断试验方式 T30 试验结果

	操作方式	No.	I_{SC}/kA	U_C/kV	t_{arc}/ms	DC（%）	是否成功开断
t_{arcmin}验证	O	1	12.4	236	5.0	1.12	是
	O	2	12.4	241	4.3	3.4	是
	O	3	12.3	—	1.1	3.2	否
	O	4	12.1	—	2.6	3.9	否
	O	5	12.3	—	3.4	0.33	是
t_{arcmax}验证	O－CO	6	12.0	—	2.4	0.04	是
			12.0	236	14.2	2.82	
t_{arcmed}验证	O	7	12.4	243	8.2	3.3	是
	CO	8	12.3	237	10.7	1.19	是

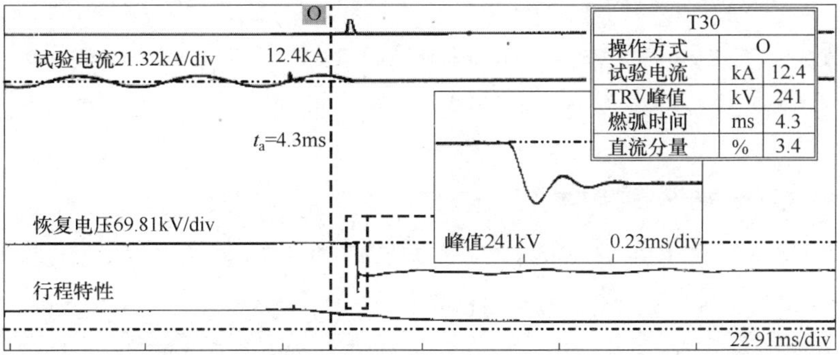

a)

图 9-7　126 kV 真空断路器出线端故障试验方式 T30 燃弧窗口的验证

a）短燃弧有效开断，燃弧时间为 4.3 ms

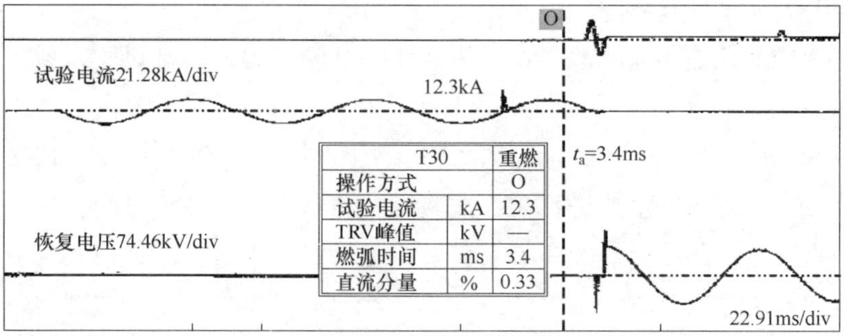

b)

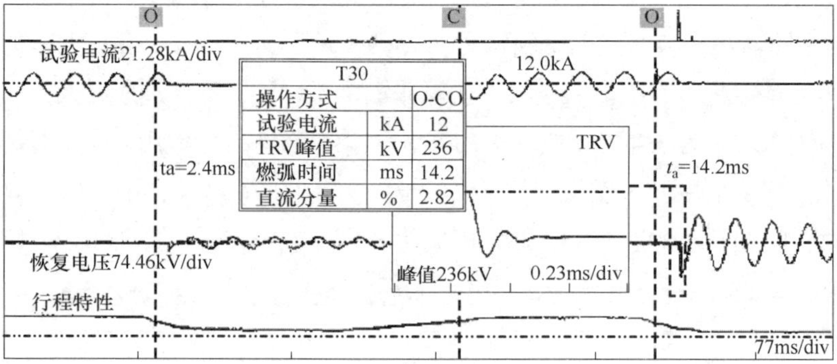

c)

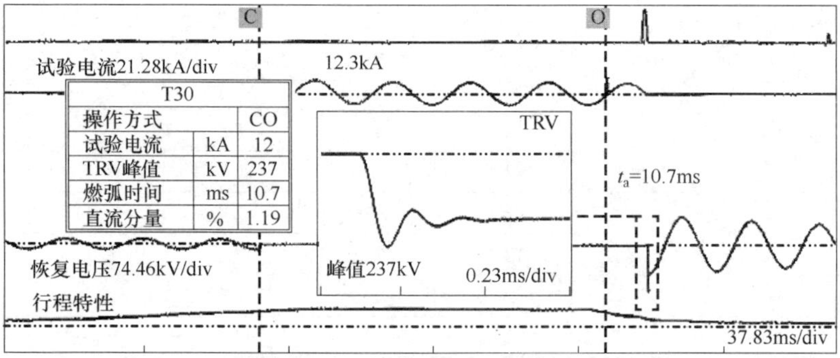

d)

图 9-7　126 kV 真空断路器出线端故障试验方式 T30 燃弧窗口的验证（续）

b）短燃弧重燃，第一个电弧电流半波内燃弧时间为 3.4 ms　c）长燃弧有效开断，燃弧时间为 14.2 ms　d）中燃弧有效开断，燃弧时间为 10.7 ms

3. T60 开断能力的试验

126kV 真空断路器出线端故障试验方式 T60 开断能力的验证试验按额定操作序列 O－0.3s－CO－180s－CO 进行，预期瞬态恢复电压 TRV 峰值为 231kV，预期工频恢复电压为 109.8kV，预期试验开断电流为额定短路开断电流的 60%，即 24.0±2.4 kA。表 9-7 给出了 126kV 真空断路器进行 T60 试验时的开断电流、燃弧时间、TRV 等试验结果。126kV 真空断路器在 V_1 = 3.5m/s、

$V_2=3.0\text{m/s}$ 的分闸速度下能够可靠开断试验方式 T60 规定的燃弧窗口内的试验电流。图 9-8 给出了 126kV 真空断路器进行试验方式 T60 试验时燃弧窗口的验证试验结果对应的示波图。由表 9-7 中数据可知，第一次有效开断操作用于验证 126kV 真空断路器短燃弧时间的开断能力，短燃弧时间为 4.5ms，对应的示波图如图 9-8a 所示；第二次有效操作为有效重燃，用以验证第一次操作短燃弧时间，本次造成有效重燃的第一个电弧电流半波内燃弧时间为 2.8ms，对应示波图如图 9-8b 所示；第三次有效操作用以验证长燃弧时间（最大燃弧时间的最小值 12.8ms）开断的有效性，试验结果显示燃弧时间为 13.5ms，如图 9-8c所示；第四次有效操作用以验证中燃弧时间的开断的有效性，燃弧时间为 10.0ms，如图 9-8d 所示。

表 9-7　126kV 真空断路器出线端故障开断试验方式 T60 试验结果

	操作方式	No.	I_{SC}/kA	U_C/kV	t_{arc}/ms	DC（%）	是否成功开断
t_{arcmin}验证	O	1	23.4	231	6.9	0.11	是
	O	2	23.9	233	4.5	0.25	是
	O	3	23.7	230	4.5	0.36	是
	O	4	23.6	—	2.8	0.55	否
t_{arcmax}验证	O - CO	5	22.9	—	2.4	0.16	是
			22.9	231	13.5	0.16	
t_{arcmed}验证	O	6	24.4	229	10.0	3.5	是

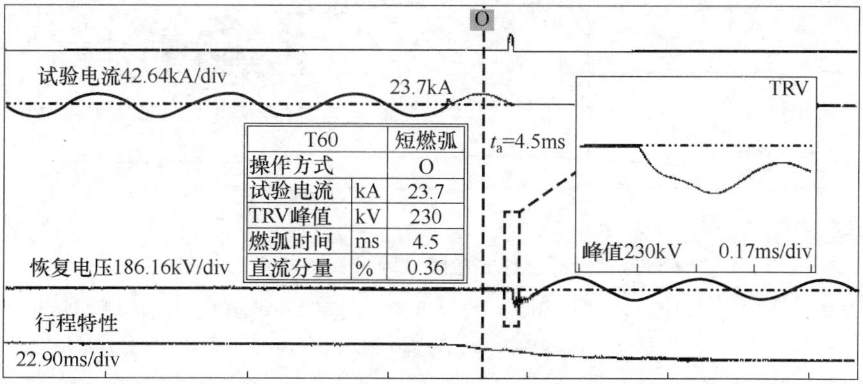

a)

图 9-8　126kV 真空断路器出线端故障试验方式 T60 燃弧窗口的验证

a）短燃弧有效开断，燃弧时间为 4.5 ms

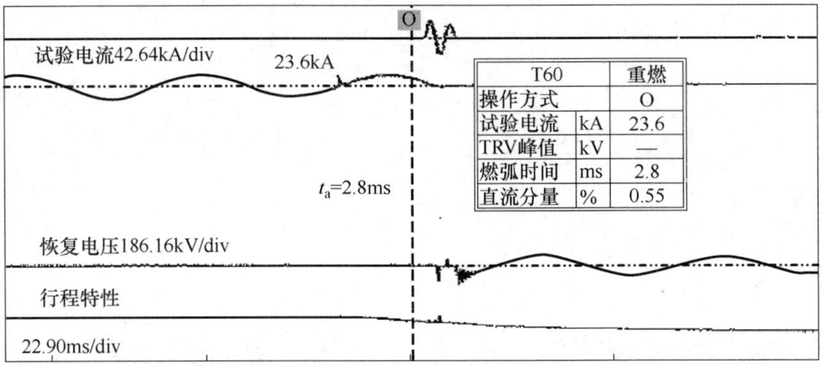

b)

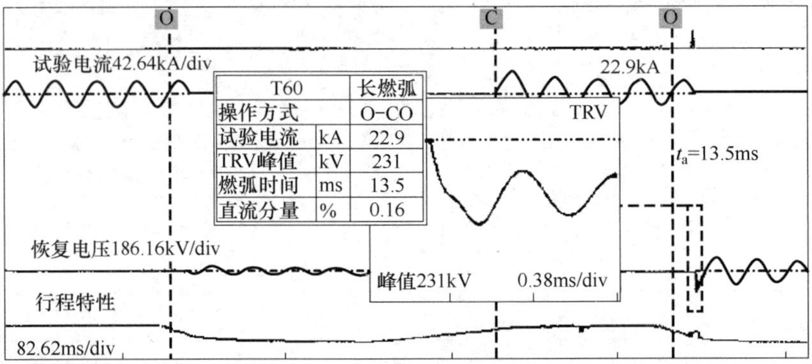

c)

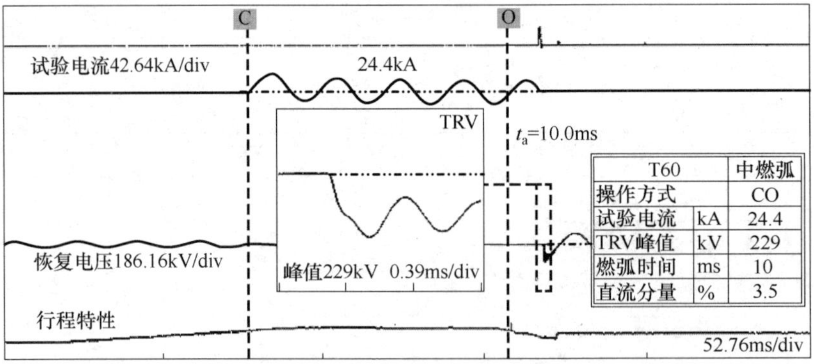

d)

图 9-8　126kV 真空断路器出线端故障试验方式 T60 燃弧窗口的验证（续）

b）短燃弧重燃，第一个电弧电流半波内燃弧时间为 2.8 ms　c）长燃弧有效开断，燃弧时间为 13.5 ms

d）中燃弧有效开断，燃弧时间为 10.0 ms

4. T100s(b) 开断能力的试验

126kV 真空断路器试验方式 T100s(b) 的预期瞬态恢复电压 TRV 峰值为 216kV，预期工频恢复电压为 109.8kV，预期试验开断电流为额定短路开断电流的 100%，即 40(+2 ~ 0kA)。表 9-8 给出了 126kV 真空断路器进行 T100s 短路电流开断试验时的试验电流、燃弧时间、TRV 等试验结果。126kV 真空断路器在 V_1 = 3.5m/s、V_2 = 3.0m/s 的分闸速度下能够可靠开断试验方式 T100s 规定的燃弧窗口内的试验电流。图 9-9 给出了 126kV 真空断路器进行试验方式 T100s 短路电流开断操作试验时燃弧窗口的验证试验结果对应示波图。由表 9-8 中数据可知，第一次有效开断操作用于验证 126kV 真空断路器短燃弧时间的开断能力，短燃弧时间为 8.5ms，如表中第 1 行数据所示，对应示波图如图 9-9a 所示；第二次有效操作为有效重燃，用以验证第一次操作短燃弧时间，本次造成有效重燃的第一个电弧电流半波内燃弧时间为 7.7ms，如表中第 4 行数据所示，对应示波图如图 9-9b 所示；第三次有效操作用以验证长燃弧时间（最大燃弧时间的最小值 16.8ms）开断的有效性，试验结果显示长燃弧时间为 17.8ms，如图 9-9c 所示；第四次有效操作用以验证中燃弧时间的开断的有效性，燃弧时间分别为 15.2ms 与 15.7ms，如图 9-9d 所示。表 9-8 中开断失败操作，其目的在于为验证预期短（或长）燃弧时间而进行的试验操作。造成上述开断失败的原因，从试验角度看，一方面是由于试品 126kV 真空断路器分闸时间的分散性或回路控制系统的分散性造成的燃弧时间在小范围变动（如长燃弧时间的验证 18.7ms 和 20.1ms）；另一方面是由于不同开断电流下断路器短燃弧时间的不恒定造成的（如 8.5ms 的短燃弧时间的验证）。

表 9-8　126kV 真空断路器出线端故障开断试验方式 T100s(b) 短路电流开断试验结果

	操作方式	No.	I_{SC}/kA	U_C/kV	t_{arc}/ms	DC（%）	是否成功开断
t_{arcmin} 验证	O	1	39.5	216	8.5	0.1	是
	O	2	40.3	—	1.1	0.1	否
	O	3	39.9	218	5.9	0.1	否
	O	4	40.0	—	7.7	0.3	否
t_{arcmax} 验证	O - CO	5	40.6	—	8.0	0.1	否
			40.0	—	20.1	0.7	
	O - CO	6	41.4	—	6.5	4.7	否
			40.6	—	18.7	9.9	
	O - CO	7	40.5	—	8.4	0.3	是
			40.0	216	16.1	1.9	
	CO	8	40.1	219	17.8	5.2	是
t_{arcmed} 验证	CO	9	40.1	219	15.2	3.1	是
	CO	10	40.2	217	15.7	5.6	是

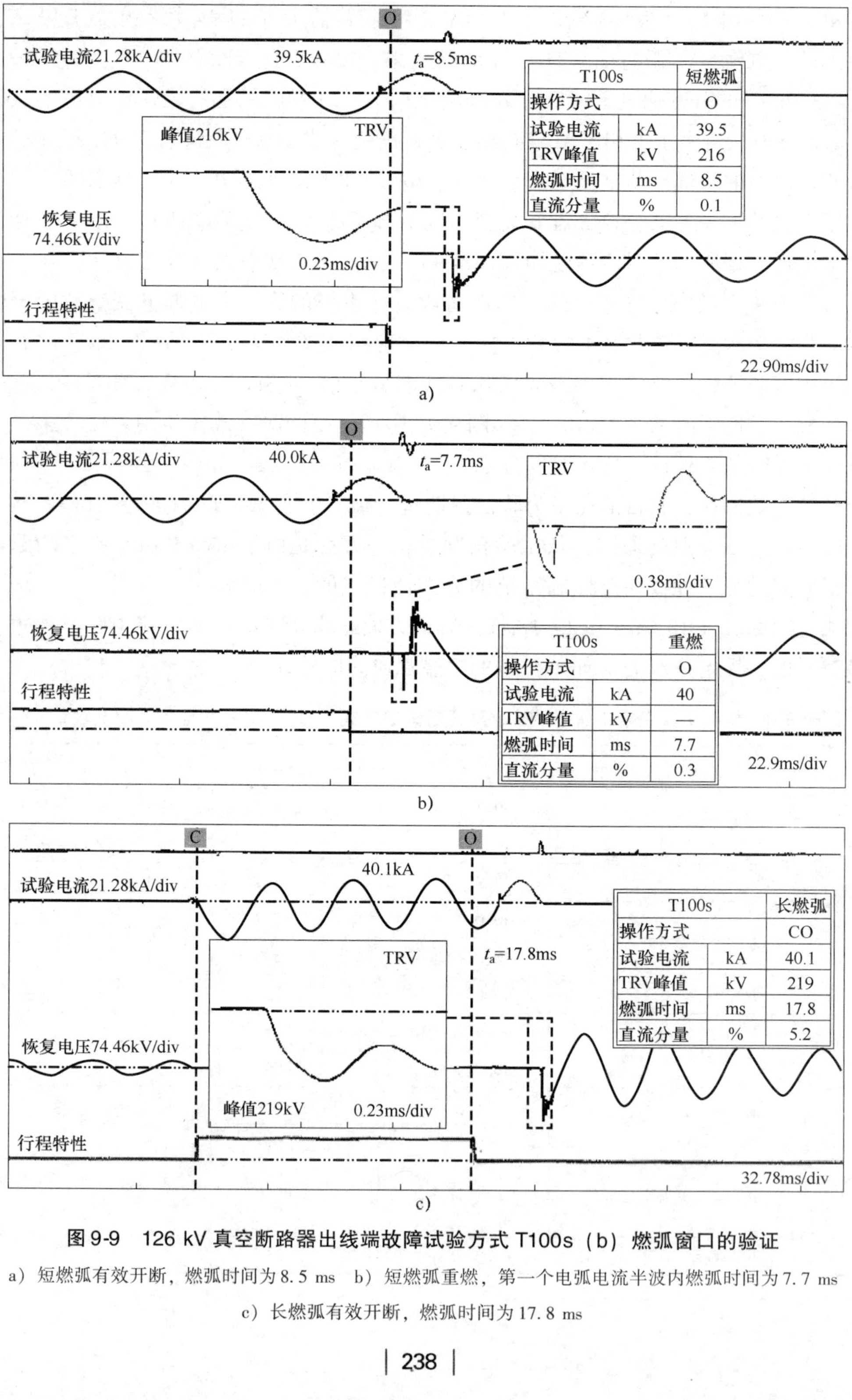

图 9-9　126 kV 真空断路器出线端故障试验方式 T100s（b）燃弧窗口的验证

a）短燃弧有效开断，燃弧时间为 8.5 ms　b）短燃弧重燃，第一个电弧电流半波内燃弧时间为 7.7 ms

c）长燃弧有效开断，燃弧时间为 17.8 ms

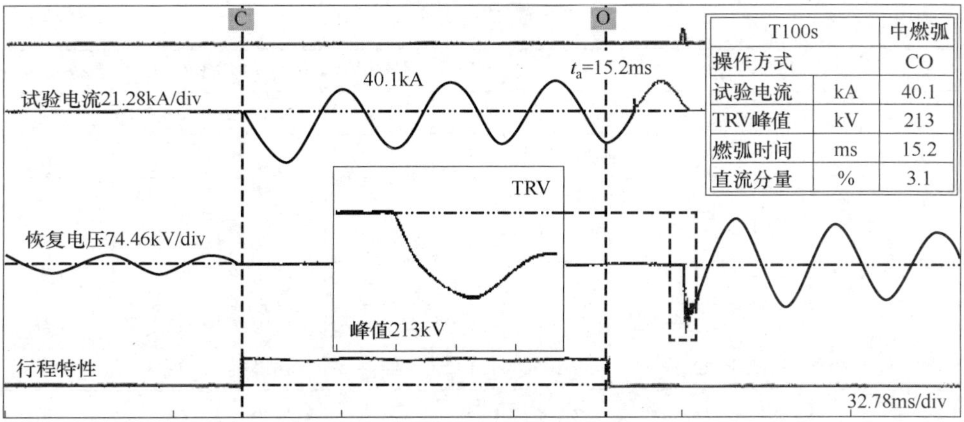

d)

图 9-9 126 kV 真空断路器出线端故障试验方式 T100s（b）燃弧窗口的验证（续）

d）中燃弧有效开断，燃弧时间为 15. 2 ms

5．T100a 开断能力的试验

126kV 真空断路器试验方式 T100a 非对称短路电流的开断按标准规定的三个有效分闸操作进行。预期瞬态恢复电压 TRV 峰值为 216kV，预期工频恢复电压为 109. 8kV，预期试验开断电流为额定短路开断电流的 100%，即 40（+2 ~ 0kA）。表 9-9 给出了 126kV 真空断路器进行 T100s 短路电流开断试验时的试验电流、燃弧时间、TRV 等试验结果。126kV 真空断路器在 V_1 = 3. 5m/s、V_2 = 3. 0m/s 的分闸速度下能够可靠开断试验方式 T100a 规定的燃弧窗口内的试验电流，且满足标准 IEC62271 - 100、GB 1984—2014 及 GB/T 4473—2008 规定的非对称短路电流开断要求。表中结果显示，短燃弧时间、长燃弧时间及中燃弧时间情况下的 126kV 真空断路器非对称短路电流的开断，其电流零点处直流分量数值、燃弧时间皆在标准规定范围内。

表 9-9 126kV 真空断路器出线端故障开断试验方式 T100a 短路电流开断试验结果

	操作方式	No.	I_{SC}/kA	I_{peak}/kA	U_C/kV	t_{arc}/ms	DC（%）	是否成功开断
t_{arcmin}验证	O	1	40. 7	45. 6	219	7. 6	24. 5	是
	O	2	40. 5	43. 7	216	7. 4	29. 3	是
	O	3	40. 5	43. 0	215	6. 6	30. 3	是
	O	4	40. 6	44. 5	216	6. 4	27. 1	是
	O	5	40. 8	42. 1	218	5. 5	34. 6	是
	O	6	40. 0	42. 9	213	5. 2	25. 8	是

（续）

	操作方式	No.	I_{SC}/kA	I_{peak}/kA	U_C/kV	t_{arc}/ms	DC（%）	是否成功开断
t_{arcmin}	O	7	40.2	41.5	213	4.6	29.7	是
	O	8	40.3	40.3	—	3.3	33.4	否
	O	9	40.4	43.6	—	4.4	28.7	否
t_{arcmax}验证	O	10	40.5	72.0	—	19	40.8	否
	O	11	40.2	67.9	—	17.9	31.9	否
	O	12	41.6	70.1	—	17.0	42.3	否
	O	13	40.3	71.1	—	16.1	38.8	否
	O	14	41.0	70.0	217	14.6	33.7	是
	O	15	40.4	69.2	213	15.9	43.7	是
t_{arcmed}验证	O	16	40.7	67.0	216	10.7	38.7	是
	O	17	39.2	67.4	213	10.4	36.8	是

图9-10给出了126kV真空断路器进行试验方式T100a短路电流开断操作试验时燃弧窗口验证试验结果对应的示波图。由表9-9中数据可知，第一次有效开断操作用于验证126kV真空断路器短燃弧时间的开断小半波短路电流能力，短燃弧时间为4.6ms，如表中第4行数据所示，对应示波图如图9-10a所示；第二次有效操作为有效重燃，用以验证第一次操作短燃弧时间，本次造成有效重燃的电弧电流小半波内燃弧时间为4.4ms，如表中第6行数据所示，对应示波图如图9-10b所示；第三次有效操作用以验证长燃弧时间开断的有效性，试验结果显示长燃弧时间为15.9ms，如图9-10c所示；第四次有效操作用以验证中燃弧时间开断的有效性，燃弧时间为10.4ms，如图9-10d所示。

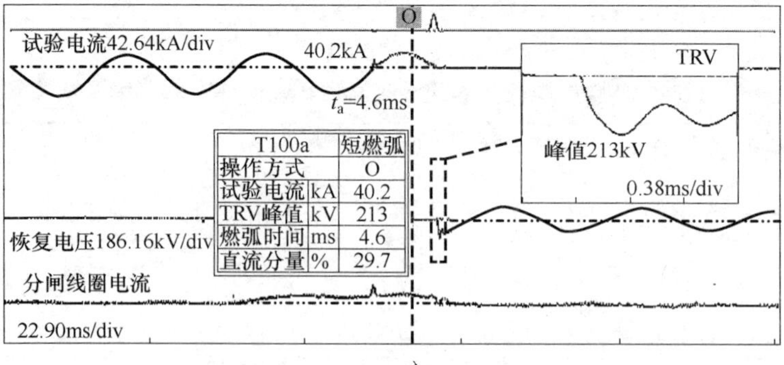

a)

图9-10 126kV真空断路器出线端故障试验方式T100a燃弧窗口的验证

a）短燃弧有效开断，燃弧时间为4.6 ms

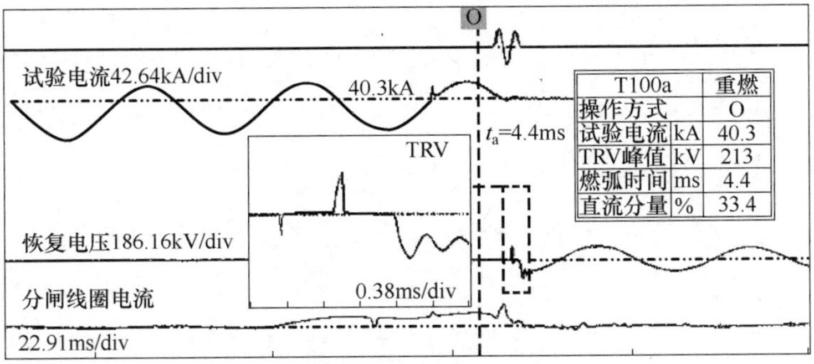

b)

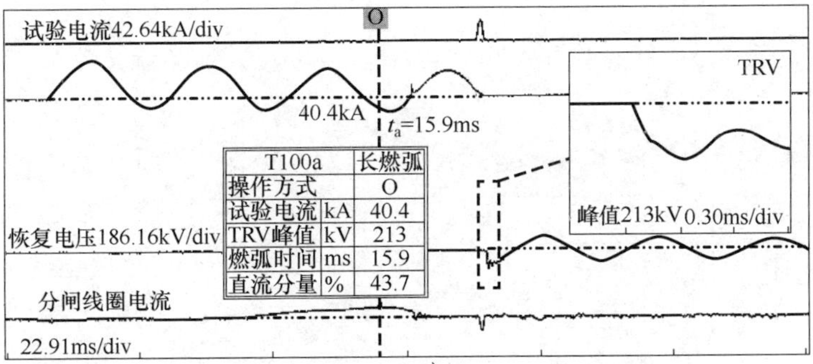

c)

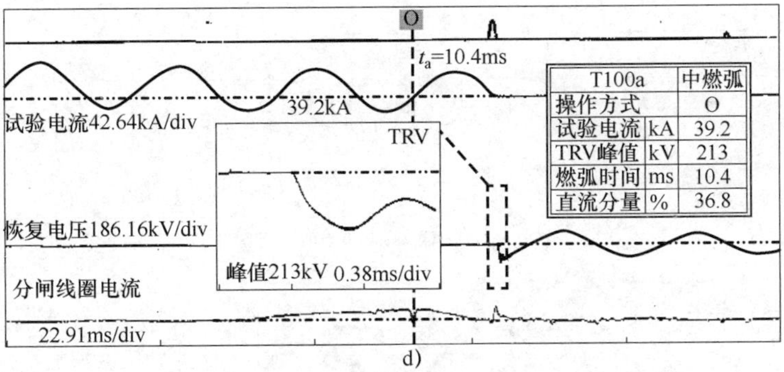

d)

图 9-10　126kV 真空断路器出线端故障试验方式 T100a 燃弧窗口的验证（续）

b）短燃弧重燃，第一个电弧电流半波内燃弧时间为 4.4 ms　c）长燃弧有效开断，燃弧时间为 15.9 ms
d）中燃弧有效开断，燃弧时间为 10.4 ms

9.5.2　失步故障试验

126kV 真空断路器失步故障 OP2(b) 短路电流开断能力的验证在合成试验回路上进行。试验按替代试验操作序列 CO－O－O 进行，预期瞬态恢复电压 TRV 峰值为 321kV，预期工频恢复电压为 182kV，预期试验开断电流为额定短路开断电流的 25%，即 10～11kA。表 9-10 给出了 126kV 真空断路器进行 OP2(b) 试验时的开断电流、燃弧时间、TRV 等试验结果。126kV 真空断路器在 $V_1=3.5\text{m/s}$、$V_2=3.0\text{m/s}$ 的分闸速度下能够可靠开断标准规定的失步故障燃弧窗口内的短路电流。图 9-11 给出了 126kV 真空断路器进行 OP2(b) 试验时燃弧窗口的验证结果对应的示波图。由表 9-10 中数据可知，第一次有效开断操作用于验证 126kV 真空断路器短燃弧时间内失步故障电流开断能力，短燃弧时间为 8.5ms，如图 9-11a 所示；第二次有效操作为有效重燃，用以验证第一次试验操作短燃弧时间的有效性，本次造成有效重燃的第一个电流半波内燃弧时间为 7.6ms，如图 9-11b 所示；第三次有效操作用以验证长燃弧时间开断的有效性，试验结果显示燃弧时间为 17.5ms，如图 9-11c 所示；第四次有效操作用以验证中燃弧时间开断的有效性，燃弧时间为 13.2ms，如图 9-11d 所示。

表 9-10 126kV 真空断路器失步故障电流开断 OP2（b）试验结果

	操作方式	No.	I_{SC}/kA	U_C/kV	t_{arc}/ms	DC（%）	是否成功开断
t_{arcmin} 验证	O	1	10.7	329	8.5	2.66	是
	O	2	10.8	—	5.6	2.45	否
	O	3	10.7	—	7.6	3.12	否
t_{arcmax} 验证	O	4	10.8	—	20.8	3.58	否
	O	5	10.7	—	19.2	3.22	否
	O	6	10.7	329	17.5	2.32	是
t_{arcmed} 验证	CO	7	10.8	329	13.2	16.2	是

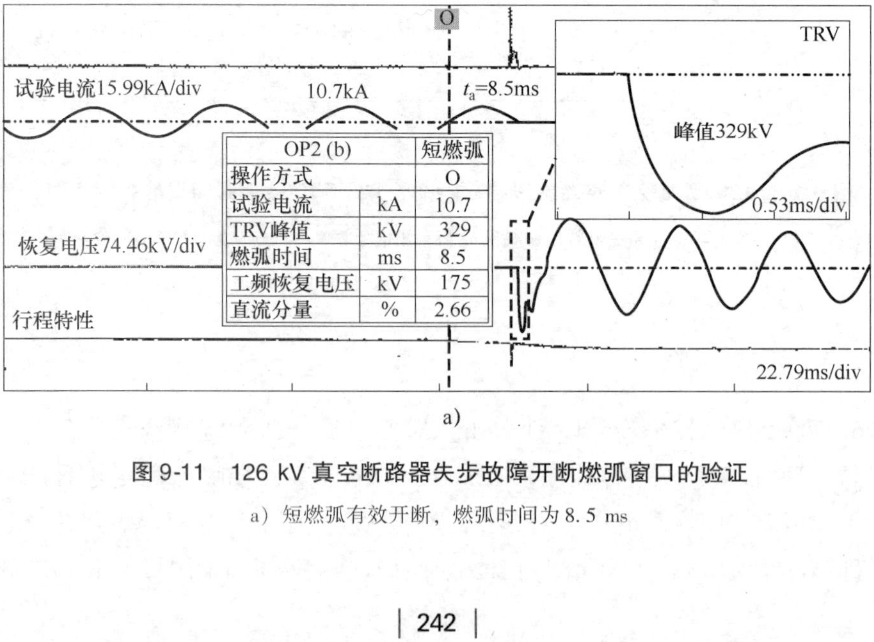

OP2 (b)		短燃弧
操作方式		O
试验电流	kA	10.7
TRV峰值	kV	329
燃弧时间	ms	8.5
工频恢复电压	kV	175
直流分量	%	2.66

a)

图 9-11 126 kV 真空断路器失步故障开断燃弧窗口的验证

a）短燃弧有效开断，燃弧时间为 8.5 ms

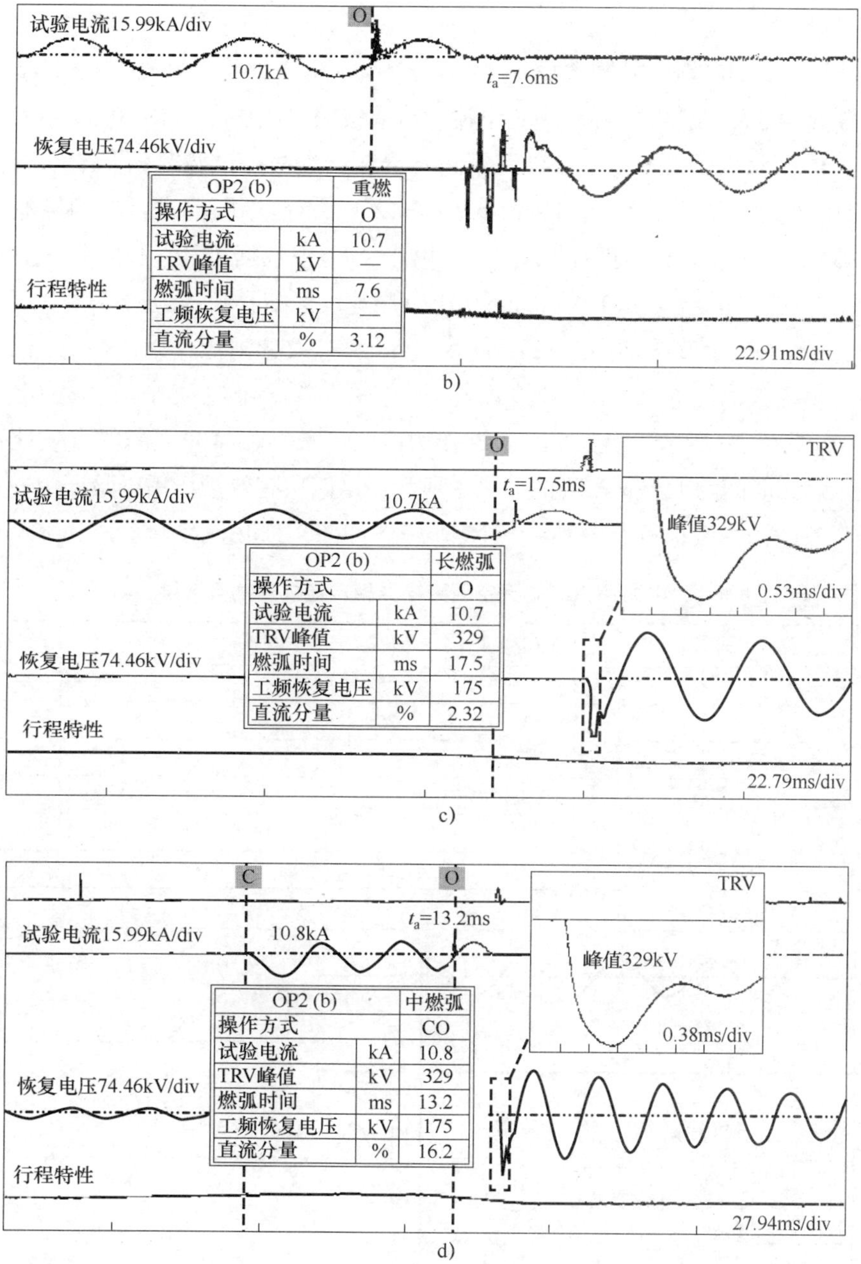

图 9-11　126 kV 真空断路器失步故障开断燃弧窗口的验证（续）

b）短燃弧有效重燃，第一个电弧电流半波内燃弧时间为 7.6 ms　c）长燃弧有效开断，燃弧时间为 17.5 ms

d）中燃弧有效开断，燃弧时间为 13.2 ms

9.5.3 异相接地故障试验

126kV 真空断路器在分闸速度 $V_1=3.5\pm0.2\text{m/s}$、$V_2=3.0\pm0.2\text{m/s}$ 情况下能够可靠开断异相故障燃弧窗口内的短路电流。试验按额定操作序列 O－0.3s－CO－3min 进行。表 9-11 给出了 126kV 真空断路器进行异相接地故障试验时的开断电流、燃弧时间、TRV 峰值等试验结果。图 9-12 给出了 126kV 真空断路器进行异相接地故障试验时燃弧窗口的验证结果对应的示波图。由表 9-11 中数据可知，126kV 真空断路器以 $V_1=3.5\pm0.2$ m/s、$V_2=3.0\pm0.2\text{m/s}$ 的分闸速度开断异相接地故障时，短燃弧时间为 4.5ms，对应示波图如图 9-12a 所示；第二次有效分闸操作以产生有效的重燃，用以验证短燃弧时间的有效性，本次造成重燃的第一个电流半波内燃弧时间为 3.2ms，如图 9-12b 所示；第三次有效操作用以验证长燃弧时间开断的有效性，试验结果显示燃弧时间为 13.5ms，如图 9-12c 所示；第四次有效操作用以验证中燃弧时间开断的有效性，燃弧时间为 9.8ms，对应示波图如图 9-12d所示。

表 9-11　126 kV 真空断路器异相接地故障试验结果

	操作方式	No.	I_{SC}/kA	U_C/kV	t_{arc}/ms	DC（%）	是否成功开断
t_{arcmin}验证	O	1	35.0	250	5.7	2	是
	O	2	35.0	251	4.5	2	是
	O	3	35.1	—	3.2	2	否
t_{arcmax}验证	O－CO	4	35.2	—	5.5	2	是
			35.1	250	13.5	3	
t_{arcmed}验证	CO	5	35.1	251	9.8	2	是

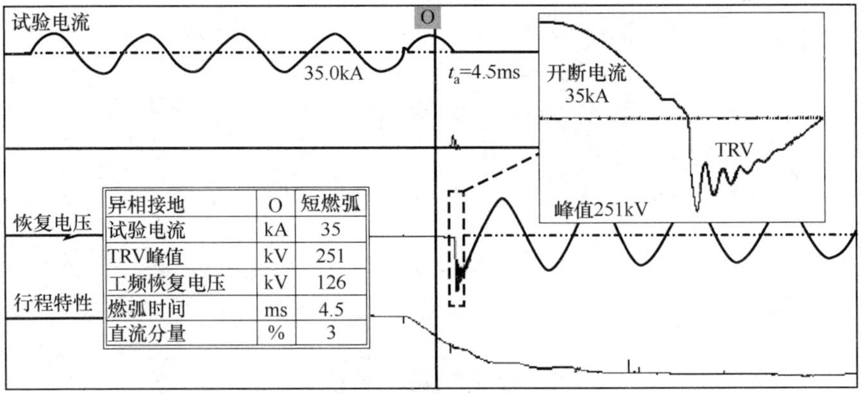

a)

图 9-12　126kV 真空断路器异相接地故障试验弧窗口的验证

a）短燃弧有效开断，燃弧时间为 4.5 ms

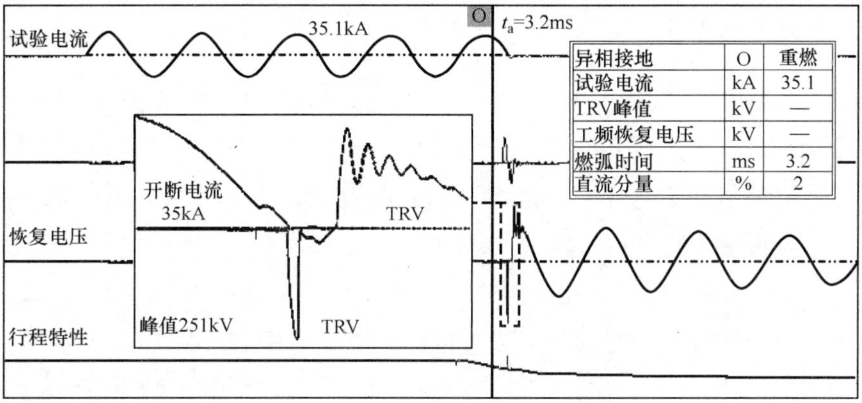

b)

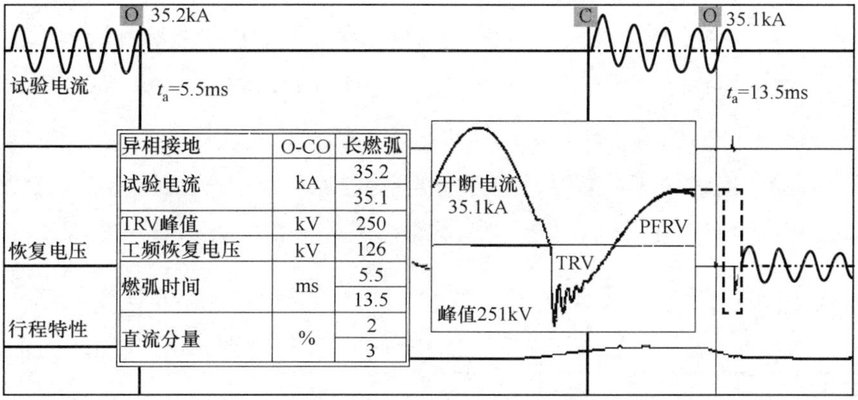

c)

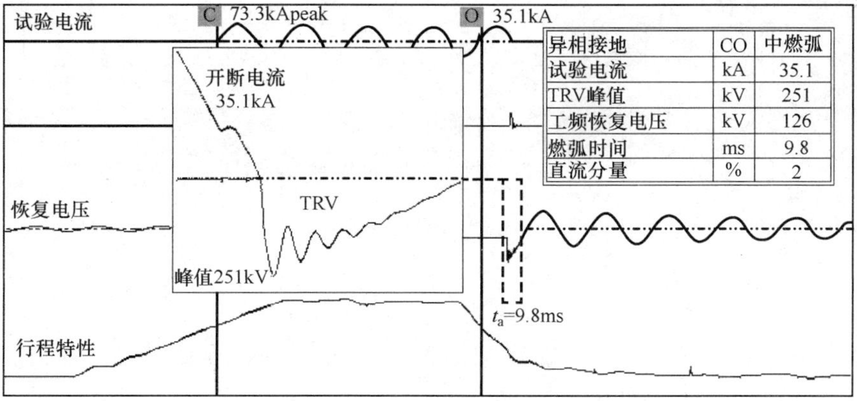

d)

图 9-12　126kV 真空断路器异相接地故障试验弧窗口的验证（续）

b）短燃弧有效重燃，第一个电弧电流半波内燃弧时间为 3. 2 ms　c）长燃弧有效开断，燃弧时间为 13. 5 ms

d）中燃弧有效开断，燃弧时间为 9. 8 ms

9.5.4 近区故障试验

126kV 真空断路器近区故障短路电流开断能力的验证在单相合成试验回路上进行。试验按额定操作序列 O－0.3s－CO－3min 进行。表 9-12 给出了 126kV 真空断路器进行近区故障试验方式 L90 及 L75 时的开断电流、燃弧时间、TRV 等试验结果。126kV 真空断路器在 $V_1=3.5\text{m/s}$、$V_2=3.0\text{m/s}$ 的分闸速度下能够可靠开断标准规定的近区故障燃弧窗口内的短路电流。图 9-12 给出了 126kV 真空断路器进行近区故障试验方式 L90 时燃弧窗口的验证结果对应的示波图。由表 9-11 中数据可知，126kV 真空断路器以 $V_1=3.5\pm0.2\text{m/s}$、$V_2=3.0\pm0.2\text{m/s}$ 的分闸速度开断近区故障试验方式 L90 时，短燃弧时间为 5.2ms（如表中第 1 行数据所示），如图 9-13a所示；第二次分闸操作为有效重燃，用以验证第一次试验操作短燃弧时间的有效性，本次造成有效重燃的第一个电流半波内燃弧时间为 3.5ms，如图 9-13b 所示；第三次有效操作用以验证长燃弧时间开断的有效性，试验结果显示燃弧时间为 14.3ms，如图 9-13c 所示；第四次有效操作用以验证中燃弧时间开断的有效性，燃弧时间为 8.8ms，如图 9-13d 所示。

表 9-12 126kV 真空断路器以 $V_1=3.5\pm0.2\text{m/s}$、$V_2=3.0\pm0.2\text{m/s}$ 的分闸速度开断近区故障试验方式 L90 及 L7 时，燃弧窗口的验证试验结果

		操作方式	No.	I_{SC}/kA	U_C/kV	u_T/kV	t_{arc}/ms	t_T/μs	是否成功开断
L90	t_{arcmin}验证	O	1	36.1	166	19.4	5.2	3.0	是
		O	2	36.2	—	—	3.5	—	否
	t_{arcmax}验证	O－CO	3	37.0	—	—	2.4	—	是
				36.9	170	18	14.3	3.0	
	t_{arcmed}验证	CO	4	36.3	171	20.9	8.8	3.0	是
L75	t_{arcmin}验证	O	5	30.1	139	49.5	5.6	7.85	是
		O	6	30.2	138	49.3	5.0	7.85	是
		O	7	30.2	139	49.5	3.2	7.85	是
		O	8	30.2	—	—	2.1	—	否
	t_{arcmax}验证	O－CO	9	30.7	—	—	8.2	—	是
				30.2	138	49.5	12.8	7.85	
	t_{arcmed}验证	CO	10	30.1	139	49.5	8.1	7.85	是
		O	11	30.8	139	49.5	9.2	7.85	是

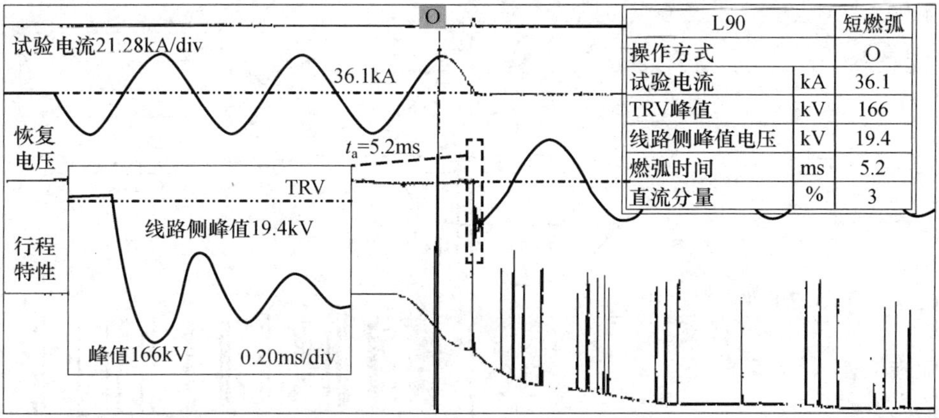

a）

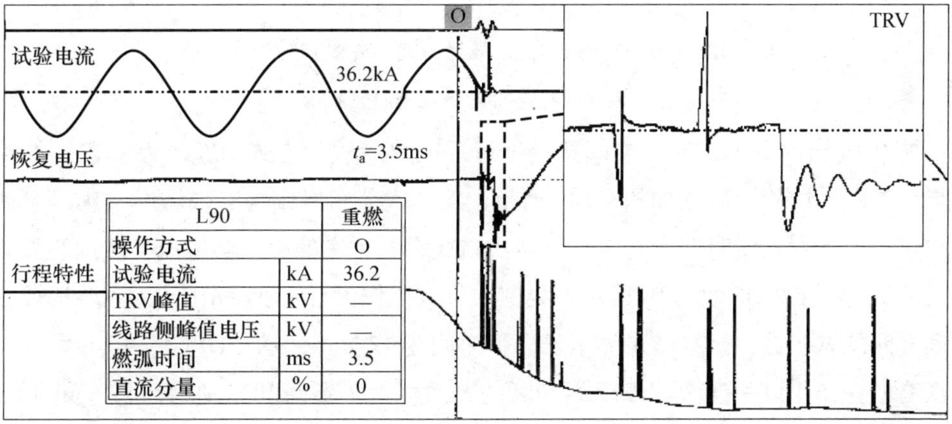

b）

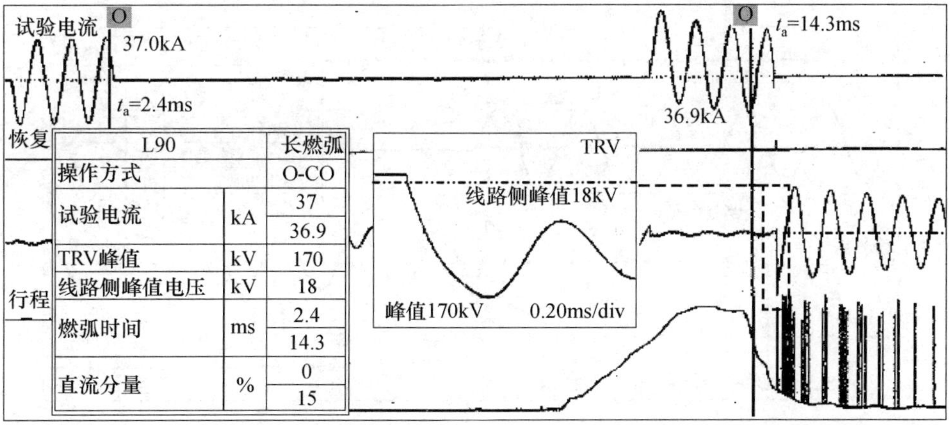

c）

图 9-13　126kV 真空断路器近区故障方式 L90 燃弧窗口的验证

a）短燃弧有效开断，燃弧时间为 5.2 ms　b）短燃弧有效重燃，第一个电弧电流半波内燃弧时间为 3.5 ms

c）长燃弧有效开断，燃弧时间为 14.3 ms

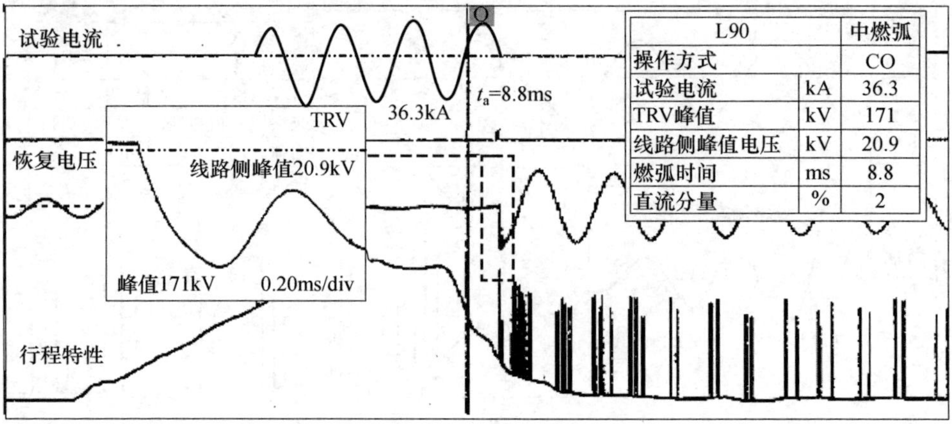

d)

图 9-13　126kV 真空断路器近区故障方式 L90 燃弧窗口的验证（续）

d）中燃弧有效开断，燃弧时间为 8. 8 ms

图 9-14 给出了 126kV 真空断路器进行近区故障试验方式 L75 时燃弧窗口的验证结果示波图。试验示波图如图 9-14a 所示；第四次分闸操作为有效重燃，用以验证第三次试验操作短燃弧时间的有效性，本次造成有效重燃的第一个电流半波内燃弧时间为 2. 1ms，示波图如图 9-14b 所示；第三次有效操作为 O－CO 操作，用以验证长燃弧时间开断的有效性，试验结果显示长燃弧时间为 12. 8ms，示波图如图 9-14c所示；第四次有效操作用以验证中燃弧时间开断的有效性，燃弧时间分别为 8. 8ms 和 9. 2ms，图 9-14d 给出了燃弧时间为 9. 2ms 的试验结果。

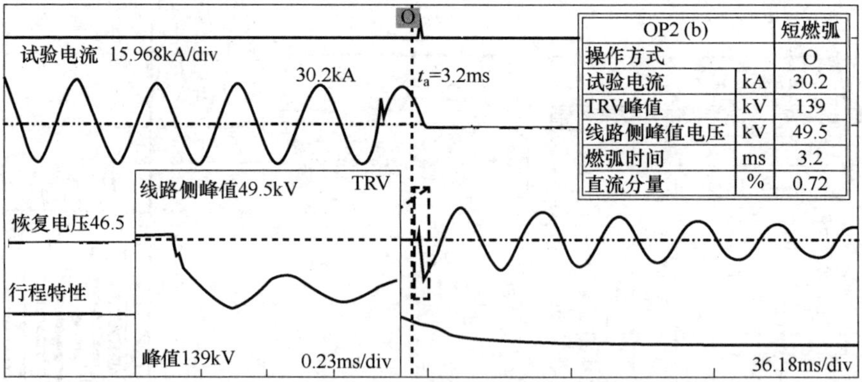

a)

图 9-14　126kV 真空断路器近区故障试验方式 L75 燃弧窗口的验证

a）短燃弧有效开断，燃弧时间为 3. 2 ms

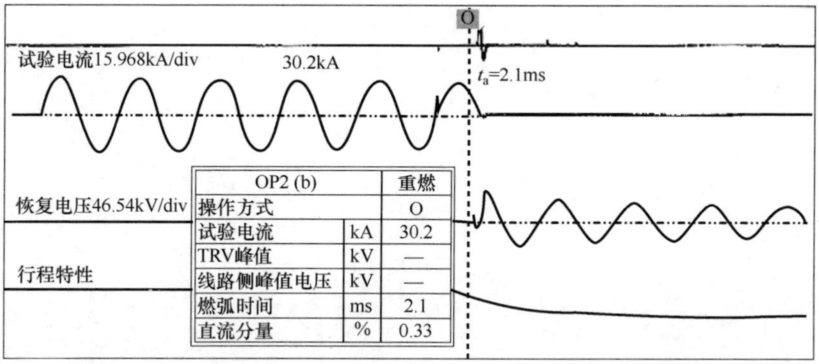

b)

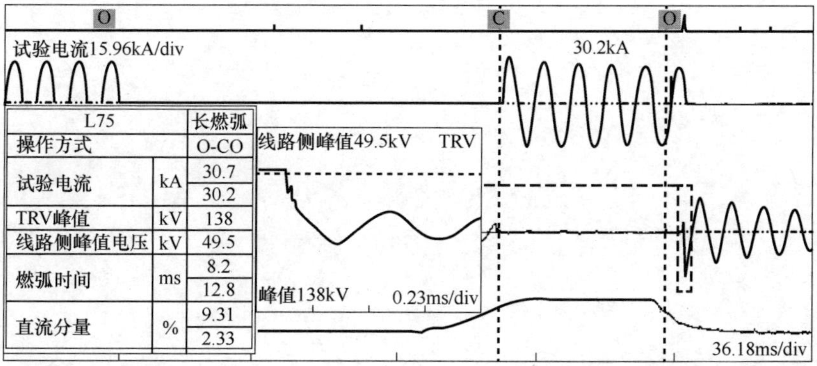

c)

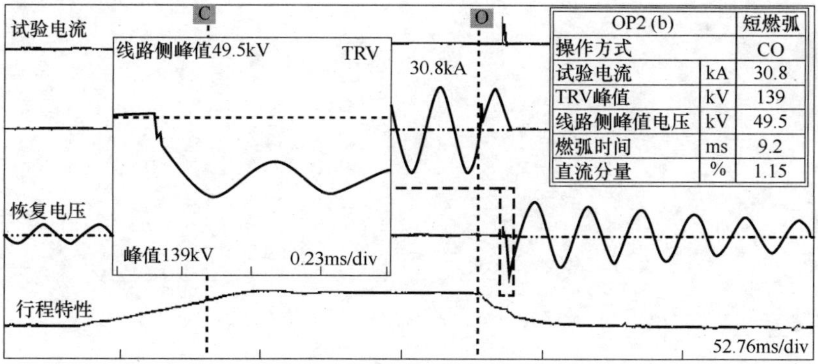

d)

图 9-14　126kV 真空断路器近区故障试验方式 L75 燃弧窗口的验证（续）

b）短燃弧有效重燃，第一个电弧电流半波内燃弧时间为 2.1 ms

c）长燃弧有效开断，燃弧时间为 12.8 ms　d）中燃弧有效开断，燃弧时间为 9.2 ms

本章结合本课题组 126kV 单断口真空断路器的研究性试验和型式试验，给出了各项主要试验的方法、过程与基本结果。通过这些试验内容的介绍，有助于读者理解输电等级真空断路器研发中的核心关键问题，有助于进一步验证和理解本书所涉及的各项理论与技术的正确性和实用性。

第 10 章

输电等级真空开断技术发展展望

通过长期持续不断的努力，真空断路器的电压等级向输电等级提升取得了很大的进展，目前126kV单断口真空断路器已经投入商业运行。但进一步提升其指标，扩大应用范围，取代SF_6气体断路器还有许多工作要做。本章主要介绍输电等级真空开断技术的发展展望，一些研究工作正在进行之中，期待早日实现。

10.1 陶瓷外壳真空灭弧室

图10-1所示为126kV单断口玻璃壳真空灭弧室。所设计的真空灭弧室的外壳结构是由两节玻璃外壳组成，其屏蔽罩结构为中央主屏蔽罩和端部屏蔽罩结构。

图10-2所示是一种陶瓷外壳的真空灭弧室及其所采用的多重屏蔽罩结构。陶瓷外壳真空灭弧室的优点是：一方面，采用了一次封排工艺，提高了灭弧室产品品质，同时减少了加工流程，可以降低产品成本；另外一方面，126kV等级真空灭弧室外壳采用四节瓷壳组成。这种设计可以使用多重屏蔽罩结构设计，提高产品绝缘水平。

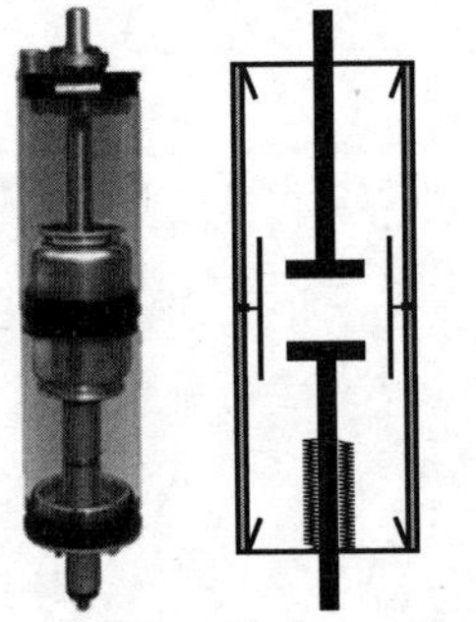

图10-1 玻璃外壳真空灭弧室及其中央主屏蔽罩结构

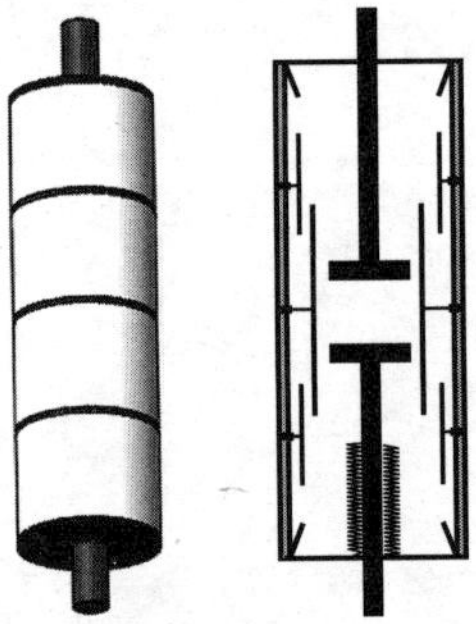

图10-2 陶瓷外壳真空灭弧室及其多重屏蔽罩结构

陶瓷外壳性能优越，但是其制造工艺对真空一次封排炉提出了很高的要求。目前研发的126kV单断口真空灭弧室长度达到90cm以上，更高等级的真空灭弧室需要更大结构的真空一次封排炉，这对装备制造技术提出了挑战。另外，在封排过程中防止金属蒸气沉积和污染陶瓷壳内壁，降低灭弧室内部击穿电压水平也是重要的研究课题。

10.2 额定电流提升技术

2/3匝线圈式纵磁触头现已证明在126kV真空灭弧室的应用中具有优良的短路电流开断性能，其短路开断能力可以达到40kA。由于2/3匝线圈式纵磁触头结构较为复杂，触头的电阻值较大，触头的产热较高，限制了其额定电流的提升。因此，迫切需要额定电流的提升技术。大量的仿真和实验工作证明，触头结构参数的优化以及加装散热扇片或重力热管可以有效地提升设计的额定电流。

图 10-3 所示为 2/3 匝线圈式纵磁触头的结构及其参数。通过 2/3 匝线圈式纵磁触头线圈结构的参数化设计及体电阻优化，优化真空断路器导电部件（如，灭弧室动、静导电杆、导电支撑）体电阻和接触电阻的设计。如图 10-4 所示，加装散热扇片后，可有效提高真空断路器额定电流水平。此外，在现有的研究基础之上，通过复合磁场触头结构设计，利用复合磁场的分布特点，既可满足开断额定短路电流的要求，也可以实现额定电流的提升。

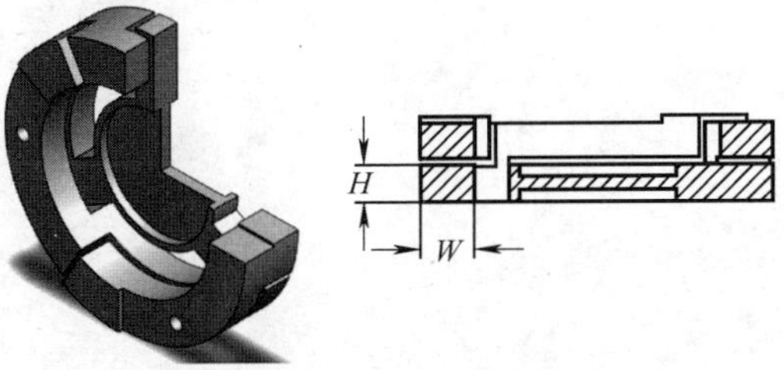

图 10-3　2/3 匝线圈式纵磁触头的结构及其参数

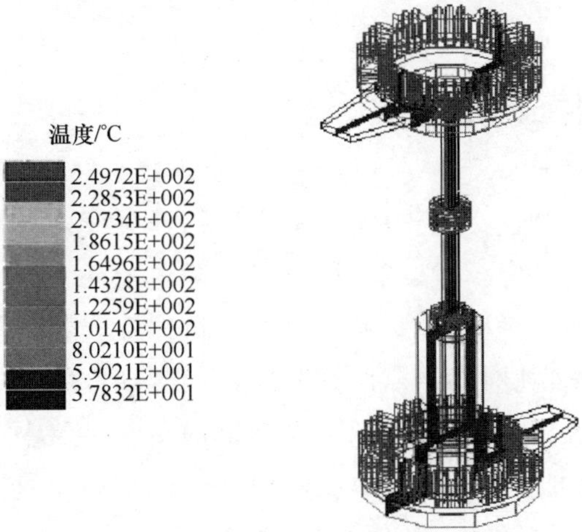

图 10-4　加装散热扇片的 126kV 真空断路器温升仿真结果

10.3　采用环境友好型绝缘气体实现外绝缘

SF_6 由于其优良的绝缘和灭弧性能广泛应用于 GCB 和 GIS 中。但是，SF_6 是一种强温室效应气体。SF_6 的温室效应潜在值是 CO_2 的 23900 倍，而且在大气中的寿命可达 3200 年之久。《京都议定书》中将 SF_6 气体列为全球管制的六种气体之一。

因此，需要研究 SF_6 外绝缘的替代气体。在 126kV 及以下可采用高气压干燥空气介质，瓷柱式真空断路器气体外绝缘如图 10-5 所示，罐式真空断路器气体外绝缘如图 10-6 所示。

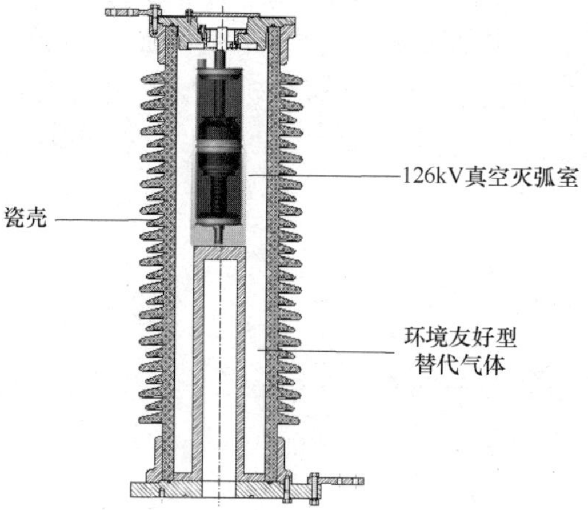

图 10-5 瓷柱式真空断路器气体外绝缘示意图

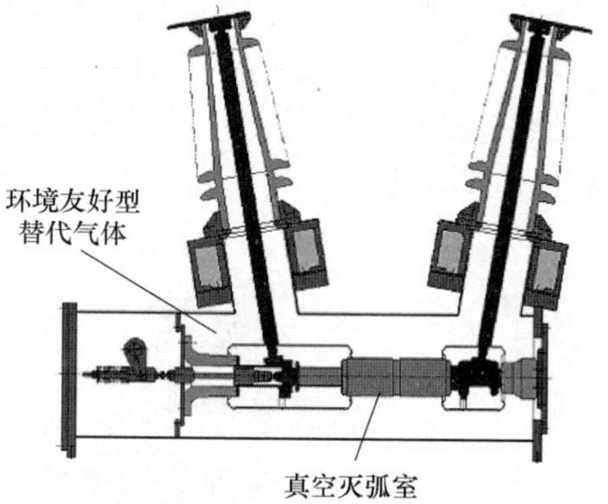

图 10-6 罐式真空断路器气体外绝缘示意图

10.4 新型操动机构

断路器作为电力输配电系统中应用最广泛的开关设备，需要实现对系统中正常电流的开断与关合，以及对过载、短路等故障电流的开断。它在开断、关合动作过程中的可靠性，极大程度上影响了供电的可靠性。断路器的动作则是通过操动机构来实现的。操动机构不但要保证断路器长期动作的可靠性，还要满足断路器灭弧特性对操动机构的要求。因此，操动机构在断路器中占有重要地位。适用于真空断路器的操动机构主要有电磁操动机构、弹簧操动机构、电机操动机构和永磁操动机构。特别是电机操动机构和永磁操动机构，具有机构零件数量少，机械可靠性高；可实现选相分合闸；运动过程可控，可实现智能化操作等特点。

永磁操动机构因其结构简单、可靠性高、操作寿命长、动作分散性小、与真空断路器配合良好等特点而受到关注，并被广泛应用于中低压等级的真空断路器中。但是永磁机构在高压领域的应用还存在一定难度，这是由于高压等级真空断路器触头的运动行程更长，分合闸速度更高，依靠传统结构的永磁机构很难实现。因此，针对 126kV 真空断路器设计出了一种适用于大开距，高电压等级，具有较高分合闸速度的新型永磁操动机构。本书第 7 章中介绍了新型分离磁路式永磁操动机构，将永磁保持部分与电磁操动部分分离，使两部分磁路在工作时互不干扰，并在永磁体上下端和分、合闸线圈之间的静铁心上加入非工作气隙，以提高线圈效率和分、合闸速度。此外，相对于传统结构的永磁机构，采用分离磁路式结构的新型永磁机构的动态特性更好，如图 10-7 和图 10-8 所示。目前该类型操动机构仍限于实验室研究阶段，实际应用于产品还有一个过程，但它是一种极有发展前景的操动机构。

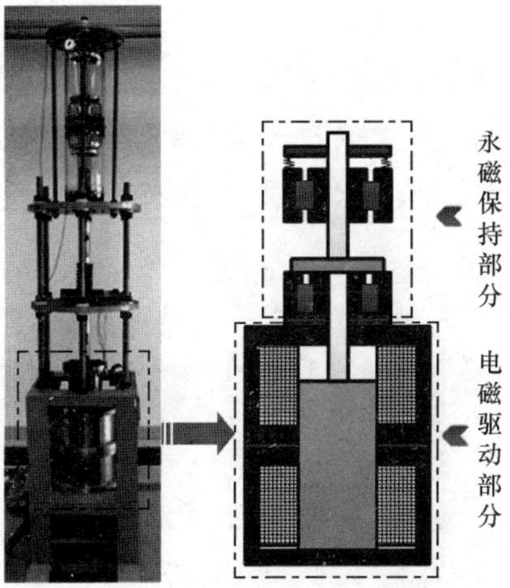

图 10-7　126kV 真空断路器新型永磁操动机构

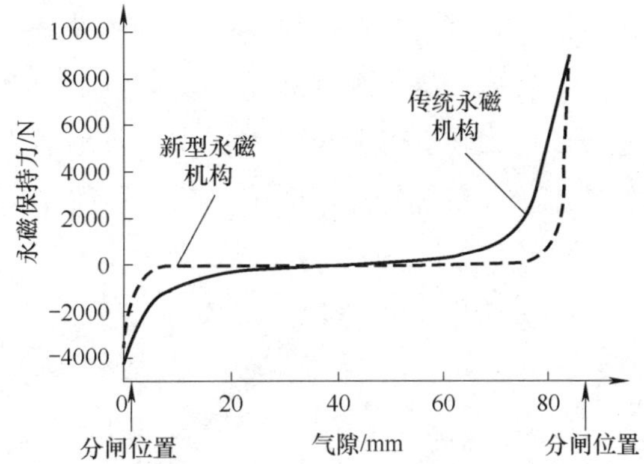

图 10-8　新型永磁机构与传统永磁机构的动态特性

图 10-9 所示是一种 126kV 真空断路器电动机操动机构。电动机操动机构将运动部件简化为唯一的电动机轴，其具有机构零件少，机械可靠性高，电动机伺服性能好，可靠性高，有利于实现智能化操作等特点。

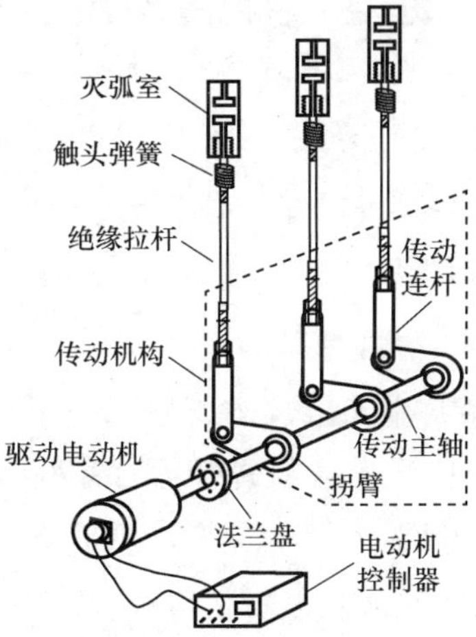

图 10-9　126 kV 真空断路器电动机操动机构

10.5 “真空开关”组合电器

新一代气体绝缘封闭组合电器，可将断路器、接地开关、快速接地开关、隔离开关等开关设备选用为真空开关，同时选用非 SF_6 的环境友好型绝缘气体。绝缘气体只负责真空灭弧室外部以及组合电器管体内部的绝缘，并不参与电流的开断以及燃弧过程。电流的开断、接地、快速接地、隔离等动作均由不同职能的真空灭弧室完成。气体绝缘封闭“真空开关”组合电器的优点是充分发挥了真空灭弧室开断能力强、寿命长、体积小、重量轻、使用安全、合分闸时操作功低、噪声低、维护简单等特点。图 10-10 所示为其示意图。

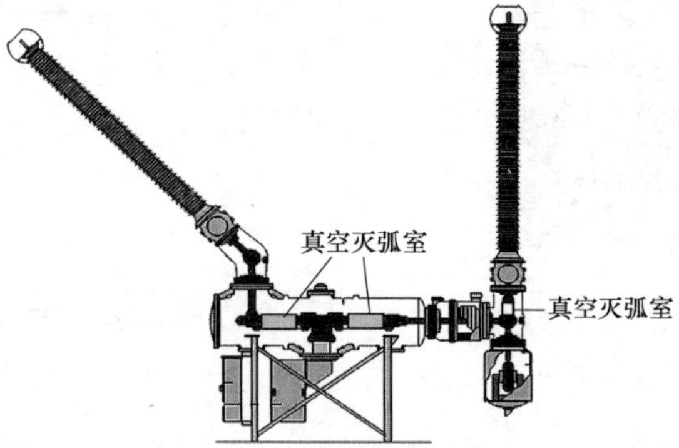

图 10-10　一种气体绝缘封闭“真空”组合电器示意图

10.6 液氮绝缘“超导”组合电器

液氮被用于超导带材的冷却介质，其绝缘强度很高，不需要考虑“液化”问题，并且对环境没有污染。液氮可以在具有与 SF_6 相同绝缘性能的同时克服了 SF_6 的问题，完全能够替代 SF_6 作为组合开关设备的外绝缘。因此液氮绝缘“超导”组合电器将会是气体绝缘封闭组合电器的“革命”。

液氮绝缘“超导”组合电器关键技术主要是液氮绝缘特性、超导带材限流特性、真空灭弧室在液氮中的特性、液氮冷却循环系统设计，以及耐低温电压电流互感器的设计。此外，液氮绝缘“超导”组合电器具有众多优点，不仅可以在高寒地区使用，而且避免了 SF_6 气体的温室效应以及环境污染；液氮绝缘强度高，减小了开关设备尺寸小；通过液氮冷却循环系统可循环冷却液氮，设备可长时间正常工作；连接导线为超导带材，带短路电流限流功能，正常导通情况下无损耗；超导组合电器内所有开关均为真空开关。真空开关不但可以在液氮中正常工作，而且在液氮中额定电流还可以提高。

图 10-11 所示是一种气体绝缘封闭“超导”组合电器。它是一种具有液氮冷却循环系统的封闭开关设备，利用液氮作为绝缘介质，解决了 SF_6 绝缘气体环境污染，气体液化导致绝缘失效的问题；同时具有高绝缘强度，减小了设备体积。

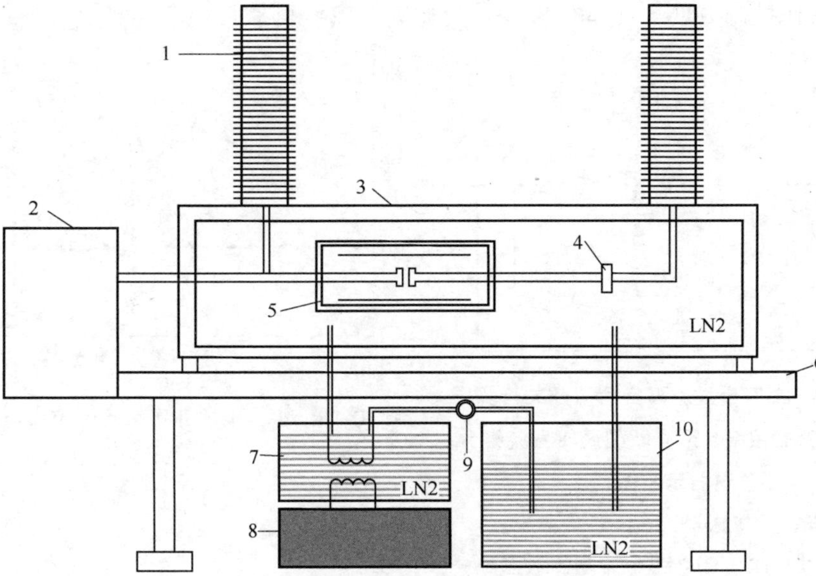

图 10-11 一种气体绝缘封闭“超导”组合电器示意图

1—绝缘套管 2—弹簧操纵机构 3—断路器杜瓦罐 4—电流互感器 5—真空灭弧室 6—罐体支撑架 7—冷箱 8—制冷机 9—液氮泵 10—液氮储罐

10.7 基于真空断路器的新型高压直流断路器

目前多端直流电网系统的发展对高压直流开关提出了迫切的需求，不同拓扑结构的高压直流开关都处于研究过程中。真空断路器由于具有极优越的高频开断能力，可以用于直流开断。这里提出的一种基于真空断路器的新型高压直流断路器方案的如图 10-12 所示，它由高电压直流真空负荷开关与高压限流熔断器相结合形成新型高压直流组合电器。熔断器负责开断短路电流，直流负荷开关负责开断过载电流和额定电流，两者配合完成直流的全电流范围开断。在合闸操作时，真空负荷开关闭合，完成合闸；额定电流和过载电流分闸操作的过程，是在真空开关分闸的同时，触发开关导通，电容器反向放电，在回路中形成过零点，真空开关电弧在电流过零时刻熄灭，完成额定电流的分闸操作；短路大电流分闸的分断由后备式熔断器熔断完成，真空负荷开关分闸形成“隔离”断口。

直流真空负荷开关与高压限流熔断器构成的直流组合电器开断实验测量的电流和电压波形如图10-13所示。这种新型高压直流组合电器的优点是，开断短路电流大、操作控制方便、成本低廉、性价比高、安全可靠且稳定性高。

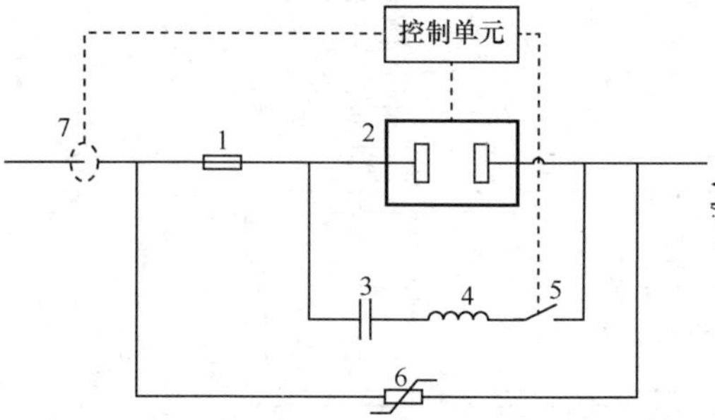

图10-12　高电压直流真空负荷开关与高压限流熔断器相结合形成新型高压直流组合电器示意图

1—熔断器　2—真空开关　3—电容　4—电感　5—触发开关　6—避雷器　7—电流传感器

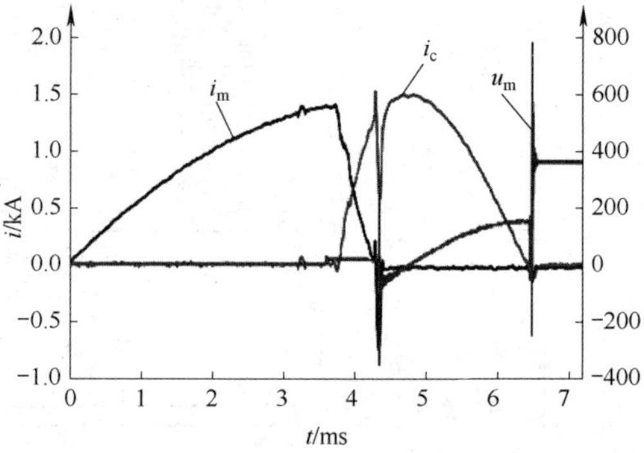

图10-13　组合电器开断实验电流和电压波形

10.8　252kV真空灭弧室研究与开发

目前126kV真空灭弧室已有商业化产品，并以此为基础开发了126kV单断口真空断路器，并实际挂网运行。在输电等级全面发展真空断路器，还需要开发更高等级的单断口真空断流器。根据真空绝缘与放电理论，开发更高电压等级的真空灭弧室是完全可能的，但在材料、结构等方面还需要进一步研究。目前根据理论计算和实验室研究，真空间隙可以承载的击穿电压还有很大增长空间，但是由于燃弧过程对触头表面的破坏和影响很大，而真空间隙的击穿又主要取决于电极表面过程，因此进一步研究新的结构和采用新的材料，甚至在燃弧模式控制上发明新的方法，完全有可能将单断口真空灭弧室的额定电压提升到252kV水平。当单个灭弧室实现252kV电压水平时，输电等级真空断路器的应用范围将极大地拓展。

本课题组已经着手研究开发 252kV 额定电压等级的单断口真空灭弧室，设计了 252kV 真空灭弧室样品，该灭弧室样品采用多段玻璃外壳焊接构成，灭弧室总长度为 1.2m，外径为 300mm。

10.9 真空断路器同步控制技术

真空灭弧室的触头开距小、机构行程短，所需的操作功也相对较小。这些特点使得可以通过电力电子技术精确控制时间、速度和行程的操动机构的应用成为可能。在此基础上可以实现输电等级真空断路器的分、合同步控制，这一点对于系统的稳定运行意义十分巨大。通过同步控制，可以极大地减轻暂态短路电流、冲击电压的水平，使得断路器开断负担大大减轻，极大地提高系统可靠性，降低对系统保护方面的一系列要求。未来以真空断路器为基础的电力系统可以通过同步控制实现整个系统的平稳、安全运行。

10.10 超特高压真空断路器

将真空开关发展到超特高压等级，会为电力开关领域全面削减和替代强温室效应气 SF_6 做出贡献。目前已研制出具有自主知识产权的 126kV 和 252kV 等输电等级真空灭弧室。在此基础之上，进一步发展双断口和多断口真空断路器的结构设计，可以极大地提高单断口断路器的短路电流开断和绝缘耐压能力，使得超特高压真空断路器的设计和实现成为可能。图 10-14 所示是一种典型的双断口真空断路器结构，图 10-15 和图 10-16 分别展示了 800kV 多断口瓷柱式和罐式真空断路器。其主要的关键技术包括双断口和多断口真空开关的动态介质恢复过程，并联电阻和均压电容的选取，以及操动机构的设计。

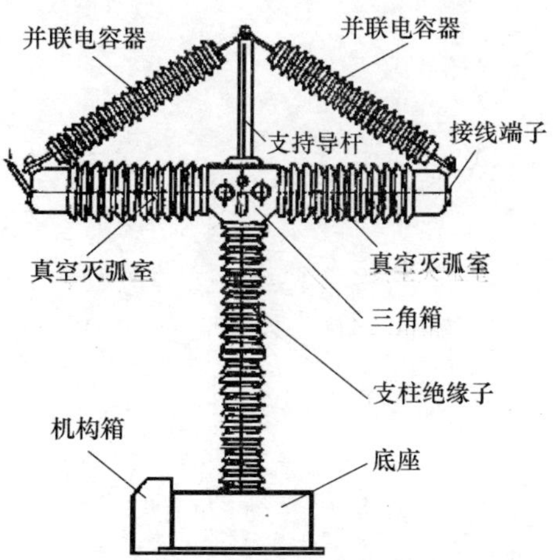

图 10-14 典型双断口真空断路器结构

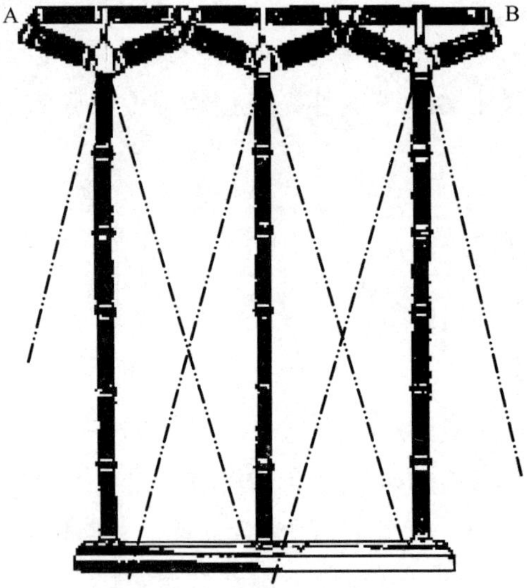

图 10-15　800kV 多断口瓷柱式真空断路器

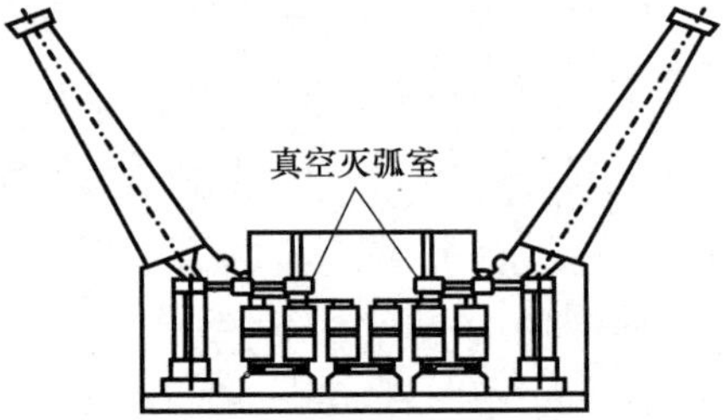

图 10-16　800kV 多断口罐式真空断路器

真空开断技术具有独特的优点，特别是它的环境友好性无与伦比，值得大力发展和推广应用。真空断路器向更高电压的输电等级发展面临的挑战十分严峻，许多技术的突破需要更加广泛、深入的基础性研究。只有持续不断的努力，才能实现新的突破。

参 考 文 献

［1］ Boxman R，Haber D，Sanders D， et al. Handbook of Vacuum Arc Science & Technology：Fundamentals and Applications ［M］. Noyes Publication，1995.

［2］ Slade P G. The Vacuum Interrupter：Theory，Design and Application ［M］. Boca Raton：CRC Press，2008.

［3］ Ren′e Smeets ，et al. Switching in electrical transmission and distribution systems ［M］. New York：John Weliy & Sons，2015.

［4］ 米尔萨德·卡普塔诺维克. 高压断路器——理论、设计与试验方法 ［M］. 王建华，闫静，译. 北京：机械工业出版社，2015.

［5］ 王季梅. 真空灭弧室设计、制造及其应用 ［M］. 西安：西安交通大学出版社，1993.

［6］ 王季梅. 真空开关技术与应用 ［M］. 北京：机械工业出版社，2008.

［7］ 余砾. 高电压等级真空断路器机械特性的优化设计 ［D］. 西安：西安交通大学，2011.

［8］ 张颖瑶. 高电压等级真空灭弧室绝缘特性的研究 ［D］. 西安：西安交通大学，2012.

［9］ 王振兴. 真空断路器弧后介质恢复特性研究 ［D］. 西安：西安交通大学，2012.

［10］ 孔国威. 真空灭弧室阳极斑点临界电流与触头立体角和纵向磁感应强度的关系研究 ［D］. 西安：西安交通大学，2013.

［11］ 杨和. 真空断路器投切电容器组过程中预击穿和重击穿特性的研究 ［D］. 西安：西安交通大学，2014.

［12］ 姚晓飞. 单断口 126kV 输电等级真空断路器分闸操作特性研究与设计 ［D］. 西安：西安交通大学，2016.

［13］ 孙丽琼. 126kV 单断口真空断路器新型永磁操动机构设计与控制方法 ［D］. 西安：西安交通大学，2016.

［14］ 王振兴. 真空断路器弧后介质恢复特性研究 ［D］. 西安：西安交通大学，2012.

［15］ Smeets R. SC A3：The impact of the application of vacuum switchgear at transmission voltages ［R］. New Zealand：2013.

［16］ Zhiyuan Liu，Jimei Wang，Zheng Wang et al. Analysis of axial magnetic field of an iron style bipolar axial magnetic field vacuum interrupter ［J］. IEEE Transactions on Plasma Science，2001，29（5）：749－753（SCI：491WL）.

［17］ 刘志远，谢克松，王仲奕，等. 杯状纵磁真空灭弧室三维涡流场仿真 ［J］. 电工电能新技术，2004，23（2）：26－28，37.

［18］ 刘志远，王仲奕，王季梅，等. 杯状纵磁触头纵向磁场滞后时间研究 ［J］. 高压电器，2004，40（2）：87－90.

［19］ W. Shang ，et al. Experimental Investigations into the Arc Property of Vacuum Interrupters with

Horse – Shoe Electrode, Four Pole Electrode, and Their Application [J]. IEEE Transactions on Plasma Science, 1993, 21 (5).

[20] Liu Donghui, Wang Jimei, Xiu Shixin, et al. Research on 750kV Vacuum Circuit Breaker Composed of Several Vacuum Interrupters [C] //Proceedings of XXI International Symposium on Discharges and Electrical Insulation in Vacuum. Yalta, 2004: 315 – 318 (EI: 05169043523).

[21] Xiu Shixin, Wang Jimei, Liu Zhiyuan. Research on properties of CuCoTa contact material for vacuum circuit breaker [C] //Proceedings of XXI International Symposium on Discharges and Electrical Insulation in Vacuum. Yalta, 2004: 319 – 321.

[22] 王季梅，刘东晖，刘志远，等. 新型126kV真空断路器用的电极结构的研究 [J]. 电力系统装备，2005 (3): 83 – 88.

[23] 张炫，刘志远，王仲奕. 杯状纵磁真空灭弧室磁场特性有限元分析 [J]. 高压电器，2005，41 (3): 161 – 165，169.

[24] Xuan Zhang, Zhiyuan Liu, Zhongyi Wang. Analysis of axial magnetic field in vacuum interrutper with cup type axial magnetic field contacts [C] //15th conference on the computation of electromagnetic fields (COMPUMAG). Shenyang, China, 2005, PG4 – 5, Vol. IV, IV – 92 – IV – 93.

[25] 王仲奕，刘志远，张炫，等. 五种纵向磁场真空灭弧室触头磁场特性分析比较 [J]. 电工电能新技术，2006，25 (1): 21 – 25，67.

[26] 刘志远，王仲奕，张炫，等. 杯状纵磁真空灭弧室开断能力与触头直径和触头开距的关系 [J]. 高压电器，2006，42 (3): 169 – 171.

[27] 刘志远，胡亚平，王季梅，等. 铁芯式杯状纵磁真空灭弧室触头磁场特性 [J]. 电工技术学报，2006，21 (7): 81 – 88，98.

[28] 刘志远，程少勇，王季梅，等. 杯状纵磁真空灭弧室开断能力与触头直径和触头开距关系的试验比对 [J]. 高压电器，2006，42 (4): 250 – 252.

[29] Jimei Wang, Zhiyuan Liu, Shixin Xiu, et al. Development of High Voltage Vacuum Circuit Breakers in China [C] //ISDEIV. Matsue, Japan, 2006: 247 – 252.

[30] Zhiyuan Liu, Yaping Hu, Jimei Wan, et al. Analysis of Axial Magnetic Field of Slot Type Axial Magnetic Field Contacts with Iron Plates [C] //ISDEIV. Matsue, Japan, 2006, pp. 289 – 292.

[31] Zhiyuan Liu, Zheng Wang, Jimei Wang. A New Slot Type Axial Magnetic Field Contact with Low Resistance [C] //ISDEIV. Matsue, Japan, 2006: 293 – 296.

[32] Zhiyuan Liu, Shaoyong Cheng, Xuan Zhang, et al. An Interrupting Capacity Model of Axial Magnetic Field Vacuum Interrupters with Slot Type Contacts [C] // ISDEIV. Matsue, Japan, 2006: 297 – 300.

[33] Zhongyi Wang, Zhiyuan Liu, Xuan Zhang, et al. Analysis of Axial Magnetic Field Characteristics of Coil Type Axial Magnetic Field Vacuum Interrupters [C] // ISDEIV. Matsue, Japan, 2006: 344 – 347.

[34] Zhongyi Wang, Zhiyuan Liu, Xuan Zheng, et al. Comparison of Axial Magnetic Field Characteristics of four Axial Magnetic Field Vacuum Interrupter Contacts [C] //ISDEIV. Matsue, Japan, 2006: 348 – 350.

[35] Yuesheng Zheng, Zhongyi Wang, Zhiyuan Liu, et al. Analysis of Magnetic Field Characteristics

of Vacuum Interrupters with Cup type Axial Magnetic Field Contacts Based on Orthogonal Design [C] //ISDEIV. Matsue, Japan, 2006: 355 - 357.

[36] Yuesheng Zheng, Zhongyi Wang, Zhiyuan Liu, et al. Influence of Irons on Magnetic Field Characteristics of Vacuum Interrupter with Cup type Axial Magnetic Field Contacts [C] // ISDEIV. Matsue, Japan, 2006: 482 - 484.

[37] 王季梅，刘志远，修士新，等．国内外开发研究高压真空断路器和向超高压发展的概况 [J]．电气技术，2006 (12): 5 - 9.

[38] 郑跃胜，王仲奕，刘志远，等．杯状带铁心和不带铁心两种纵磁触头磁场特性的分析比较 [J]．高压电器，2007，43 (1): 4 - 7.

[39] 刘志远，王仲奕，张炫，等．线圈式纵向磁场真空灭弧室磁场特性 [J]．电工技术学报，2007，22 (1): 47 - 53.

[40] 庞磊，修士新，王季梅，等．大开距纵磁结构触头磁场特性的数值分析 [J]．电网技术，2007，31 (1): 65 - 70.

[41] Shaoyong Cheng, Shixin Xiu, Zhiyuan Liu, et al. Study on a new single coil type axial magnetic field contact for high voltage vacuum interrupters [J]. IEEE Transactions on Plasma Science, 2007, 35 (2): 425 - 433.

[42] 郑跃胜，刘志远，王仲奕，等．基于正交设计的杯状纵磁真空灭弧室磁场特性分析[J]．中国电机工程学报，2007，27 (9): 23 - 27.

[43] Zhiyuan Liu, Jimei Wang, Shixin Xiu, et al. Development of High Voltage Vacuum Circuit Breakers in China [J]. IEEE Transactions on Plasma Science, 2007, 35 (4): 856 - 865.

[44] 程少勇，刘志远，李新华，等．基于面积效应的真空灭弧室触头间隙击穿特性研究[J]．高压电器，2007，43 (3): 161 - 164, 168.

[45] 余小玲，魏义江，刘志远，等．高电压真空断路器温升影响因素的仿真研究 [J]．高压电器，2007，43 (3): 179 - 182.

[46] Zhiyuan Liu, Shaoyong Cheng, Yuesheng Zheng, et al. Comparison of vacuum arc behaviors between axial magnetic field contacts [J]. IEEE Transactions on Plasma Science, 2008, 36 (1): 200 - 207 (SCI: 10075829).

[47] Shixin Xiu, Zhiyuan Liu, Jimei Wang. Vacuum arc behaviors of a coil type axial magnetic field contact at contact gap 60mm [J]. IEEE Transactions on Plasma Science, 2008, 36 (1): 208 - 214.

[48] 于力，刘志远，王东，等．真空断路器触头熔焊性能的研究综述 [J]．高压电器，2008，44 (1): 64 - 68.

[49] 刘志远，郑跃胜，王仲奕，等．252kV 真空灭弧室纵磁触头磁场分析及优化 [J]．中国电机工程学报，2008，28 (15): 123 - 129.

[50] Zhiyuan Liu, Shaoyong Cheng, Yingyao Zhang, et al. Influence of contact contour on breakdown behaviors in vacuum under uniform field [C] //Proceedings of the XXIIIth International Symposium on Discharges and Electrical Insulation in Vacuum. Bucharest, Romania, 2008: 25 - 28.

[51] Zhiyuan Liu, Dong Wang, Mingzhe Rong, et al. Comparison of vacuum arc behaviors for slot type axial magnetic field contacts with and without iron plates [C] // Proceedings of the XXIIIth International Symposium on Discharges and Electrical Insulation in Vacuum. Bucharest, Romania, 2008: 272 - 275.

[52] Xiaoling Yu, Zhiyuan Liu, Quanke Feng, et al. Research on a gravity heat pipe for high voltage vacuum interrupter [C] // Proceedings of the XXIIIth International Symposium on Discharges and Electrical Insulation in Vacuum. Bucharest, Romania, 2008: 129 - 132.

[53] Li Yu, Yingsan Geng, Zhiyuan Liu, et al. Relationship between displacement characteristics of a 126kV vacuum circuit breaker and spring type operating mechanism [C] //Proceedings of the XXIIIth International Symposium on Discharges and Electrical Insulation in Vacuum, Bucharest, Romania, 2008: 137 - 140.

[54] Yingyao Zhang, Zhiyuan Liu, Yingsan Geng, et al. A new axial magnetic field contact for 126kV single break vacuum interrupters [C] //Proceedings of the XXIIIth International Symposium on Discharges and Electrical Insulation in Vacuum. Bucharest, Romania2008: 280 - 283.

[55] Wang Zhongyi, Zheng Yuesheng, Liu Zhiyuan,, et al. Arc behaviors in vacuum interrupters with axial magnetic field electrodes [J] . Plasma science and technology, 2008, 10 (5) . 569 - 574.

[56] Zhiyuan Liu, Zhongyi Wang, Yuesheng Zheng, et al. Critical radius of axial magnetic - field contacts in vacuum interrupters [J] . IEEE Trans. Power Delivery, 2009, 24 (2): 672 - 678.

[57] Zhiyuan Liu, Dong Wang, Mingzhe Rong, et al. Comparison of vacuum arc behaviors for slot - type axial magnetic field contacts with and without iron plates [J] . IEEE Trans. Plasma Science, 2009 37 (8): 458 - 1468.

[58] Yingyao Zhang, Zhiyuan Liu, Shaoyong Cheng, et al. Influence of Contact Contour on Breakdown Behaviors in Vacuum Under Uniform Field [J] . IEEE Transactions on Dielectrics and Electrical Insulation, 2009, 16 (6): 1717 - 1723.

[59] Xiaoling Yu, Zhiyuan Liu, Quanke Feng, et al. A gravity heat pipe for high voltage vacuum interrupter [J] . Journal of Zhejiang University - Science A, 2009, 10 (9): 1305 - 1312.

[60] Yu Li Geng, Yingsan, Li Qian, et al. Improvement of percussion welding characteristics of CuCr25 contact material by decreasing tensile strength, Electrical Contacts [C] //Proceedings of the Annual Holm Conference on Electrical Contacts, 2009: 195 - 199; Proceedings of the 55th IEEE Holm Conference on Electrical Contacts, 2009 (EI: 20100212625587) .

[61] 刘志远. 高电压真空灭弧室触头间长间隙的真空绝缘特性 [J] . 高压电器, 2009, 45 (2): 66 - 69.

[62] 张颖瑶, 刘志远, 耿英三, 等. 采用全武合金触头材料真空断路器灭弧室的绝缘特性 [J] . 高电压技术, 2009, 35 (8): 1914 - 1919.

[63] 王季梅, 刘志远. 具有智能和电子驱动装置的 126kV 真空断路器永磁操动机构设计[J] . 高压开关, 2009, 26 (5): 24 - 28.

[64] 刘志远, 张颖瑶, 林建飞, 等. 高电压真空灭弧室触头间长真空间隙静态绝缘特性研究 [J] . 高压电器, 2010, 46 (1): 9 - 12.

[65] Zhai Xiaoshe, Wang Jianhua, Geng Yingsan, et al. Transfer function and network synthesis of electrical fast transient/burst generator based on latent - roots method [J] . IEEE Transactions on Electromagnetic Compatibility, 2010, 52 (4): 790 - 796.

[66] Zhenxing Wang, Yingsan Geng, Peng Yan, et al. Dielectric recovery behaviors after low current interruption measured by submitcrosecond voltage impulses [C] //Proceedings of the XXIVth International Symposium on Discharges and Electrical Insulation in Vacuum. Braunschweig, Germa-

ny，2010：40 - 43（EI：20105213525497）.

[67] Yingyao Zhang，Zhiyuan Liu，Yingsan Geng，et al. Lightning impulse voltage breakdown characteristics of vacuum interrupters with 10 to 50mm contact gaps [C] //Proceedings of the XXIVth International Symposium on Discharges and Electrical Insulation in Vacuum. Braunschweig，Germany，2010：44 - 47（EI：20105213525492）.

[68] Guowei Kong，Zhiyuan Liu，Dong Wang，et al. High - current vacuum arc：the relationship between anode phenomena and the average opening velocity of vacuum interrupter [C] //Proceedings of the XXIVth International Symposium on Discharges and Electrical Insulation in Vacuum. Braunschweig，Germany，2010：202 - 205（EI：20105213525496）.

[69] Li Yu，Jianhua Wang，Yingsan Geng，et al. High current vacuum arc phenomena of nanocrystalline CuCr25 contact material [C] //Proceedings of the XXIVth International Symposium on Discharges and Electrical Insulation in Vacuum. Braunschweig，Germany，2010：229 - 232（EI：20105213525494）.

[70] Jing Yan，Zhaotuo Li，Yingsan Geng，et al. Experimental characterization of current chop in 126kV vacuum interrupters [C] //Proceedings of the XXIVth International Symposium on Discharges and Electrical Insulation in Vacuum. Braunschweig，Germany，2010：237 - 240（EI：20105213525481）.

[71] Yingyao Zhang，Yingsan Geng，Li Yu，et al. Axial magnetic field strength needed for a 126kV single break vacuum interrupter [C] //Proceedings of the XXIVth International Symposium on Discharges and Electrical Insulation in Vacuum. Braunschweig，Germany，2010：320 - 323（EI：20105213525495）.

[72] 于冉冉，余砾，王建华，等. 利用合闸复位位时间差提高高压断路器弹簧操动机构合闸锁扣可靠性 [J]. 高压电器，2010，46（6）：40 - 44.

[73] 耿英三，刘志远，余砾. 高压真空断路器弹簧操动机构的设计 [J]. 高压开关行业通讯，2011（3）：17 - 20.

[74] Yu Li，Wang Jianhua，Geng Yingsan，et al. High - current vacuum arc phenomena of nanocrystalline CuCr25 contact material [J]. IEEE Transactions on Plasma Science，2011，39（6）：1418 - 1426.

[75] Kong Guowei，Liu Zhiyuan；Wang Dong，et al. High - current vacuum arc：The relationship between anode phenomena and the average opening velocity of vacuum interrupters [J]. IEEE Transactions on Plasma Science，2011，39（6）：1370 - 1378.

[76] Xiaoling Yu，Zhiyuan Liu，Yafei Chen，et al. Heat transfer in a high - voltage vacuum circuit breaker [J]. Proceedings of the Institution of Mechanical Engineers，Part A：Journal of Power and Energy，2011，225（8）：1099 - 1110.

[77] Yingyao Zhang，Zhiyuan Liu，Yingsan Geng，et al. Lightning Impulse Voltage Breakdown Characteristics of Vacuum Interrupters with Contact Gaps 10mm to 50mm [J]. IEEE Transactions on Dielectrics and Electrical Insulation，2011，18（6）：2123 - 2130.

[78] Zhenxing Wang，Yingsan Geng，Zhiyuan Liu. Collision effects on sheath development after interrupting a vacuum arc [C] //2011 1st international conference on Electric Power Equipment - switching technology. xi'an，China，2011：27 - 30（EI：20120714761391）.

[79] Liqiong Sun, Li Yu, Zhiyuan Liu, et al. An opening displacement characteristic determined by high – current anode phenomena of vacuum interrupter [C] //2011 1st international conference on Electric Power Equipment – switching technology. xi 'an, China, 2011: 86 – 89 (EI: 20120714761405).

[80] Yingyao Zhang, Zhiyuan Liu, Yingsan Geng. Mechanism of impulse voltages breakdown under non – uniform field in vacuum interrupters [C] //2011 1st international conference on Electric Power Equipment – switching technology. xián, China, 2011: 115 – 118 (EI: 20120714761412).

[81] Li Yu, Xiaohui Xue, Jianhua Wang, et al. Improvement of Reliability of Closing Latch in Spring Type Operating Mechanism of High Voltage Circuit Breakers [C] //2012 IEEE POWER AND Energy Society Transmission and Distribution Conference and Exposition. Orlando, Florida, 2012 (EI: 20124415628299)

[82] Zhenxing Wang, Yingsan Geng, Zhiyuan Liu. Stepwise Behavior of Free Recovery Processes after Diffused Vacuum Arc Extinction [J]. IEEE Transactions on Dielectrics and Electrical Insulation, 2012, 19 (2): 582 – 590.

[83] Yu Li, Liu Zhiyuan, Wang Jianhua, et al. Contacts impact phenomena in a 126 kV vacuum circuit breaker [C] //Proceedings of the XXVth International Symposium on Discharges and Electrical Insulation in Vacuum. Tomsk, Russia, 2012: 473 – 476.

[84] Wang Zhenxing, Geng Yingsan, Liu Zhiyuan. Simulation of metal vapor breakdown after interrupting a vacuum arc [C] //Proceedings of the XXVth International Symposium on Discharges and Electrical Insulation in Vacuum. Tomsk, Russia, 2012: 53 – 56.

[85] Kong Guowei, Liu Zhiyuan, Geng Yingsan, et al. Influence of contact solid angle on anode spot formation threshold current in vacuum circuit breakers [C] //Proceedings of the XXVth International Symposium on Discharges and Electrical Insulation in Vacuum. Tomsk, Russia, 2012: 333 – 336.

[86] Yang He, Geng Yingsan, Liu Zhiyuan. Capacitive current switching of Vacuum Interrupters and inrush currents [C] //Proceedings of the XXVth International Symposium on Discharges and Electrical Insulation in Vacuum. Tomsk, Russia, 2012: 228 – 231.

[87] Yao Xiaofei, Wang Jianhua, Geng Yingsan, et al. An influence of an ambient magnetic field induced by a nearby parallel conductor on high – current vacuum arcs [C] // Proceedings of the XXVth International Symposium on Discharges and Electrical Insulation in Vacuum. Tomsk, Russia,, 2012: 337 – 340.

[88] Yan Jing, Liu Zhiyuan, Zhang Sheng, et al. X – ray radiation of a 126 kV vacuum interrupter [C] //Proceedings of the XXVth International Symposium on Discharges and Electrical Insulation in Vacuum. Tomsk, Russia, 2012: 461 – 464.

[89] Yang He, Geng Yingsan, Liu Zhiyuan, et al. A high efficiency conditioning method of vacuum interrupters by high frequency voltage impulses [C] //Proceedings of the XXVth International Symposium on Discharges and Electrical Insulation in Vacuum. Tomsk, Russia, 2012 : 64 – 67.

[90] Zhang Yingyao, Liu Zhiyuan, Geng Yingsan. Influence of no – load operation and current switching on breakdown characteristics of high voltage vacuum interrupters at contact gap 30mm [C] //Proceedings of the XXVth International Symposium on Discharges and Electrical Insulation

in Vacuum. Tomsk, Russia, 2012: 60 - 63.

[91] Yaxiong Tan, Hiroki Anjij, Zhiyuan Liu, et al. Research on the reignition problem and interruption characteristics of series connected vacuum interrupters [J]. IEEE Transactions on Plasma Science, 2013, 41 (8): 2029 - 2033.

[92] Yingyao Zhang, Xiaofei Yao, Zhiyuan Liu, et al. Axial Magnetic Field Strength Needed for a 126 - kV Single - Break Vacuum Circuit Breaker During Asymmetrical Current Switching [J]. IEEE Transactions on Plasma Science, 2013, 41 (8): 2034 - 2042.

[93] Guowei Kong, Zhiyuan Liu, Yingsan Geng, Hui Ma and Xiaohui Xue, Anode Spot Formation Thresold Current Dependent on Dynamic Solid Angle in Vacuum Subjected to Axial Magnetic Fields [J]. IEEE Transactions on Plasma Science, 2013, 41 (8): 2051 - 2060.

[94] Liqiong Sun, Li Yu, Zhiyuan Liu, et al. An Opening Displacement Curve Characteristic Determined by High - Current Anode Phenomena of a Vacuum Interrupter [J]. IEEE Transactions on Power Delivery, 2013, 28 (4): 2585 - 2593.

[95] Yingyao Zhang, Xiaofei Yao, Zhiyuan Liu, et al. Axial Magnetic Field Strength Needed for a 126kV Single - Break Vacuum Circuit Breaker During Symmetrical Current Switching [C] // 2013 2nd international conference on Electric Power Equipment - switching technology. Matsue, Japan, 2013.

[96] He Yang, Yingsan Geng, Zhiyuan Liu , et al. Back - to - back capacitor switching Performance of Vacuum Interrupters after High Frequency Sub - microsecond Voltage Impulse Conditioning [C] // 2013 2nd international conference on Electric Power Equipment - switching technology. Matsue, Japan, 2013.

[97] Xiaofei Yao, Jianhua Wang, Yingsan Geng, et al. Development of a 126kV Single - break Vacuum Circuit Breaker and Type Test [C] //2013 2nd international conference on Electric Power Equipment - switching technology. Matsue, Japan, 2013.

[98] He Yang, Yingsan Geng, Zhiyuan Liu, et al. Back - to - back capacitor bank switching Performance of Vacuum Interrupters: Comparison of Three Contact Materials [C] // 2013 2nd international conference on Electric Power Equipment - switching technology. Matsue, Japan, 2013.

[99] Guowei Kong, Zhiyuan Liu, Yingsan Geng, et al. Critical axial magnetic field for prevention of anode spot formation in vacuum interrupters [C] //2013 2nd international conference on Electric Power Equipment - switching technology. Matsue, Japan, 2013.

[100] Yunbo Tian, Zhenxing Wang, Yingsan Geng, et al. Simulation of Heat Transfer and Fluid Flow in an Anode Melting Pool under High - current Vacuum Arcs [C] //2013 2nd international conference on Electric Power Equipment - switching technology. Matsue, Japan, 2013.

[101] Liqiong Sun, Zhenxing Wang, Sainan He, et al. Experimental Investigation on Impact Phenomena in a Permanent Magnetic Actuator of a 126kV Vacuum Circuit Breaker [C] //2013 2nd international conference on Electric Power Equipment - switching technology. Matsue, Japan, 2013.

[102] Zhenxing Wang, Yunbo Tian, Yingsan Geng, et al. Simulation of Breakdown in Cu - Cr Metal Vapor after Vacuum Arc Extinctions [C] //2013 2nd international conference on Electric Power Equipment - switching technology. Matsue, Japan, 2013.

[103] Xiaofei Yao, Ping Liu, Jianhua Wang, et al. Rated Short－circuit Current Making Test at Full－voltage for 126kV vacuum circuit breaker [C] //2013 CIGRE AUKLAND Symposium. Auckland, New Zealand, 2013.

[104] 孔国威，刘志远，耿英三. 真空灭弧室触头立体角和纵向磁场强度对阳极斑点临界电流的影响 [J]. 高压开关行业通讯，2013 (3)：16－20.

[105] 杨和，耿英三，刘志远. 合闸涌流幅值与真空开关容性电流开断重击穿 [J]. 高压开关行业通讯，2013 (6).

[106] 杨和，耿英三，翟小社，等. 纳秒级高频电压脉冲真空灭弧室老炼技术 [J]. 高压开关行业通讯，2013 (6).

[107] 刘平，姚晓飞，杜炜，等. 126 kV 单断口真空断路器全电压关合试验研究 [J]. 高压电器，2013，49 (10)：88－93.

[108] Li Yu, Yingsan Geng, Qian Li, et al. An Approach for Minimum Percussion Welding in Closing Operation of a 126 kV Vacuum Circuit Breaker [J]. IEEE Transations on Components, Packaging, and Manufacturing Technology, 2014, 4 (5): 840－847.

[109] He Yang, Yingsan Geng, Zhiyuan Liu,, et al. Capacitive Switching of Vacuum Interrupters and Inrush Currents [J]. IEEE Transactions on Dielectrics and Electrical Insulation, 2014, 21 (1): 159－170.

[110] Yingyao Zhang, Zhiyuan Liu, Yingsan Geng, et al. Mechanism of Impulse Voltage Breakdown in High Voltage Vacuum Interrupters with Long Contact Gap [J]. IEEE TDEI, 2014.

[111] Zhenxing Wang, Liqiong Sun, Sainan He, et al. A Permanent Magnetic Actuator for 126kV Vacuum Circuit Breakers [J]. IEEE Trans. Magnetics, 2014, 50 (3).

[112] Zhengxing Wang, Hui Ma, Guowei Kong, et al. Decay modes of Anode Surface Temperature after Current Zero in High－current Vacuum Arc Part I: Experimental Study [J]. IEEE Trans. Plasma, 2014: 1464－1473.

[113] Zhiyuan Liu, Guowei Kong, Hui Ma, et al. Estimation of Critical Axial Magnetic Field for Prevention of Anode Spot Formation in Vacuum Interrupters [J]. IEEE Trans. Plasma Sci. 2014, 42 (9): 2277－2283.

[114] Yingyao Zhang, He Yang, Yingsan Geng, et al. Influence of High－frequency High Voltage Impulse Conditioning on Inrush current Interruption Phenomena [C] //XXVI Int. Symp. on Discharges and Electrical Insulation in Vacuum. Mumbai, India, 2014: 113－116.

[115] Yongxiang Yu, Jianhua Wang, He Yang, et al. The Impact of Inrush Current on Field Emission Current of Vacuum Interrupters during Capacitive Current Switching [C] //XXVI Int. Symp. on Discharges and Electrical Insulation in Vacuum. Mumbai, India, 2014: 145－148.

[116] Xiaofei Yao, Jianhua Wang, Yingsan Geng, et al. Anode Mode Diagram: A Determination of Opening Displacement Curve for a 126kV Vacuum Circuit Breaker [C] //XXVI Int. Symp. on Discharges and Electrical Insulation in Vacuum. Mumbai, India, 2014: 189－192.

[117] Hui Ma, Zhiyuan Liu, Zhenxing Wang, et al. Distribution of Molten Layer and Anode Erosion Pattern Caused by Constricted Vacuum Arcs [C] // XXVI Int. Symp. on Discharges and Electrical Insulation in Vacuum. Mumbai, India, 2014: 245－248.

[118] Hui Ma, Zhiyuan Liu, Zhenxing Wang, et al. Experimental Study of Anode Current Density

Distribution in High - current Vacuum Arcs [C] //XXVI Int. Symp. on Discharges and Electrical Insulation in Vacuum. Mumbai, India, 2014: 249 - 252.

[119] Yunbo Tian, Zhenxing Wang, Zhipeng Zhou, et al. A Coupled Simulation Model of the Heating Process on an Anode under High - current Vacuum Arcs [C] // XXVI Int. Symp. on Discharges and Electrical Insulation in Vacuum. Mumbai, India, 2014: 257 - 260.

[120] Zhenxing Wang, Yunbo Tian, Hui Ma, et al. Dielectric Recovery Strength after Vacuum Arc Extinctions [C] // XXVI Int. Symp. on Discharges and Electrical Insulation in Vacuum. Mumbai, India , 2014: 333 - 336.

[121] Liqiong Sun, Zhenxing Wang, Xiaoshe Zhai, et al. The Reignition Characteristics of Double Vacuum Interrupters in series after Interrupting Vacuum Arcs [C] //XXVI Int. Symp. on Discharges and Electrical Insulation in Vacuum. Mumbai, India , 2014: 401 - 404.

[122] Yaxiong Tan, Kun Yang, Yingsan Geng, et al. Investigation on the Characteristics of a High Speed Repulsion Mechanism for Wide - range Operation of Resistive Type SFCL [C] // XXVI Int. Symp. on Discharges and Electrical Insulation in Vacuum. Mumbai, India , 2014: 449 - 452.

[123] 王小军，刘凯，王文斌，等．三种 CuCr 触头材料对真空灭弧室投切背靠背电容器组性能的影响 [J]．电工材料，2014 (5): 3 - 7.

[124] Yingyao Zhang, He Yang, Yingsan Geng, et al. Effect of High - frequency High - Voltage Impulse Conditioning on Inrush Current Interruption of Vacuum Interrupters [J]. IEEE Transactions on Dielectrics and Electrical Insulation, 2015 , 22 (2): 1306 - 1313.

[125] Hui Ma, Yunbo Tian, Yingsan Geng, et al. Anode Erosion Pattern Caused by Blowing Effect in Constricted Vacuum Arcs Subjected to Axial Magnetic Field [J]. IEEE Transactions on Plasma Science, 2015 , 43 (8): 2329 - 2334.

[126] Hui Ma, Zaiqin Zhang, Zhiyuan Liu, et al. Anode Current Density Distribution Measurements for Different Vacuum Arc Modes Subjected to Axial Magnetic Field [J]. IEEE Transactions on Plasma Science, 2015 , 43 (8): 2335 - 2344.

[127] Zhenxing Wang, Yunbo Tian, Hui Ma, et al. Decay Modes of Anode Surface Temperature After Current Zero in Vacuum Arcs - Part II: Theoretical Study of Dielectric Recovery Strength [J]. IEEE Transactions on Plasma Science, 2015 , 43 (10): 3734 - 3743.

[128] Xiaofei Yao, Yingsan Geng, Zhiyuan Liu, et al. Mechanical Reliability of a 126 kV Single - break Vacuum Circuit Breaker [C] //Proceedings of The 61st Annual Relability & Maintainability Symposium. Florida, USA, 2015: 665 - 671.

[129] Hui Ma, Yuting Zhang, Stefano Ferrari, et al. Anode Current Density Distribution in Diffuse Vacuum Arcs and Axial Magnetic Field [C] //2015 3rd International Conference on Electric Power Equipment - Switching Technology (ICEPE - ST). 2015: 313 - 316.

[130] Yunbo Tian, Zhipeng Zhou, Zhenxing Wang, et al. Kinetic Numerical Simulation of Anode Sheath of Vacuum Arcs [C] //2015 3rd International Conference on Electric Power Equipment - Switching Technology (ICEPE - ST). 2015: 303 - 306.

[131] Zhenxing Wang, Haoran Wang, Zhipeng Zhou, et al. A PIC - MCC Modeling of Sheath Recovery Processes After Current Zero [C] //2015 3rd International Conference on Electric Power Equipment - Switching Technology (ICEPE - ST). 2015: 26 - 30.

[132] Haoran Wang, Zhenxing Wang, Yingsan Geng, et al. Deformation of contact surfaces in a vacuum interrupter after high - current interruptions [C] //2015 3rd International Conference on Electric Power Equipment - Switching Technology (ICEPE - ST). 2015: 152 - 156.

[133] Zaiqin Zhang, Hui Ma, Zhiyuan Liu, et al. Anode Spot Threshold Current of Cr and Mo Under Axial Magnetic Field in High Current Vacuum Arcs [C] //2015 3rd International Conference on Electric Power Equipment - Switching Technology (ICEPE - ST). 2015: 282 - 285.

[134] Zaiqin Zhang, Guowei Kong, Zhiyuan Liu, et al. An Analysis of Anode Spot formation Mechanism in High Current Vacuum Arcs [C] //2015 3rd International Conference on Electric Power Equipment - Switching Technology (ICEPE - ST). 2015: 380 - 383.

[135] Zhipeng Zhou, Zhenxing Wang, Yunbo Tian, et al. Kinetic Model of Prestrike Arc in Vacuum Interrupters [C] //2015 3rd International Conference on Electric Power Equipment - Switching Technology (ICEPE - ST). 2015: 290 - 293.

[136] Zhiyuan Liu, Yi Yang, Haoran Wang, et al. DC Current Interruption by a Combination of Electric Fuse and Vacuum Switch [C] //2015 3rd International Conference on Electric Power Equipment - Switching Technology (ICEPE - ST). 2015: 246 - 250.

[137] Yongxiang Yu, Yun Geng, Yingsan Geng, et al. Inrush Current Prestriking Arc Behaviors of Vacuum Interrupters under CuCr50/50 and CuW10/90 Contact Materials [C] //2015 3rd International Conference on Electric Power Equipment - Switching Technology (ICEPE - ST). 2015: 516 - 519.

[138] Yun Geng, Yongxiang Yu, Yingsan Geng, et al. Inrush Current Arc Characteristics in Vacuum Interrupters with Axial Magnetic field Contact and Butt - Type Contact [C] // 2015 3rd International Conference on Electric Power Equipment - Switching Technology (ICEPE - ST). 2015 : 512 - 515.

[139] Haowen Li, Liqiong Sun, Xiaofei Liu, et al. Research on Mechanical Reliability of a Permanent Magnetic Actuator for a 126kV Vacuum Circuit Breaker [C] //2015 3rd International Conference on Electric Power Equipment - Switching Technology (ICEPE - ST). 2015: 570 - 573.

[140] Weigang Feng, Zhiyuan Liu, Quan Wang, et al. Insulation performance of vacuum interrupter after high frequency voltage impulses conditioning [C] //2015 3rd International Conference on Electric Power Equipment - Switching Technology (ICEPE - ST). 2015: 274 - 276.

[141] 孙丽琼，王振兴，何塞楠，等. 126kV 真空断路器分离磁路式永磁操动机构 [J]. 电工技术学报，2015，30 (20)：49 - 56 (EI：20154801627225).

[142] Jianhua Wang, Yaxiong Tan, Yingsan Geng, et al. Superconducting liquid nitrogen insulated metal enclosed switchgear [C] //2015 IEEE International Conference on Applied Superconductivity and Electromagnetic Devices. Shanghai, China, 2015.

[143] 王建华，耿英三，刘志远，等. 输电等级真空开断技术 [J]. 高压开关行业通讯，2015 (8)：21 - 29.

[144] Yingyao Zhang, He Yang, Jianhua Wang, et al. Influence of High - Frequency High - Voltage Impulse Conditioning on Back - to - Back Capacitor Bank Switching Performance of Vacuum Interrupters [J]. IEEE Transactions on Plasma Science, 2016: 1 - 10.

[145] Xiaofei Yao, Jianhua Wang, Yingsan Geng, et al. Development and Type Test of a Single - Break 126 - kV/40 - kA/2500 - A Vacuum Circuit Breaker [J]. IEEE Transactions on Power

Delivery, 2016, 31 (1): 182 - 190 (DOI: 10.1109/TPWRD.2015.2456033).
[146] Y. Yu, J. Wang, H. Yang, et al. The impact of inrush current on field emission current of vacuum interrupters during capacitive current switching [J]. IEEE Transactions on Dielectrics and Electrical Insulation, 2016, 23 (1): 49 - 57.
[147] 周志鹏, 刘志远, 王振兴, 等. 考虑合金蒸发的真空电弧铜铬阳极热过程仿真 [J]. 中国科技论文, 2015, 10 (23): 2749 - 2754.
[148] 王季梅, 刘志远, 修士新, 等. 超高压真空断路器: 中国, 200310105867.5 [P]. 2006 - 1 - 11.
[149] 刘志远, 王季梅, 余小玲, 等. 一种高额定电流高压真空断路器: 中国, 200610104904.4 [P]. 2009 - 2 - 18.
[150] 刘志远, 王建华, 王季梅, 等. 一种 252kV 单断口真空灭弧室: 中国, 200710018001.9 [P]. 2009 - 8 - 19.
[151] 王建华, 刘志远, 王季梅, 等. 一种新型单断口电压至 252kV 的高压真空断路器: 中国, 200710018123.8 [P]. 2009 - 8 - 19.
[152] 余小玲, 刘志远, 耿英三, 等. 一种用于高电压真空断路器的散热器: 中国, 200810018055.X [P]. 2010 - 7 - 21.
[153] 耿英三, 余砾, 王建华, 等. 配合 126kV 真空断路器分合特性的弹簧操动机构 : 中国, 200810018283.7 [P]. 2010 - 11 - 10.
[154] 余小玲, 王建华, 刘志远, 等. 一种用于高电压真空灭弧室的单管热管静导电杆: 中国, 200810018361.3 [P]. 2010 - 11 - 10.
[155] 耿英三, 王振兴, 王建华, 等. 真空断路器永磁机构双线圈变电流控制方法: 中国, 200710018617.6 [P]. 2010 - 5 - 19.
[156] 翟小社, 耿英三, 刘志远, 等. 用于纳秒级高压脉冲测量的同轴 - 对称分立型电容分压器: 中国, 200910022780.9 [P]. 2011 - 1 - 5.
[157] 耿英三, 翟小社, 王振兴, 等. 开关电器弧后介质恢复强度纳秒连续脉冲测量装置及方法: 中国, 200910022408.8 [P]. 2011 - 4 - 6.
[158] 耿英三, 王振兴, 王建华, 等. 真空断路器永磁机构双线圈变电流控制电路, 200710018615.7 [P]. 2011 - 6 - 1.
[159] 王建华, 耿英三, 刘志远, 等. 非 SF_6 气体绝缘的户外高压真空断路器: 中国, 200810018057.9 [P]. 2012 - 2 - 1.
[160] 耿英三, 余砾, 于冉冉, 等. 一种提高高电压断路器弹簧操动机构合闸锁扣可靠性的方法: 中国, 201010175776.9 [P]. 2012 - 3 - 28.
[161] 耿英三, 王振兴, 何塞楠, 等. 一种可提高刚分速度的新型双稳态永磁机构: 中国, 201010135358.7 [P]. 2012 - 5 - 23.
[162] 王建华, 余砾, 刘志远, 等. 一种用于 126kV 真空断路器的缓冲器: 中国, 201010184126.0 [P]. 2013 - 1 - 2.
[163] 刘志远, 耿英三, 王建华, 等. 高电压单断口真空灭弧室: 中国, 201110182291.7 [P]. 2013 - 10 - 16.
[164] 耿英三, 王建华, 余砾, 等. 基于动触头合闸运动特性的弹簧操动机构配用的凸轮设计方法: 中国, 201110454748.5 [P]. 2014 - 4 - 23.

[165] 刘志远，马慧，王建华，等．一种新型复合触头真空灭弧室及其应用的真空断路器：中国，201310534332.3［P］．2015－08－26.
[166] 刘志远，马慧，王建华，等．一种多间隙真空隔离开关：中国，201410160599.5［P］．2015－12－02.
[167] 王建华，刘志远，耿英三，等．一种高气体压力下真空灭弧室波纹管的保护结构及应用：中国，201510224387.3［P］．2015－12－30.
[168] 马慧．一种新型复合磁场触头结构及其应用的真空灭弧室：中国，201510394330.8［P］．2015－11－11.
[169] 杨和．适用于容性电流开断的真空灭弧室复合触头结构及灭弧室：中国，201310438602.0［P］．2014－1－15.
[170] 刘志远，王季梅，修士新，等．带铁芯的杯状纵磁真空灭弧室触头：中国，200420086297.X［P］．2006－1－11.
[171] 刘志远，王季梅，修士新，等．真空灭弧室单匝式触头：中国，200420086276.8［P］．2005－12－21.
[172] 王季梅，刘志远，修士新，等．具有高额定电流等级的高压真空断路器：中国，200420086275.3［P］．2005－12－21.
[173] 修士新，刘志远，王季梅，等．高压真空灭弧室纵向磁场触头：中国，200420086389.8［P］．2006－1－18.
[174] 王仲奕，王季梅，修士新，刘志远，真空灭弧室二极式触头：中国，200420086277.2［P］．2006－1－11.
[175] 王季梅，刘志远，采用β油作为绝缘介质且密封隔离β油的高压真空断路器：中国，200520079678.X［P］．2006－11－8.
[176] 刘箭飞，况卫平，覃展现，等．具有三工位屏蔽罩的真空灭弧室：中国，2010201649825［P］．2011－3－23.
[177] 谢国良，冉隆科，刘永飞，等．隔离接地用三工位真空灭弧室：中国，2010201716779［P］．2011－3－23.
[178] 刘志远，马慧，王建华，等．一种复合触头真空灭弧室及其应用的真空断路器：中国，201320686070.8［P］．2014－04－23.
[179] 刘志远，马慧，王建华，等．一种新型快速多间隙真空隔离开关：中国，201420181454.9［P］．2014－9－3.
[180] 王建华，刘志远，姚晓飞，等．一种高可靠性的新型高压真空断路器触头簧传动装置：中国，201420050896.X［P］．2014－7－23.

后 记

在本书编撰过程中，我时常会想起我国著名的真空电器专家王季梅教授。西安交通大学真空电器研究课题组就是王季梅教授一手创建的。从本书的参考资料可以看出，王季梅教授长时间从事真空电器的研究工作，我国第一台三相真空开关正是出自他的设计，这台制造于1960年的开关样品至今仍保存在西安交通大学的校史博物馆中。我自1978年开始师从王季梅教授攻读研究生，1981年进入博士研究生阶段的学习，王季梅教授给我选定的研究题目是“真空电弧阳极斑点现象及其对真空断路器开断的影响”。这一研究题目用当时答辩委员会成员之一、中国电科院曹荣江先生的话说：“这是我们国家第一次从理论上研究开关电弧现象”。当时的研究条件和测试手段以及计算机软件仿真工具在今天看来是非常简陋和初步的，但这些毕竟是开拓性的工作。长期以来，王季梅教授最大的心愿就是能够将真空断路器的电压等级提升，用于输电等级。他很早就开始了研究工作，并撰写文章论证其可能性，不断提出建设性思路和方案。随着他的年事渐高，无论体力还是精力都不可能再直接从事研究工作，但他的心里一直装着输电等级真空断路器的发展。

坦率而言，输电等级真空断路器技术的提升十分困难，十余年来我们课题组一直没有停止这项工作的推进，但进展并不顺利。自2003年正式立项开始研发126kV单断口真空断路器，一路走来遇到无数难题。研究平台和试验条件全部都是重新建设的，产品开发方案多次反复，包括最后的型式试验都遇到许多意想不到的困难。其中有些试验方法对西安高压电器研究院也是新课题，这也导致了型式试验前后持续了两年之久。但通过这些年的不断努力，我们成功研究开发了新的试验平台，尝试了无数的新方案、新技术，前后培养的博士生、硕士生二三十名，撰写的论文达到200余篇，获得的授权发明专利达30余项，并且在2013年通过了126kV/2500A/40kA单断口真空断路器的全部型式试验。这项研究的完成标志着我国在输电等级单断口真空断路器的研究方面走在了国际前列。

我们所获得的成功，不仅是我们努力的成果，同时也承载着老一辈科研工作者无数的智慧与汗水。当我们将这本总结这项研究工作的专著完稿之时，王季梅教授的身影再一次浮现在我的脑海中：他不辞劳苦地带领学生到相关真空开关企业和试验站参加现场研究工作；以80多岁的高龄坚持参加课题研究进展分析会；90岁高龄来到我们新开发126kV合成回路现场指导工作；还有遇到挫折时他那充满激情一句“我们肯定行!”。这些场景至今依然历历在目，不断鼓舞着我们继续前行。

王季梅教授已经于2014年永远地离开我们了，他没能看到这本书的出版，但我想，这本书的出版将会是我们学生辈对老师最大的告慰。

谨将此书献给我们尊敬的王季梅老师!

王建华

于西安交通大学

2016年10月